中国"三农"问题前沿丛书

金融素养、农地产权交易与农民创业决策

苏岚岚　孔　荣　著

中国农业出版社

北　京

本研究得到国家自然科学基金项目"金融行为中介作用下农民金融素养对收入质量的影响机制及提升路径研究"（编号：71773094）、国家自然科学基金项目"基于农户收入质量的农村正规信贷约束模拟检验及政策改进研究"（编号：71373205）以及西北农林科技大学第五批优秀博士生学位论文项目资助。

（一）

就业是民生之本，关乎国家发展的基石和人民群众的幸福感和获得感。新时代背景下，持续推进"大众创业"战略，不断提高就业创业质量、改善居民生活水平，成为国家提高保障和改善民生水平的重要着力点。农民是我国创业大军中重要且富有潜力的一支，农民创业提档升级事关农村创业型经济转型发展、产业融合加深和乡村振兴加快推进的全局。近年来，我国各级政府纷纷出台包括返乡农民工培训、新型职业农民和新型农业经营主体培育、电商培训等旨在提高农民创业能力的政策，以期从根本上激发农民创业的内生动力；同时，通过设立创业基金、提供财政资金补贴、推动农地流转融资等旨在缓解创业资源约束的政策，为农民创业搭建良好的外部平台。上述政策实施有效推动了农民积极跨越创业门槛、提高了区域创业活跃度。但与此同时，不容忽视的是，当前我国农民整体创业能力偏低、资源可得性较差，农民创业整体上呈现出创业能力参差不齐、绩效水平低、创业韧性不足、失败率高等问题，能力和资源约束是制约农民实施创业决策和提高创业质量的两大关键因素。

基于此，立足农民创业的内部条件和外部环境，探究农民创业能力提升和缓解创业资源约束的可行路径，深入揭示农民创业决策优化新的驱动因素，不断完善农民创业的政策支持体系，全面提升农民创业层次和质量成为现阶段农民创业理论和实践的关键议题。对该议题的深入解析涉及对如下问题的思考。

第一，对农民创业的关注重点需从创业发生转向创业决策的优化和创业质量的改善，那么，农民创业决策优化和创业质量改善的重点是什么？已有研究围绕农民创业意愿和创业参与展开了诸多理论和实证探讨（朱明芬，2010；马光荣和杨恩艳，2011；罗明忠，2012；陈其进，2015），相关政策实践也在推动农民跨越创业门槛方面做出大量努力。农民创业实践呈现如下典型特征：一方面，农民创业发生率不断提高，返乡创业队伍不断扩大，据统计，我国农民返乡创业人数由2015年年底的450万人增长至2018年年底的520万人[①]。另一方面，农民创业层次整体偏低、创业失败现象频发。从广义的管理决策视角和农民创业环节看，创业项目启动仅是初始阶段，创业决策贯穿生产、经营、管理等全过程。鉴于创业是高风险的投资活动，创业决策各环节均涉及成本、收益和风险的综合衡量，明确创业决策的重点环节，有助于通过改善创业决策关键内容，降低创业失败发生率，提高创业支持政策效果。

第二，农民群体金融市场参与广度和深度不断提高背景下，农民哪方面的创业能力显得十分重要但被广泛忽视？农民创业是包括投资、融资、风险管理等行为在内的具有复杂性和系统性的生产经营活动。在以金融为核心的现代经济体系中，农民创业实践越来越离不开对金融市场的广泛参与。高效充分的融资、合理有序的投资和必要的风险管理等创业内容均对农民市场参与尤其是金融市场参与能力提出越来越高的要求。在农村金融改革不断推进、金融产品和服务持续优化背景下，提高农民金融市场的参与能力对于优化创业决策、提高创业质量显得十分重要和迫切。

第三，鉴于金融约束是农民创业资源约束的核心方面，国家在农村金融领域的改革举措是否有效缓解了农民创业过程中的金融资源约束？近年来，为缓解农民"贷款贵、贷款难"的问题，国家持续推进农村金融改革创新。其中，农村承包土地的经营权抵押（简称：农地抵押）贷款在解决农民有效抵押物不足问题、充分激活农村"沉睡"土地资产、促进农业适度规模经营等方面发挥积极作用。国内外学者基于不同农地产权制度背景和不同时期调查数据探究了农地产权抵押贷款对正规信贷可得性的影响，在理论观点上形成"显著促进论"（Torero and Field，2005；Kemper et al.，2015；陈建新，2008；郭忠兴等，2014）和"作用不显著论或作用异质性论"（Menkhoff et al.，2012；Hare，2010；钟甫宁和纪月清，2009；张龙耀和杨军，2011）的分歧。随着中国农地确权、农地流转与农地抵押融资等系列农地产权制度改革措施的深入推进，农地抵押融资是否有效缓解了农民创业融资约束、促进创业决策优化是

---

① 资料来源：央视网，《农业农村部：返乡创业农民工已达520万人》，http://news.cctv.com/2018/12/21/ARTI1xOIoDz6atZ6o6CZrlOm181221.shtml.

值得探讨的重要问题。

第四，完善产权制度和要素市场化配置是新时期经济体制改革的重点，如何在推动农民创业实践中有效激活要素、激活市场、激活主体？鉴于农村经济的转型发展依赖于土地、资本、劳动力等多重要素市场的整合发育，且各要素市场发育之间存在互动关联逻辑（朱文珏和罗必良，2016；胡新艳等，2017），探究农民创业决策的形成不应仅局限于劳动力市场或土地市场层面的单一探讨，而应将其放置于农村各要素市场发育的动态关联系统中予以更全面的分析。基于此，构建农村经济转型发展背景下农民创业决策长效优化机制同样依赖于农村土地、资本、劳动力等要素的充分有序流动和各要素市场的协调匹配发展。

（二）

基于对上述问题的思考，本书主要从以下四个方面进行理论探讨和实证检验，以期丰富农民金融素养、农地产权交易与创业决策的理论研究，为加强农村金融教育、农地产权制度改革、农民创业支持多项政策之间的有机衔接，有效激活金融需求主体的内在能动性因素、促进农村各要素市场关联系统有序运行、推动农民创业决策优化长效机制形成、不断提升农民创业层次和质量，为实现农民持续创业增收提供重要实践参考。

第一，从农民创业基本决策、劳动力配置决策和资产配置决策三个层面深化农民创业决策内容的系统研究，有助于从整体上提升农民创业质量。农民理性创业决策的核心是对创业资源的合理配置，其中，对长短期劳动力、生产性资产与非生产性资产、金融资产与非金融资产等方面的配置是创业资源配置的重要内容，事关创业事业有序运行、生产经营水平提升、风险防范能力提高和创业绩效的整体改善。因此，重视并推动农民创业劳动力和创业资产配置等关键环节决策的优化，有助于实现农民整体创业质量的改善，增强农民创业的弹性和韧性。

第二，当前在以金融为核心的现代经济体系中，个体理性创业决策越来越依赖于金融市场参与，而金融市场参与能力及程度与人力资本中的金融素养密切相关（Dohmen et al.，2010；尹志超等，2014；张号栋和尹志超，2016）。然而，受限于金融教育体系建设滞后，金融知识公共供给渠道不足，我国居民尤其是农村居民接受的金融教育普遍缺乏全面性和系统性。中国人民银行金融消费者权益保护局调查显示，我国居民的金融素养水平普遍偏低，且农村居民金融素养水平明显低于城镇居民，金融知识欠缺、风险责任意识薄弱、家庭支出缺乏计划性等问题突出①。农民创业是包含投资、融资、风险管理等行为的系统性过程，金融素养与创业决策中的投资方案规划、融资渠道选择、风险规避措施采用等诸多经济环节均息息相关。金融素养水平低不仅抑制农民创业的有效金融需求，阻碍现代金融技术和新型金融业务在农民创业活动中的应用与推广，亦制约创业农民对劳动力和资产的合理配置水平。

第三，作为现阶段农地产权制度改革的重要方面，农地经营权流转（简称：农地流转）所具有的投资促进和资源内生配置效应以及农地经营权抵押融资所具有的流动性约束缓解、收入增长与财富积累效应，分别有助于在短期和长期内提高农地资源和信贷资源配置效率，推动农地规模经营，为优化农民创业劳动力和资产的配置决策提供重要外部驱动力量。虽然我国农地产权制度改革取得明显成效，但受制于农地产权交易市场发育不足，农地流转交易仍存在总体水平不高、流转自愿程度低、流转交易不规范与市场化程度低等问题（钱忠好和冀县卿，2016）；农地抵押融资交易仍存在总体规模效率不高、有效需求不足、政策性强而市场推动作用弱等问题（惠献波，2014；黄惠春和徐霁月，2016）。鉴于此，本研究深入阐释以农地流转和农地抵押融资为表征的农地产权交易对农民创业决策的影响机理，并基于农民创业行业的差异分类进行实证检验。

第四，农地流转交易、农地抵押融资交易、农民创业型就业分别反映土地要素、资本要素、劳动力要素的流动，三者之间存在一定的内在关联逻辑。因此，需立足农村要素市场整合发育视角，探究农民创业决策的长效优化机制。农地产权制度和农地金融制度不断发展完善背景下，农民农地产权交易行为从依赖关系情感逐步转向依赖经济理性，从非市场化转向市场化，对农民金融素养提出较高要求。鉴于金融素养提升和农地产权交易参与分别从个体内在能力改善、外在资源约束缓解两个方面促进农民创业实施和创业决策优化，且金融素养在农民农地产权交易参与中发挥重要引致作用，本研究遵循"金融素养—要素流动—农村要

---

① 资料来源：中国人民银行金融消费权益保护局，2015：《消费者金融素养调查分析报告（2015）》，http://shanghai.pbc.gov.cn/fzhshanghai/113598/3053178/index.html；中国人民银行金融消费权益保护局，2017：《消费者金融素养调查分析报告（2017），http://www.pbc.gov.cn/goutongjiaoliu/113456/113469/3344008/index.html。

素市场整合发育—农民创业决策持续优化"的理论逻辑，探索性地将金融素养、农地产权交易与农民创业决策纳入同一研究框架，以期深入探究金融素养和农地产权交易共同驱动下的农民创业决策优化机制。

（三）

综合对上述问题的思考，本书总共编排两篇九章的内容。具体章节内容如下。

第一篇："金融素养—农地产权交易—农民创业决策"的逻辑阐释。

第一章：绪论。首先，阐述本书的研究背景、研究目的与意义。其次，系统梳理金融素养、农地产权交易、农民创业决策相关的国内外文献，并对已有研究进行评述。然后，阐明本书的具体研究思路与各章节主要研究内容，且以技术路线图呈现各研究内容之间的逻辑关联。再次，对每部分研究内容所采取的研究方法予以阐释说明，并对研究数据来源进行说明。最后，归纳和提炼本书的创新之处。

第二章：概念界定与理论基础。依据相关理论和文献，界定金融素养、农地产权交易、创业决策等核心概念，确定各关键变量所包含的维度和主要表征指标。梳理创业理论、计划行为理论、产权经济学理论、有限理性决策理论、信贷配给理论等主要理论观点，为本书架构金融素养、农地产权交易与农民创业决策之间的内在逻辑框架提供理论支撑。

第三章：金融素养、农地产权交易影响农民创业决策的机理分析。基于职业选择模型和静态流动性约束模型对农民创业选择的决定因素进行数理推导，基于多目标决策模型对农民创业决策的优化进行目标分解。建立在文献梳理基础上，深入阐释金融素养影响农民创业决策的机理、农地产权交易影响农民创业决策的机理、金融素养影响农民农地产权交易的机理、农地流转交易影响农民农地抵押融资交易的机理，系统构建要素流动视角下金融素养、农地产权交易与农民创业决策的关联框架，进而逻辑推导农地产权交易中介作用下金融素养影响农民创业决策的机理，为后续实证研究奠定理论基础。

第二篇：金融素养、农地产权交易影响农民创业决策的实证研究。

第四章：农民金融素养、农地产权交易与创业决策的现状分析。从宏观层面系统梳理我国农村金融教育发展情况、农地产权制度变迁历程和农民创业扶持政策演变脉络，明确宏观现状和政策支持方向。构建农民金融素养测度指标体系，并运用微观农户调查数据进行农民金融素养水平评估及特征分析；从农地流转交易和农地抵押贷款交易两个方面对农民农地产权交易进行统计分析和特征提炼；从创业基本决策、创业劳动力配置决策、创业资产选择决策三个方面阐述和刻画农民创业决策特征。在此基础上，厘清农民创业决策关键内外在制约因素的现状及农民创业决策优化方向。

第五章：金融素养影响农民创业决策的实证分析。基于计划行为理论阐释金融素养影响农民创业基本决策、劳动力配置决策和资产配置决策的理论逻辑并提出研究假说，采用工具变量法实证检验金融素养对农民创业基本决策的影响、金融素养对农民创业劳动力配置决策的影响以及金融素养对农民创业资产配置决策的影响。

第六章：农地产权交易影响农民创业决策的实证分析。依据产权经济学理论阐释农地流转交易和农地抵押融资交易对农民创业基本决策、劳动力配置和资产配置决策的影响机理以及农民创业决策视角下农地经营权流转和抵押融资改革政策效果检验的理论逻辑，并提出研究假说；采用倾向得分匹配法构建合理的反事实框架，实证测算有无农地流转交易（农地转入和农地转出）和农地抵押融资交易对农民创业基本决策、创业劳动力配置决策、创业资产配置决策的影响净效应，基于实证结果验证农民创业决策视角下农地经营权流转和抵押融资改革政策执行效果和政策预期的一致性；并采用工具变量法进一步实证检验农地流转交易规模和农地抵押融资交易规模对农民创业基本决策、创业劳动力配置决策、创业资产配置决策的影响。

第七章：金融素养影响农民农地产权交易的实证分析。分别阐释农民金融素养对农地流转交易和农地抵押融资交易的影响机理，农地流转对农地抵押融资交易的作用机理以及农地流转的中介作用机理，并提出相应的研究假说；采用工具变量法和中介效应模型实证检验金融素养对农地流转和农地抵押融资交易的单一影响效应，不同方向的农地流转对农地抵押融资的差异化影响及农地流转在金融素养影响农民农地抵押融资关系中的中介作用。

第八章：农地产权交易中介作用下金融素养影响农民创业决策的实证分析。分别阐释农地流转交易和农地抵押融资交易对金融素养影响农民创业决策的中介作用机理以及农地产权交易的链式中介作用机理，并提出相应的研究假说；采用 Bootstrap 法分别计量检验农地流转交易和农地抵押融资交易对金融素养影响农民创业决策的中介效应以及农地产权交易的链式中介作用。

第九章，农民创业决策的优化策略。依据上述实证检验结果凝练主要研究结论，并立足提升农民金融素养、促进农民农地产权交易参与，多层面探寻基于金融素养和农地产权交易协同驱动的农民创业决策长效优化机制及配套的支撑保障机制。

本书得到如下主要结论。

（1）农村金融教育体系发展滞后导致农民金融素养的平均水平偏低，且个体间、区域间存在明显的差异性。农民农地流转交易参与度持续提高但市场化程度较低，农地抵押融资参与比例不高且获贷额度有限。农民创业发生率有待进一步提高且存在明显的区域和行业差异，创业雇佣劳动力尤其是短期雇佣行为发生率较高，但雇佣规模和生产环节外包发生率整体偏低；创业生产性固定资产投资所占比重较大，但保险参与和预防性储蓄方面的风险防范水平较低。

（2）金融素养对农民农业创业、非农创业和多行业创业均发挥积极作用，且对创业农民长短期雇佣劳动力、生产环节外包、生产性固定资产投资、年存货资产投资、预防性储蓄、周转资金持有量、保险购买决策均产生显著正向影响。

（3）农地流转和抵押融资交易对农民创业基本决策、劳动力配置和资产配置决策产生差异化的影响。农地转入显著促进了农民创业尤其是农业创业，增加了长短期雇佣和生产环节外包的概率，增加了生产性固定资产投资、预防性储蓄额及保险参与概率。农地转出显著增加非农创业概率，减少了短期雇佣规模以及保险参与概率。农地抵押融资参与及获批金额均显著促进农民创业尤其是农业创业，农地抵押贷款规模显著促进创业农民长短期雇佣和生产环节外包决策，且对年存货资产投资、生产性固定资产投资、周转现金持有量以及保险参与均产生积极作用。创业决策视角下农地经营权流转和抵押融资政策执行效果较好。

（4）金融素养显著正向影响以农地流转交易和农地抵押融资交易为表征的农民农地产权交易参与率和参与程度，且农地转入交易在金融素养影响农民农地抵押融资的关系中发挥部分中介作用。

（5）农地流转和抵押融资交易在金融素养影响农民创业决策的关系中发挥差异化的中介作用。①农地转入规模在金融素养与创业尤其是农业创业之间、金融素养与农民长短期雇佣决策之间、金融素养影响农民生产性固定资产投资、年存货资产投资、周转现金持有量及保险购买的关系中发挥中介作用。农地转出规模仅在金融素养与创业尤其是非农创业之间发挥中介作用。②农地抵押贷款金额在金融素养与创业、农业创业之间发挥正向中介作用，在金融素养影响农民短期雇佣、长期雇佣、生产环节外包的关系中均发挥部分中介作用，且在金融素养影响农民生产性固定资产投资、年存货资产投资、周转现金持有量及保险购买的关系中发挥中介作用。③农地流转交易和农地抵押融资交易在金融素养影响农民创业基本决策的关系中具有链式中介作用，但在金融素养影响农民创业劳动力配置和资产配置决策关系中不具有链式中介作用。

第一篇

"农民金融素养—农地产权交易—创业决策"的逻辑阐释

第一章 绪 论

一、研究背景

21 世纪是创业型经济快速发展的时代,实现由"管理型经济"向"创业型经济"转变的驱动力不再局限于传统的资本、劳动、技术,而是更多依赖于企业家的创意、创新与创业活动。经济发展新常态下,"大众创业"已成为我国当前和今后一段时期深入推动创业型经济发展的重要国家战略。农民是我国创业大军中一支极其重要且富有潜力的力量。近年来,我国政府先后出台包括返乡农民工培训、新型职业农民和新型农业经营主体培育等旨在提高创业能力的政策,以期从根本上激发农民创业的内生动力。同时,通过设立创业基金、提供财政资金补贴、推动农地流转融资等旨在缓解创业资源约束的政策,为农民创业搭建良好的外部平台。毋庸置疑,我国各级政府推动农民创业实践的政策取得了明显成效。农民返乡创业人数由 2015 年年底的 450 万人增长至 2018 年年底的 520 万人[①],农民创业群体不断发展壮大且创业内容和形式日益丰富化,对加速农村经济转型升级、推动农村产业融合发展、促进新时代乡村振兴战略实施均发挥重要作用。但与此同时,不容忽视的是,当前我国农民创业整体上呈现出参差不齐、绩效水平低、失败率高等问题,能力和资源约束仍是制约部分农民跨越创业门槛和提高创业质量的

---

① 资料来源:央视网,《农业农村部:返乡创业农民工已达 520 万人》,http://news.cctv.com/2018/12/21/ARTI1xOIoDz6atZ6o6CZrlOm 181221. shtml.

两大关键因素[①]。在此背景下，2018 年 9 月国务院公布实施的《乡村振兴战略规划（2018—2022 年）》强调"通过加强不同主体协同合作、培育壮大创新创业群体，发展多种形式的创新创业支撑服务平台、完善创新创业服务体系"，为新时期农民创业支持政策的走向指明了基本方向。因此，从持续提升农民创业能力和有效缓解农民创业资源约束层面，不断完善农民创业的政策支持体系，深入探究农民创业决策优化新的驱动因素，全面提升农民创业层次和质量是新时期推进乡村振兴战略顺利实施的必然选择和有力保障。

农民创业内在能力提升和外在资源支持两方面政策能否形成合力，有效促使农民积极实现创业意向转化和创业决策优化，最终取决于农民家庭基于多要素联合的理性经济决策。劳动力和土地是农民家庭经济资源中具有能动性的两大关键因素（王春超，2011），实现劳动力要素和土地要素的充分有序流动有助于农民优化家庭资源配置、实现经济效益最大化。一方面，在以金融为核心的现代经济中，金融产品和服务日益深入居民日常经济活动，个体理性创业决策越来越依赖金融市场参与，而金融市场参与能力及程度与劳动力质量中的金融素养密切相关。然而，受限于金融教育体系建设滞后，金融知识公共供给渠道不足，我国居民尤其是农村居民接受的金融教育普遍缺乏全面性和系统性。中国人民银行金融消费者权益保护局调查显示，我国居民的金融素养水平普遍偏低，且农村居民金融素养水平明显低于城镇居民，金融知识欠缺、风险责任意识薄弱、家庭支出缺乏计划性等问题突出[②]。农民创业是包含投资、融资、风险管理等行为的系统性过程，金融素养与创业决策中的投资方案规划、融资渠道选择、风险规避措施采用等诸多经济环节均息息相关。金融素养水平低不仅抑制农民创业的有效金融需求，阻碍现代金融技术和新型金融业务在农民创业活动中的应用与推广，亦制约创业农民对劳动力和资产的合理配置水平。另一方面，土地是农民家庭的重要资产，

---

① 资料来源：中国新闻网，《上海财大调查称：农民创业面临融资、技术等多重困难》2016/09/21，http：//www.chinanews.com/cj/2016/09 - 21/8010586.shtml.

② 资料来源：中国人民银行金融消费权益保护局.2015.《消费者金融素养调查分析报告（2015）》，http：//shanghai.pbc.gov.cn/fzhshanghai/113598/3053178/index.html；中国人民银行金融消费权益保护局，2017：《消费者金融素养调查分析报告（2017）》，http：//www.pbc.gov.cn/goutongjiaoliu/113456/113469/3344008/index.html.

在农地产权制度改革逐步深化背景下，农地所蕴藏的潜在财富价值通过形式多样的农地产权交易①得以彰显。农地经营权流转（简称农地流转）交易所具有的投资促进和资源内生配置效应以及农地经营权抵押融资（简称农地抵押）交易所具有的流动性约束缓解、收入增长与财富积累效应，分别有助于在短期和长期内提高农地资源和信贷资源配置效率，优化农民创业劳动力和资产的配置决策。虽然我国农地产权制度改革取得明显成效，但受制于农地产权交易市场发育不足，农地流转交易仍存在总体水平不高、流转自愿程度低、流转交易不规范与市场化程度低等问题（钱忠好和冀县卿，2016）；农地抵押融资交易仍存在总体规模效率不高、有效需求不足、政策性强而市场推动作用弱等问题（惠献波，2014；黄惠春和徐霁月，2016）。此外，随着农地产权制度不断发展完善，农民农地产权交易行为从依赖关系情感逐步转向依赖经济理性，从非市场化转向市场化，农地产权交易不同环节不可避免会涉及财务问题，对农民金融素养提出一定的要求；且随着流转农地抵押贷款试点的推进，农地流转对农地资本化和农民农地抵押融资参与产生积极作用。鉴于此，在农村金融教育体系亟待完善、农村产权制度改革和农村金融供给侧改革步入"深水区"的背景下，探究从农村需求侧发力，持续提升农民金融素养、促进农地产权交易参与，对于充分激发农民创业的内在能动性因素、在更大范围内优化农地流转市场和农地金融市场的资源配置效率，助推农民创业、发展现代农业、增加农民收入具有重要现实意义。

农民创业决策及其优化关系农民收入来源及其长短期增长，深入探究新时期农民创业决策的形成和优化机制有助于增强农民创业可持续性、实现农民长效创业增收。已有研究对农民创业决策的关注多局限于农民创业与否、创业行业选择的基本决策，对农民跨越创业门槛后的劳动力配置决策和资产配置决策两大关键决策环节的重视不足，且鲜有研究关注金融素养、农地产权交易参与对农民创业决策的单一影响和共同作用。基于农民创业发生率不断提高但创业可持续能力不强、创业层次整体偏低的现实，本书将农民创业研究重点由创业发生转向对创业决策内容和质量的关注，

---

① 本研究中农地产权交易指农地产权管制背景下的农地经营权的暂时性转让，包括农地经营权流转交易和农地经营权抵押融资交易。详见第二章对"农地产权交易"的概念界定部分。

从农民创业基本决策、创业劳动力配置决策和创业资产配置决策三个方面系统性地拓展农民创业决策内容的分析框架。建立在对农民创业决策界定基础上，本书认为农民创业决策的实施和优化机制的形成依赖个体内在能力、外在资源条件及两者间的关联作用，将金融素养、农地产权交易与农民创业决策纳入同一研究框架，有助于深入揭示农民创业决策的优化机理。鉴于农村经济的转型发展依赖土地、资本、劳动力等多重要素市场的整合发育，且各要素市场发育之间存在互动关联逻辑（朱文珏和罗必良，2016；胡新艳等，2017），探究农民创业决策的形成不应仅局限于劳动力市场或土地市场层面的单一探讨，而应将其放置于农村各要素市场发育的动态关联系统中予以更全面的分析。基于此，构建农村经济转型发展背景下农民创业决策长效优化机制同样依赖于农村土地、资本、劳动力等要素的充分有序流动和各要素市场的协调匹配发展。农地流转交易、农地抵押融资交易、农民创业型就业分别反映土地要素、资本要素、劳动力要素的流动，且上述两两要素的流动之间均存在关联关系。此外，金融素养对农地流转交易（"地动"）、农地抵押融资交易（"钱动"）和农民创业型就业（"人动"）均发挥重要引致作用。鉴于此，本书拟立足农村要素市场整合发育和农民创业决策优化长效机制形成，遵循"金融素养—农地产权交易—农民创业决策"的理论逻辑，探索性地阐释农村要素市场"地动—钱动—人动"的关联机理以及金融素养与农村要素市场"地动—钱动—人动"的关联机理，系统构建要素流动视角下金融素养、农地产权交易影响农民创业决策的理论框架，并实证探究金融素养、农地产权交易对农民创业决策的影响效果以及农地产权交易在金融素养影响农民创业决策关系中的中介作用，以期从提高农民金融素养、促进农民农地产权交易参与、构建农村要素市场协调匹配机制等层面探究乡村振兴背景下农民创业决策的形成和长效优化机制，推动农民持续创业增收。

二、研究目的与意义

（一）研究目的

本书基于对农民实施和优化创业决策过程中的两大关键制约因素——内

在能力和外在资源约束的现状分析以及农村要素市场整合发育的机理分析，依据创业理论、计划行为理论、产权经济学理论、信贷配给理论等相关理论，从农民自身金融素养水平和农地产权交易参与两个层面及其内在关联出发，构建要素流动视角下金融素养、农地产权交易影响农民创业决策的逻辑框架，进而实证探究农民创业基本决策、创业劳动力配置决策和创业资产配置决策的优化机制，以期促进农民持续增收。具体目标如下。

一是拓展农民创业决策的分析框架，提炼农民创业决策典型特征，并基于农民金融素养评估指标体系构建、水平测度以及农地流转和抵押融资交易参与特征分析，明确农民创业决策关键内外在制约因素的现状及创业决策优化方向。

二是构建要素流动视角下金融素养、农地产权交易影响农民创业决策的理论框架，深入阐释金融素养影响农民创业决策、农地产权交易影响农民创业决策、金融素养影响农民农地产权交易的机理，并在此基础上逻辑推导农地产权交易中介作用下金融素养对农民创业决策的影响机理。

三是实证检验金融素养对农民创业决策的影响、农地产权交易对农民创业决策的影响、金融素养对农民农地产权交易的影响以及农地产权交易在金融素养影响农民创业决策关系中的中介效应，以期深入揭示金融素养、农地产权交易与农民创业决策之间的内在逻辑关系，并计量检验农民创业决策视角下农地经营权流转和抵押融资改革政策效果。

四是依据理论分析框架和实证检验结果，从宏微观层面探究农民金融素养的提升路径和农地产权交易参与的促进策略，进而谋求两者共同驱动下的农民创业决策优化机制及配套制度支持体系。

（二）研究意义

1. 理论意义

本研究的理论意义主要体现在以下三个方面。

①将金融素养、农地产权交易与农民创业决策纳入农村各要素市场匹配发育的关联系统中，阐述要素流动视角下金融素养、农地产权交易影响农民创业决策的理论逻辑，有利于丰富农民创业决策和农村要素市场整合发育的理论研究。

②将金融素养福祉影响分析引入农地流转市场和农地金融市场中农民农地产权交易行为研究，凸显金融素养在以金融为核心的现代经济活动中的重要作用，既推动金融素养理论的创新性发展，也深化农地产权交易的前置因素研究。

③将农地流转和农地抵押贷款纳入农地产权交易的整体分析框架，构建"金融素养—农地产权交易—农民创业决策"的中介效应理论模型，并从农民创业决策层面拓展农地经营权流转和抵押融资交易的经济效应评估体系，阐释创业决策视角下农地经营权流转和抵押融资改革政策执行效果与政策预期偏差检验的理论逻辑，形成对现有农地产权制度改革效果评估理论研究的有益补充。

2. 现实意义

本研究的现实意义主要体现在以下四个方面。

①从提升农民金融素养、促进农民农地产权交易参与两方面综合探究农民创业基本决策、劳动力和资产配置决策的优化策略，为加强农村金融教育、农地产权制度改革、农民创业支持多项政策之间的有机衔接，有效激活金融需求主体的内在能动性因素、促进农村各要素市场关联系统有序运行，实现农民创业决策优化长效机制形成，不断提升农民创业层次和质量，推动农民持续创业增收提供重要实践策略参考。

②从农民创业决策优化视角评估农地产权交易影响效果，计量检验农地经营权流转和抵押融资改革政策执行效果与政策预期的偏差，为推进农地产权制度改革特别是改进农地流转和抵押融资相关政策的顶层设计及完善相应的配套支撑机制提供现实依据。

③立足农村需求侧的内在能动性因素，深入探究金融素养对农民农地产权交易参与的引致作用，为从提升金融素养角度促进农民农地流转和农地抵押贷款参与理性决策、不断提高农民农地产权交易市场化程度和农地资本化程度提供理论与实践支撑。

④实证探究金融素养对农民农地产权交易参与和创业决策的作用效果，为多层面健全完善农村金融教育体系、持续提升农民金融素养和提高农民尤其是创业农民的金融市场参与能力及参与程度提供有效的路径选择。

三、国内外研究动态

（一）农民创业决策内涵及影响因素研究

创业研究最早聚焦于企业和城镇居民，并逐步向农村居民拓展。农民创业的研究范畴从非农领域向农业和非农领域延伸。已有研究主要从个体内外在两个方面探究农民创业决策的影响因素，并对信贷约束与农民创业决策的关系关注较多。相关学者分别以财富、家庭总资产、房产或土地资产作为家庭流动性约束的代理变量，深入探讨了流动性约束对农民创业决策的影响。

1. 农民创业决策内涵界定的研究

已有研究关于创业的定义尚未达成共识，但大部分学者均认可创业是一种职业转换行为。早期创业研究多以城镇居民为研究对象，将创业界定为"创办企业或自我雇佣型就业"以区别于工资性工作（Hurst and Lusardi，2004；Cagetti and Nardi，2006）。鉴于农民本身就是以农业经营为主的自就业群体，后续学者结合前述界定和农民创业实践，从非农经营和农业经营两个方面拓展了农民创业的概念范畴。如程郁和罗丹（2009）认为仅从非农经营层面界定农民创业的标准具有局限性，应将其放宽为实现新的职业选择、新的经营方式以及原有生产的升级等诸多方面。在此基础上，吴昌华等（2008）、苏岚岚等（2016）综合创业条件、创业内容和目的等要素提出较完整定义，即农民创业是指具备一定创业资本和创业能力的农民（家庭）在积极探寻市场创收空间基础上，通过优化生产要素配置结构、拓展新业务、提供新产品、创建新组织等途径，实现自身有序成长，同时追求创业经济效益和社会效益最大化的过程。诸多创业行为研究聚焦于从是否创业、创业模式（张鑫等，2015）及创业组织形式选择（王阿娜，2010）等方面解析农民创业行为。

2. 农民创业决策影响因素研究

现有研究主要从个体内外部两个方面探究农民创业决策的影响因素。内部因素主要包括创业者个体特征（罗明忠，2012）、家庭特征（朱明芬，2010）、风险偏好（陈其进，2015）、收入质量（彭艳玲，2016）等方面；外部因素主要包括创业氛围及社会网络（马光荣和杨恩艳，2011；蒋剑勇和郭红东，2012；张秀娥等，2015）、创业环境（朱红根和康兰媛，2013）、区域金融支持政策和金融供给多样性（杨军等，2013；刘宇娜和张秀娥，2013；李树和于文超，2018）等方面。其中，诸多学者对家庭流动性约束与创业决策的关系关注较多，相关研究采用不同的流动性约束代理变量使得研究结论呈现较大的差异性。一方面，部分学者以财富作为家庭流动性约束的代理变量，探讨了财富与创业之间的关系。如 Evans 和 Jovanovic（1989）构建了个体财富与自我雇佣率之间关系的静态流动性约束模型，并研究指出较高水平财富预期会引致较高的自我雇佣率，这与 Holtz - Eakin 等（1994）、Cagetti 和 Nardi（2006）的研究观点一致。基于中国创业实践，程郁和罗丹（2009）修正了 Evans 和 Jovanovic 所提出的流动性约束下的创业决策模型，并研究发现信贷约束对农户创业的影响并不具有单调性，放松信贷约束不一定会导致创业活动的增加。翁辰和张兵（2015）研究表明信贷约束显著制约了财富分布位于最低 25%、50%～75% 以及最高 75% 的样本家庭的创业选择，并且对财富水平较高的农村家庭创业选择影响更大。立足动态视角，盖庆恩等（2013）重新探讨了以家庭净资产衡量的财富水平对创业的异质性影响，研究证实创业自选择偏差的存在导致财富与创业的线性关系不再成立，弥补了前述传统静态模型研究的缺陷。另一方面，少量学者探索性尝试以房产或土地资产作为家庭流动性约束的代理变量，探究了房产或土地资产对家庭创业的影响。如刘杰和郑风田（2011）以房产价值作为流动性约束的关键代理变量，研究指出流动性约束对农户创业决策及创业类型选择具有显著和一致的阻碍作用，并且该作用只体现在源于正规金融部门的流动性约束；李江一和李涵（2016）以住房抵押产权作为流动性约束的代理变量，研究表明相较于无房家庭和拥有不完全产权住房的家庭，拥有可抵押的完全产权住房通过缓解创业融资约束显著提高了家庭创业的可能性；彭艳玲等（2016）以农村土地经营权作为流动性约束的代理变量，实证检验表明农村土地经营权用于抵押融资时可缓解农户创业选择过程中的流动性约束进而促进农民创业选择。此外，少有研究关注农民创业过程中的劳动力和资产配置行为。有关农民劳动雇佣决策的研究表明，劳动力市场上广泛存在的委托—代理成本和监督成本导致农户更多地使用家庭内部劳动力而非雇佣劳动力（Eswaran and Kotwal，1985；Binswanger and Rosenzweig，1986）；农地细碎化抑制农民雇佣劳动力，而劳动力弱质化和非农就业转移促进农民雇工行为，投资门槛促进雇工经营（陈昭玖和胡雯，2016）。

（二）金融素养内涵及其对农民创业决策的影响研究

已有研究关于金融素养内涵和测度尚未达成一致意见，主要形成了对金融素养理论层面的定义、应用层面的定义和意识层面的定义，相关测度指标在关注金融基本概念基础上不断丰富和完善，并形成了主观测度法和客观测度法两类评估方法。随着研究深入，人力资本中的金融素养成为农民创业研究的新视角，且已有关于金融素养对投资、融资和风险管理等金融行为的影响研究间接，揭示了金融素养对农民创业决策的影响机理。

1. 金融素养的内涵及测度研究

国内外学者关于金融素养的内涵及测度研究尚未达成统一共识。金融素养概念最早由 Noctor 等（1992）提出，并被定义为使用和管理资金所表现出的能够实施明智判断和有效决策的能力。后续研究在此基础上不断补充和完善，形成对金融素养三个层面的定义：基于知识论的定义认为具备金融素养的人必须熟悉基本的经济原理和有关经济知识（Cutler and Devlin，1996）；侧重于实际应用的定义则强调个人具有理解并应用金融概念的能力（Moore，2003；Servon and Kaestner，2008）；而强调意识性的定义则在金融知识和能力基础上突出了意识性，即个人获得、理解和评估金融决策所需的相关信息并能意识到可能的经济后果的能力（Mason and Wilson，2000）。当前国内研究中应用比较广泛的是美国金融素养教育委员会（PACFL）的定义，即金融素养是消费者所拥有的为其一生金融福祉而有效管理其金融资源的知识和能力。因金融素养的界定未形成一致标准，其测度亦存在明显的差异性。Chen 和 Volpe（1998）最早提出对个人金融素养进行调查，并通过受访大学生对与个人理财相关问题的回答发现，美国大学生金融素养水平整体偏低。此后的大部分研究认为，完整的金融素养测度至少应包括金融基本概念、借贷概念、投资概念和风险预防概念四个方面。Huston（2010）通过统计研究发现，上述测度所包含内容的前三个概念在样本中的覆盖率较高，而最后一个概念覆盖率较低。尹志超等（2014）开展的中国家庭金融调查中设计了关于利率计算、通货膨胀理解及投资风险认知三个问题考察城乡居民金融知识水平，统计结果显示，城乡居民对通货膨胀理解、利率计算及投资风险认知三个问题的正确回答比例分别为 15.64%、14.90% 和 29.57%，三个问题均回答正确的家庭仅占 1.65%，表明中国居民金融知识水平整体偏低。张欢欢和熊学萍（2017）基于经济合作与发展组织科学素养测评框架（Program for International Student Assessment，简写为 PISA），从基本金融知识认知、金融知识理解和应用、金融风险和回报、金融规划、金融背景信息分析和金融责任认知六个方面构建了针对中国农村居民的金融素养测评框架，并进一步佐证了前述研究结论。此外，中国人民银行金融消费权益保护局从关于储蓄与信用等金融态度、关于家庭开支的规划等金融行为、关于金融产品与服务的使用等金融技能、关于信贷与保险等金融知识四个方面设计了较为全面的消费者金融素养测试指标体系①。金融素养测度方法主要包括主观和客观测度法。主观测度基于受访者自我评价的对股票、基金等金融相关产品的了解程度；客观测度则依据受访者对多个问题以多项选择或判断正误的方式进行回答，进而通过综合打分法或因子分析法实现（尹志超等，2015）。基于主客观测度法的比较，Guiso 和 Jappelli（2009）认为主观测度法因受到投资者自信程度的影响而不够准确。

2. 金融素养对农民创业决策的影响研究

已有研究集中于探讨金融素养对个体投资、融资及风险管理行为的影响，进而揭示其对创业行为产生的直接或间接作用。关于金融素养影响创业投资方面，相关研究表明，基本经济金融知识储备和基本财务计算能力培养对保障投资者理性准确评估投资项目的预期收益及潜在风险，从而实现最佳投资决策发挥重要作用（Hastings and Tejeda‐Ashton，2008；秦芳等，2016）。创业作为风险投资的一种形式，正是家庭配置风险资产与无风险资产的结果。已有研究证实，金融素养直接影响居民金融市场参与和风险资产配置比例（尹志超等，2014）。相较于城镇家庭，在金融素养水平相近的情况下，农村家庭进行创业的概率更大（赵朋飞等，2015）。关于金融素养影响创业融资方面，已有研究证实，金融素养提升可有效改善家庭借款渠道偏

---

① 资料来源：中国人民银行金融消费权益保护局 . 2015.《消费者金融素养调查分析报告2015》，http：//shanghai. pbc. gov. cn/fzhshanghai/113598/3053178/index. html.

好、提高家庭正规信贷需求和正规信贷可得性（周天芸和钟贻俊，2013；吴雨等，2016；曹瓅和罗剑朝，2019），降低金融约束对创业的抑制作用，进而提高家庭创业意愿（马双和赵朋飞，2015；尹志超等，2015）。关于金融素养影响创业风险管理方面，大量研究表明风险态度与创业行为密切相关，而尹志超等（2015）研究发现，金融素养水平的提高可显著增强个体的风险偏好，降低风险厌恶对创业活动的抑制作用。

（三）农地产权交易范畴及其对农民创业决策的影响研究

产权可交易性是产权基本特征之一，产权交易是实现产权结构动态优化的有效方式（巴泽尔，1997），且产权安排及结构优化有助于提高经济运行效率。农地产权交易体现了农地"三权分置"制度框架下，农地产权主体之间进行农地经营权交易、优化农地产权结构以提升农地资源配置效率和实现农地资产价值，其具体形式包括租赁、转让、入股、抵押、信托等方面（黄贤金和方鹏，2002；丁关良，2008；徐文，2018）。黄祖辉（2014）认为土地产权交易是实现农民财产权益的关键，建立与农地"三权"分置相适应的产权交易体系显得十分必要和迫切。鉴于已有研究主要从租赁、转让、互换等传统农地产权交易方式和以抵押融资为代表的新型农地产权交易方式两方面探究农民农地产权交易参与及其经济效应，本书以农地流转交易和农地抵押融资交易表征农民农地产权交易，并分别梳理农地流转交易和农地抵押融资交易的影响因素以及对农民创业决策的影响研究。已有研究主要从农民农地流转的内外在制约因素、农地抵押贷款的供需两侧制约因素等方面探讨农民农地产权交易参与的形成机理，并主要从农业规模经营、家庭劳动力流动、资产选择和家庭收入等方面论证农民农地流转交易的经济效应，从信贷可得性、家庭收入与消费等层面评估农民农地抵押融资交易的经济效应。

1. 农地流转交易及其对农民创业决策的影响研究

已有文献多将农地流转行为界定为是否有农地转入（出）、农地转入（出）规模，但有学者认为农地流转行为并非单一笼统的"是否"流转的选择行为，而是包含是否交易、如何交易（交易对象、交易期限、交易价格、合约形式）的"一连串"行为选择的集合（胡新艳和罗必良，2016）。已有研究主要从农民产权偏好（徐美银，2013）、交易费用认知（罗必良等，

2012)、农户分化（文长存等，2017）、风险规避（李景刚等，2014；孙小龙和郭沛，2016）、农户行为能力（罗必良和郑燕丽，2012）、关系网络（李星光等，2016）、农地产权安全性（马贤磊等，2015）等方面探讨农民农地流转的内在制约因素，并从农地确权（周其仁，2014；胡新艳和罗必良，2016；程令国等，2016；钟文晶和罗必良，2013；Macours et al. 2010；Deininger et al. 2008；Holden et al. 2011；Jacoby and Minten，2006）、城乡工资水平差距（温涛等，2017）、农地保障功能替代性（聂建亮和钟涨宝，2015）、中介组织（陈姝洁等，2015）等方面论证农民农地流转的外部驱动因素。

关于农地流转与农民创业关系的针对性研究较少，钱依婷（2016）研究指出农地流转市场化程度越高，农民创业发生率越高；亦有学者探讨了农民创业对土地流转的影响，如张永强（2014）研究发现农民的农业创业对土地流转产生的影响显著大于非农创业。此外，已有研究探讨了农地流转对农业规模经营、家庭劳动力流动、家庭资产选择等经济行为的影响。农地流转影响农业规模经营方面，胡新艳等（2013）研究表明，农户间的土地流转并没有带来经营规模和专业化程度的显著改善。农地流转影响家庭劳动力配置方面，相关研究表明，农地流转市场发育有助于农民在面临劳动和其他生产性资产约束下高效率配置家庭剩余劳动力以实现家庭生产能力的最大化利用（Jin and Jayne，2013），且农地市场在地权稳定性等质量维度和土地市场交易量等数量维度对农村劳动力的非农就业决策产生显著正向影响，发育成熟的土地租赁市场与长期稳定的市场租赁契约有助于促进农村劳动力的非农流动（田传浩和李明坤，2014）；游和远等（2013）研究进一步证实，农地转出面积和流转开放性可通过拓展非农就业空间，提升非农就业稳定性。关于农地流转与家庭资产选择行为的研究表明，农地转入会拉高农村居民储蓄水平，而农地外包会降低储蓄，且农地外包带来家庭经营资产比重的上升（姚成胜和万珍，2016）。此外，相关研究聚焦于收入总量及结构层面，论证了农民农地流转参与的经济效应及不同农地流转模式影响效应的差异性（诸培新等，2015；陈飞和翟伟娟，2015；Lan et al. 2018）。

2. 农地抵押融资交易及其对农民创业决策的影响研究

诸多学者依据不同标准探究了农地经营权抵押融资模式的分类。基于政府职能和市场作用的差异，曹璨（2017）认为农地抵押贷款模式可划分为政府主导型和市场主导型两种模式。基于具体参与主体的不同，惠献波（2014）将农地经营权抵押贷款模式归为"农户＋地方政府＋土地金融机构""农户＋村委会＋金融机构""农户＋土地协会＋金融机构""农户＋专业合作社＋金融机构"四类。考虑到风险分担形式的差异，戴国海等（2015）将农地经营权抵押贷款划分为"农地经营权抵押""农地经营权抵押＋第三方风险分担""农地经营权反担保＋第三方担保"三种模式。此外，考虑到农地抵押与不同信用保证方式的联结，程郁和王宾（2015）从"信用＋抵押""保证＋抵押""反担保＋抵押""信托＋抵押""土地证券化＋抵押"五种组合分析了农地抵押贷款模式。尽管已有研究对农地抵押贷款模式的划分存在差异，但相关研究均重视从农地抵押贷款需求和供给两方面探讨农民农地抵押贷款行为响应的影响因素。一是需求层面，大量文献综合表明，土地面积、兼业程度、是否参加合作社、是否流入土地、正规信贷经历、社会关系及农地抵押风险等因素对农民农地抵押贷款意愿及可得性产生显著影响（惠献波，2013；于丽红等，2014；曹瓅等，2014；杨婷怡和罗剑朝，2014；曹瓅和罗剑朝，2015；许泉等，2016；胡新艳等，2016），而土地评估机制不健全、信贷风险分担机制不足等因素影响农户农地抵押贷款可得性（林乐芬和王步天，2016）。二是供给层面，相关研究指出，农地规模、农地价值及农地产权的清晰和稳定性（李成强，2016；高勇，2016），地方政策的稳定性、相关法律法规是否健全、风险保障机制是否完善以及抵押品处置难度等因素对银行农地抵押贷款供给产生显著影响（林乐芬和王军，2011；兰庆高等，2013）。

关于农地抵押贷款影响农民创业的针对性研究较少。夏玉莲和曾福生（2014）基于农地抵押融资模式的案例分析，发现农地融资流转对农地资本增值、资金筹措、农民创业等方面产生积极效益；彭艳玲等（2016）实证研究进一步表明，土地经营权抵押缓解了农户创业选择中的流动性约束，其对农户"终止创业""重新创业""计划创业""继续创业"的正向影响依次增强。国外学者基于不同农地产权制度背景和不同时期调查数据探究了农地产权抵押贷款对农户正规信贷可得性的影响，在理论观点上形成"显著促进论"（Torero and Field，2005；Kemper et al. 2015；陈建新，2008；郭忠兴等，2014）和"作用不显著论或作用异质性论"（Menkhoff et al. 2012；Hare，2010；钟甫宁和纪月清，2009；张龙耀和杨军，2011）的分歧。随着中国农地抵押贷款实践的深入推进，针对农地抵押贷款政策试点效果的评估研究引起国内越来越多学者的重视，相关研究为从农民创业决策层面拓展农地抵押贷款试点效果评估体系提供有益启发。立足农村金融需求侧的相关研究多从信贷可得性与信贷约束、家庭收入和消费等层面实证测度农地抵押贷款的福利效应。如黄惠春（2014）基于经济水平较高的江苏省试点地区农户数据的研究发现，当前农地抵押贷款重点瞄准大农户和优质的存量客户，因而对提高农户贷款可得性，尤其对解决小农户的融资难题并无显著作用。与此观点截然相反的是，李韬和罗剑朝（2015）采用经济欠发达的宁夏回族自治区农户数据的实证表明，小农户对农地抵押贷款的行为响应较大农户更为积极，且农地抵押贷款显著缓解了小农户的融资约束；黄惠春等（2015）利用组群配对法进一步实证指出，农地抵押贷款试点虽可在一定程度上缓解农户信贷完全数量配给、提高农户信贷可得性，但当前农地抵押贷款业务尚未成熟、农地抵押贷款发生率偏低的条件下，其预期效果并不显著。此外，曹瓅等（2014）采用 Tobit 模型实证表明农地产权抵押贷款显著改善了农户家庭福利水平，即对农户年收入、非农收入、生活消费支出和生产性支出均存在显著正向影响，但对农户农业收入影响不显著；而梁虎等（2017）、张欣等（2017）采用倾向得分匹配法研究表明，农地抵押贷款显著促进农户总收入尤其是农业收入的增长，但对农户非农收入的影响不显著。

（四）金融素养对农民金融行为的影响研究

已有研究主要从融资行为、投资行为和风险管理行为三个方面探讨金融素养对个体金融行为的影响，相关研究最早聚焦于城镇居民，并呈现向农村居民拓展的趋势。学者普遍认为，金融素养提升有助于缓解家庭金融排斥问题，促进家庭金融市场参与，并从融资行为、投资行为及风险管理行为等层面进行论证（Dohmen et al. 2010；尹志超等，2014；张号栋和尹志超，2016）。

1. 金融素养影响融资行为的研究

大量文献证实，金融素养显著影响金融市场参与主体的融资行为。金融素养影响融资需求及融资约束的研究表明，金融素养水平与信贷行为密切相关，提升信贷者金融素养水平可增加其信贷需求量，缓解正规信贷约束，促进正规信贷活动参与（Davidson，2002；尹志超等，2014；马双和赵鹏飞，

2015）。针对农村居民的研究亦证实，农民金融素养水平提高有利于提升家庭正规信贷参与率和参与程度（吴雨等，2016；宋全云等，2017）。金融素养影响融资产品选择方面，Gathergood（2012）指出金融素养水平高的家庭熟悉借贷条款和金融市场，更有可能选择与自身状况相匹配的信贷产品。金融素养影响融资成本方面，Huston（2012）研究发现，金融素养水平低者的抵押贷款成本是金融素养水平高者的两倍；Lusardi 和 Carlo（2013）、Chatterjee（2013）进一步证实，金融素养水平高的群体在获取信贷时较为理性，使用高成本借贷方式的概率低。金融素养影响融资违约及理性还款方面，Gerardi 等（2010）、Sevim 等（2012）研究发现拥有较高金融素养的消费者不会表现出过度借贷行为，并且信贷违约或拖欠借款情况发生的可能性低，上述结论在我国农村居民的研究中亦得到证实（孙光林等，2017）。

2. 金融素养影响投资行为的研究

大量文献亦证实，金融素养显著影响金融市场参与主体的投资行为，且相关研究多集中于资本市场。已有研究发现丰富的金融素养积累有利于家庭正确理解金融市场和金融产品的收益、风险等特征，减少家庭实施金融决策时的信息搜寻和处理成本（Dohmen et al. 2010）。金融素养的缺乏会导致较多的错误投资（Calvet et al. 2009）、抑制股票市场参与（Rooij et al. 2007）、降低投资多样性（Guiso and Jappelli，2009）；而提升金融素养可显著促进城市家庭理财规划选择（胡振和臧日宏，2017），增加家庭风险资产配置种类（曾志耕等，2015），尤其增加股票资产在家庭总资产中的配置比例（尹志超等，2014）。

3. 金融素养影响风险管理行为的研究

已有研究指出，具备较高金融素养的家庭在规划财务、保持储蓄流动性以及控制消费信贷行为等方面更倾向于做出合理决策以规避风险（Richard and John，2011），且积极参与商业保险购买（秦芳等，2016）。随着金融素养结果变量的深入挖掘，部分学者将金融素养对个体及其家庭的福祉影响分析从经济行为本身进一步延伸至经济行为的结果。基于收入增长视角，王正位等（2016）研究表明，金融知识水平的提高有助于低收入城市家庭跃迁至高收入阶层；何学松和孔荣（2019）研究证实金融素养通过农民信贷、理财及保险行为的中介效应对农民收入产生正向影响；基于财富积累视角，吴雨等（2016）研究认为，金融知识可通过改善家庭资产配置结构促进家庭财富增长，并且金融知识的财富积累效应在农村地区更为明显。

（五）文献评述

现有文献关于农民创业决策的影响因素，金融素养的内涵、测度及其与金融行为的关系，农民农地流转与农地抵押贷款的制约因素，农地产权交易对农民创业的影响效应等内容的探讨为本书提供了重要启示和有益借鉴。但梳理文献发现，现有研究还存在以下不足。

1. 金融素养与创业研究方面

一是已有金融素养研究多集中在欧美国家，且多聚焦于城市居民，而对于结合本土化特点发展金融素养理论，对我国农民尤其是创业农民金融素养测度及其福祉影响分析尚未给予应有的重视；且已有金融素养研究多将其作为一个整体进行考察，缺乏对金融素养不同维度的深入挖掘。二是已有农民创业研究多从创业选择角度考察农民创业的基本决策，而对农民创业决策重要组成部分的劳动力配置和资产配置决策的关注不足。三是现有创业研究多从金融供给侧论证农民创业的金融制约因素，而忽视对农民自身在投资、融资、风险管理等方面的金融素养的考量，且专门探讨金融素养及其分维度对农民创业决策的影响研究较少。

2. 农地产权交易影响因素方面

一是农地流转影响因素研究中虽关注到农户认知、风险态度、行为能力等因素对农民农地流转行为的影响，但忽视从流转主体自身金融素养视角追踪形成上述因素的深层次原因。二是已有农地抵押贷款影响因素研究主要从个体及家庭特征、土地特征、金融机构供给因素等方面论证农民农地抵押贷款需求及行为响应的影响因素，而缺乏从金融需求主体的金融素养视角探究农民农地抵押贷款行为发生机制，且相关研究忽视对形成农民抵押风险认知、抵押参与意识和参与能力等抵押贷款行为影响因素的深层次能动性因素的挖掘。

3. 农地产权交易对农民创业决策的影响方面

一是少有研究将农地流转与农地抵押贷款两种不同形式的农地产权交易行为纳入同一框架，探究两者之间的关联机理，并评估农地产权交易的综合福利效应以及两者福利效应的差异性。二是已有研究多基于收入视角衡量农地产权交易的效果，少有研究从农民创业决策促进层面评估农地产权交易的影响效应，鲜有研究基于农民创业决策视角实证检验以农地流转和农地抵押融资改革表征的农地产权制度改革政策执行效果与政策预期的偏差。三是已有研究对农地流转与家庭劳动力配置关注较多，但对农地流转和农地抵押贷款引致的家庭资产配置变化缺乏必要的关注。

4. 金融素养对农民金融行为的影响方面

现有研究多关注金融素养对城镇居民融资行为、资本市场投资行为以及农民传统金融市场融资行为等方面的影响，鲜有学者将金融素养的福祉影响分析延伸至农地产权制度改革和农地资本化持续推进背景下农民农地流转交易和抵押融资交易行为的研究。

综合看，农民要素配置行为视角下已有研究多集中于探讨农民参与土地要素市场、资本要素市场、劳动力要素市场等单一要素市场的制约因素。随着研究推进，部分学者逐渐将两类不同要素配置决策纳入同一研究框架，围绕非农就业与土地流转、土地流转与信贷市场、劳动力市场与信贷市场之间的关联性做了诸多探索。但鲜有研究将农地流转、农地抵押融资、农民创业型就业等因素纳入农村土地、资本、劳动力要素市场整合发育和协调匹配机制的研究框架，系统探究农地流转、农地抵押融资与农民创业决策的关联机理。鉴于此，本书拟探索性构建金融素养与农村土地、资本、劳动力要素市场发育之间的关联系统，立足要素流动视角深入阐释金融素养、农地产权交易影响农民创业决策的理论逻辑，计量分析金融素养对农民创业决策的影响、农地产权交易对农民创业决策的影响、农地产权交易中介作用下金融素养对农民创业决策的影响，以期探求农村要素市场发育关联系统有序运行以及金融素养与农地产权交易共同驱动下的农民创业决策优化机制。

四、研究思路与研究内容

（一）研究思路

本书以探究乡村振兴背景下农民创业发生率提升和创业决策优化为研究目的，基于对我国农民金融素养、农地经营权流转与抵押融资实践、农民创业等方面的现状考察，遵循"金融素养—要素流动—农村要素市场整合发育—农民创业决策持续优化"的理论逻辑，构建要素流动视角下金融素养、农地产权交易影响农民创业决策的逻辑框架，深入阐释农地产权交易中介作用下金融素养影响农民创业决策的机理；并依据陕西、宁夏、山东3省9县1 947户农户调查数据，实证检验金融素养对农民创业决策的影响、农地产权交易对农民创业决策的影响以及以农地流转交易和农地抵押融资交易表征的农地产权交易在金融素养影响农民创业决策关系中的中介效应，进而探究农村要素市场整合发育关联系统驱动下的农民创业决策优化机制，以期为政府加强农民金融素养教育、推进农地经营权流转与抵押融资改革、完善农民创业的金融支持政策等方面提供实践参考。具体研究思路如下。

　　首先，依据人力资本理论、产权经济学理论、农民创业理论界定金融素养、农地产权交易、农民创业决策的内涵与外延，确定各关键变量所包含的维度和表征指标，并对要素流动视角下金融素养、农地产权交易与农民创业决策的关联机理进行理论剖析，构建农地产权交易中介作用下金融素养影响农民创业决策的逻辑框架。其次，从宏观层面系统梳理我国农村金融教育发展情况、农地产权制度变迁历程和农民创业扶持政策演变脉络；依据金融素养概念的界定，构建农民金融素养的测度指标体系，并运用微观农户调查数据进行农民金融素养水平评估及特征分析；确定农地产权交易行为的关键表征变量，对农地流转行为和农地抵押贷款行为进行统计分析和特征提炼；从创业基本决策、创业劳动力配置决策、创业资产配置决策三个方面阐述和刻画农民创业决策特征。再次，依据前述理论框架，分别实证检验金融素养对农民创业基本决策、劳动力配置决策和资产配置决策的影响，以农地流转交易和农地抵押融资交易表征的农地产权交易对农民创业基本决策、劳动力配置决策和资产配置决策的影响，金融素养对农民农地产权交易参与的影响及农地流转交易对金融素养影响农民农地抵押融资交易的中介作用，进而分别实证探究农地流转交易和农地抵押融资交易在金融素养影响农民创业基本决策、劳动力配置决策和资产配置决策关系中的中介作用及农地产权交易对金融素养影响农民创业决策的链式中介作用，深入揭示农地产权交易中介作用下金融素养对农民创业决策的影响。最后，依据理论分析与实证结果，立足宏微观层面提升农民综合金融素养水平、促进其农地产权交易深度参与，探寻农村要素市场整合发育驱动下的农民创业决策优化策略和政策支持体系。本研究行文思路所对应的技术路线如图1-1所示。

基础研究	相关理论	创业理论、计划行为理论、产权理论等
	金融素养	金融知识、金融能力、金融意识
概念界定	农地产权交易	农地经营权流转、农地经营权抵押贷款
	创业决策	基本决策、劳动力配置决策、资产配置决策
	金融素养、农地产权交易影响农民创业决策的机理分析	

理论研究

现状分析	宏观政策梳理	农村金融教育发展脉络与金融素养现状
		农地产权制度变迁历程与产权交易现状
		农民创业扶持政策演变与创业现状
	微观调查统计	金融素养测度（因子分析法）
		农地产权交易特征提炼（描述性统计）
		创业决策特征分析（描述性统计）

机理检验	金融素养影响农民创业决策的实证分析（IV-Probit、IV-Tobit、IV-Poisson等模型）
	农地产权交易影响农民创业决策的实证分析（PSM、IV-Probit、IV-Tobit、IV-Poisson等模型）
	金融素养影响农民农地产权交易的实证分析（IV-Probit、IV-Tobit、中介效应等模型）
	农地产权交易中介作用下金融素养影响农民创业决策的实证分析（IV-Heckman、中介效应等模型）

实证研究

| 研究结论 | 提升金融素养 / 促进农地产权交易 | 优化创业决策 |

政策建议

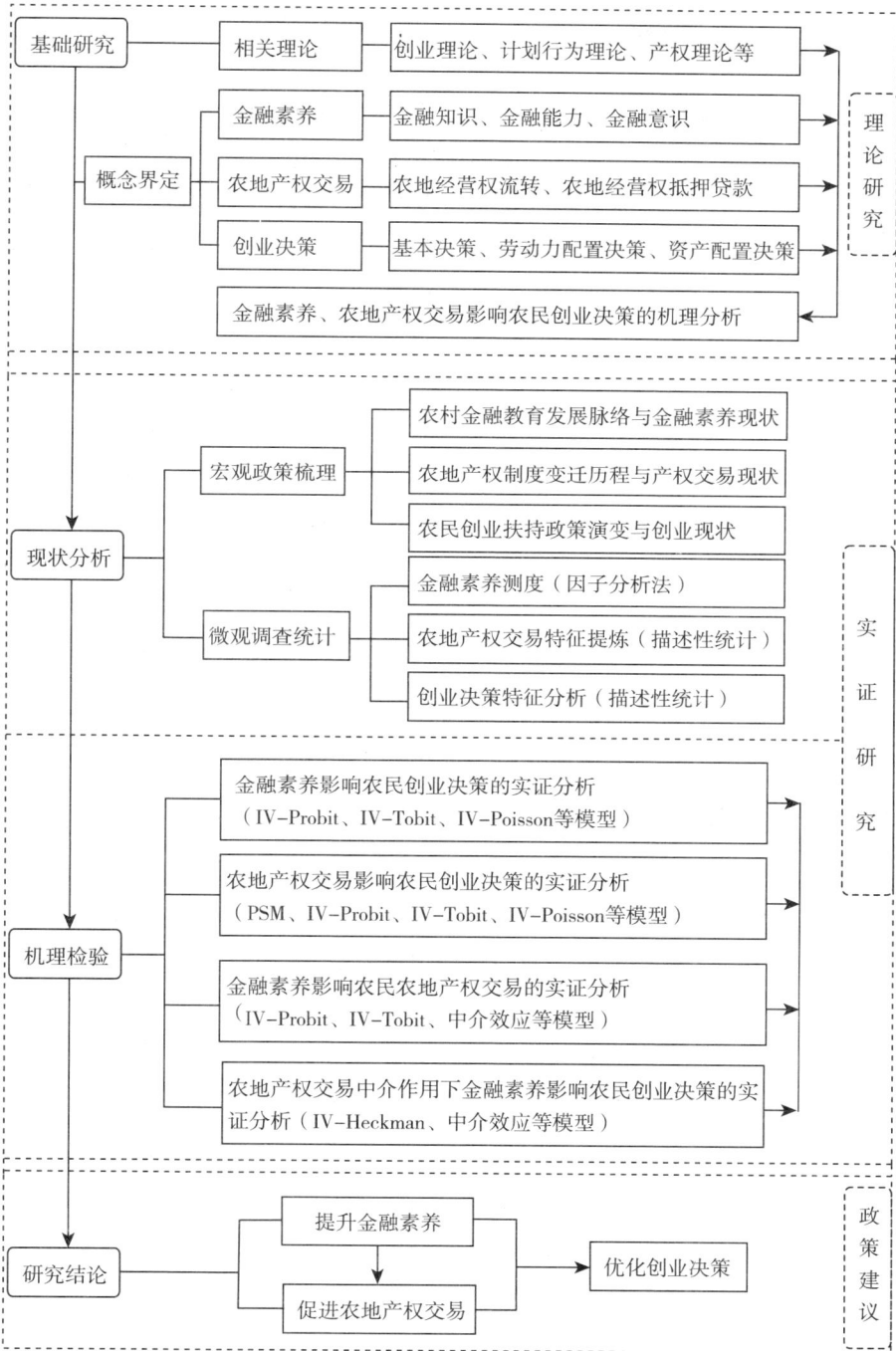

图 1-1 研究技术路线

（二）研究内容

第一章，导论。首先，阐述研究背景、研究目的与意义。其次，系统梳理金融素养、农地产权交易、农民创业决策相关的国内外文献，并对已有研究进行评述。然后，阐明本书的具体研究思路与各章节主要研究内容，且以技术路线图呈现各研究内容之间的逻辑关联。再次，对每部分研究内容所采取的研究方法予以阐释说明，并对研究数据来源进行说明。最后，归纳和提炼本书的创新之处。

第二章，概念界定与理论基础。依据相关理论和文献，界定金融素养、农地产权交易、创业决策等核心概念，确定各关键变量所包含的维度和主要表征指标；梳理创业理论、计划行为理论、产权经济学理论、有限理性决策理论、信贷配给理论等主要理论观点，为本研究架构金融素养、农地产权交易与农民创业决策之间的内在逻辑框架提供理论支撑。

第三章，金融素养、农地产权交易影响农民创业决策的机理分析。基于职业选择模型和静态流动性约束模型对农民创业选择的决定因素进行数理推导，基于多目标决策模型将农民创业决策的优化进行目标分解。建立在文献梳理基础上，深入阐释金融素养影响农民创业决策的机理、农地产权交易影响农民创业决策的机理、金融素养影响农民农地产权交易的机理、农地流转交易影响农民农地抵押融资交易的机理，系统构建要素流动视角下金融素养、农地产权交易与农民创业决策的关联框架，进而逻辑推导农地产权交易中介作用下金融素养影响农民创业决策的机理，为后续实证研究奠定理论基础。

第四章，农民金融素养、农地产权交易与创业决策的现状分析。从宏观层面系统梳理我国农村金融教育发展情况、农地产权制度变迁历程和农民创业扶持政策演变脉络，明确宏观现状和政策支持方向。构建农民金融素养测度指标体系，并运用微观农户调查数据进行农民金融素养水平评估及特征分析；从农地流转交易和农地抵押贷款交易两个方面对农民农地产权交易进行统计分析和特征提炼；从创业基本决策、创业劳动力配置决策、创业资产选择决策三个方面阐述和刻画农民创业决策特征。在此基础上，厘清农民创业决策关键内外在制约因素的现状及农民创业决策优化方向。

第五章，金融素养影响农民创业决策的实证分析。基于计划行为理论阐释金融素养影响农民创业基本决策、劳动力配置决策和资产配置决策的理论逻辑并提出研究假说，采用工具变量法实证检验金融素养对农民创业基本决策的影响、金融素养对农民创业劳动力配置决策的影响以及金融素养对农民创业资产配置决策的影响。

第六章，农地产权交易影响农民创业决策的实证分析。依据产权经济学理论阐释农地流转交易和农地抵押融资交易对农民创业基本决策、劳动力配置和资产配置决策的影响机理以及农民创业决策视角下农地经营权流转和抵押融资改革政策效果检验的理论逻辑，并提出研究假说；采用倾向得分匹配法构建合理的反事实框架，实证测算有无农地流转交易（农地转入和农地转出）和农地抵押融资交易对农民创业基本决策、创业劳动力配置决策、创业资产配置决策的影响净效应，基于实证结果验证农民创业决策视角下农地经营权流转和抵押融资改革政策执行效果和政策预期的一致性；并采用工具变量法进一步实证检验农地流转交易规模和农地抵押融资交易规模对农民创业基本决策、创业劳动力配置决策、创业资产配置决策的影响。

第七章，金融素养影响农民农地产权交易的实证分析。分别阐释农民金融素养对农地流转交易和农地抵押融资交易的影响机理，农地流转对农地抵押融资交易的作用机理，以及农地流转对金融素养影响农地抵押融资交易的中介作用机理，并提出相应的研究假说；采用工具变量法和中介效应模型实证检验金融素养对农地流转和农地抵押融资交易的单一影响效应，不同方向的农地流转对农地抵押融资的差异化影响及农地流转在金融素养影响农民农地抵押融资关系中的中介作用。

第八章，农地产权交易中介作用下金融素养影响农民创业决策的实证分析。分别阐释农地流转交易和农地抵押融资交易对金融素养影响农民创业决策的中介作用机理，以及农地产权交易的链式中介作用机理，并提出相应的研究假说；采用 Bootstrap 法分别计量检验农地流转交易和农地抵押融资交易对金融素养影响农民创业决策的中介效应以及农地产权交易的链式中介作用。

第九章，农民创业决策的优化策略。依据上述实证检验结果凝练主要研究结论，并立足提升农民金融素养、促进农民农地产权交易参与，多层面探寻基于金融素养和农地产权交易协同驱动的农民创业决策长效优化机制及配套的支撑保障机制。

五、研究方法与数据来源

（一）研究方法

本书采取规范分析和实证分析相结合的方法，具体包括文献分析法、描述性统计分析法、计量模型方法等研究方法。

1. 文献分析法

本书通过政策文本分析梳理了改革开放以来我国农地流转、农地抵押融资改革相关政策发展历程，整理了"大众创业"战略实施以来我国农民创业扶持政策的演变历程，阐明了农地产权制度改革和农民创业扶持政策的变迁过程、发展趋势与重点方向，揭示了两股政策实践内在的逻辑关联，为基于创业决策视角检验农地产权制度改革的政策效果提供必要的理论依据。此外，本书系统梳理了农民金融素养研究的演进脉络，归纳整理了农民农地流转交易、农地抵押融资交易、农民创业决策、农村要素市场发育相关研究，构建了要素流动视角下金融素养、农地产权交易与农民创业决策之间的理论逻辑框架，深入阐释了金融素养对农民创业决策、农地产权交易对农民创业决策以及农地产权交易的中介作用机理，为实证研究奠定了扎实的理论基础。

2. 描述性统计分析法

为准确评估样本地区农民金融素养平均水平、个体及区域差异性，提炼农民农地流转交易和农地抵押融资交易的特征，并对农民创业基本决策、创业劳动力配置决策、创业资产配置决策现状进行较全面的刻画，对调研样本进行详细的描述性统计分析，具体包括全样本分析和分省样本分析，以充分反映样本在上述方面所具有的基本特征，为后文实证关系的探究奠定重要基础。

3. 计量模型法

本书采用因子分析法构建农民金融素养测度指标体系、测算农民金融素养总体水平和分维度水平，并进行信度和效度检验，验证该指标体系的科学性和合理性。采用 Probit、IV - Probit、Poisson、IV - Poisson、Tobit、IV - Tobit 模型实证检验了金融素养对农民创业基本决策、创业劳动力配置决策和创业资产配置决策的影响。采用 PSM 法构建反事实分析框架且综合采用多种匹配方法，实证检验了农地流转（农地转入和农地转出）交易参与和农地抵押融资交易参与对农民创业基本决策、创业劳动力配置决策和创业资产配置决策的影响，采用敏感性分析方法对 PSM 估计结果的稳健性进行检验；并采用 IV - Probit、IV - Poisson、IV - Tobit 等模型实证检验了农地流转交易规模和农地抵押融资规模对农民创业基本决策、创业劳动力配置决策和创业资产配置决策的影响。采用 IV - Probit、IV - Tobit、IV - Heckman 模型实证分析了金融素养对农民农地流转交易和农地抵押融资交易参与的影响效果；采用中介效应模型实证探究了农地流转规模在金融素养影响农民农地抵押融资交易关系中的中介作用；并采用中介效应模型和 Bootstrap 法实证检验了农地流转交易和农地抵押融资交易在金融素养影响农民创业决策关系中的中介作用以及农地产权交易在金融素养影响农民创业决策关系中的链式中介作用。

（二）数据来源

本书数据来源于课题组 2018 年 1 月、3 月、9 月分别在陕西、宁夏、山东开展的主题为"农民金融素养、农地产权交易参与及农民创业"的农村实地入户调查。调查组综合考虑区域农地产权制度改革试点情况和农民返乡创业试点情况，首先选取陕西西安市高陵区、宁夏吴忠市同心县和石嘴山市平罗县、山东临沂市沂南县 4 个农地抵押贷款典型试点区域进行抽样。同时，兼顾地理环境和区域经济发展水平的差异，选取陕西渭南市富平县及汉中市南郑区、宁夏中卫市沙坡头区、山东聊城市莘县及潍坊市青州市 5 个农地抵押贷款一般试点区域①进行抽样。其中，宁夏平罗县与同心县、山东沂南县

---

① 资料来源：全国人大常委会《关于授权国务院在北京市大兴区等 232 个试点县（市、区）、天津市蓟州区等 59 个试点县（市、区）行政区域分别暂时调整实施有关法律规定的决定》，http://www.gov.cn/xinwen/2015 - 12/28/content_5028324.htm.

是我国国家级返乡创业试点县①，农民创业的政策氛围较好，创业活跃度较高。调查组在上述各县（区）选取 3～4 个反映不同层次经济发展水平的代表性乡（镇），在每个样本乡（镇）按照相同标准分层选取 2～3 个样本村（自然村），每个样本村再随机选择 15～20 个样本农户（主要为家庭生产经营决策人）进行一对一的访谈。调查共发放问卷 2 000 份，回收有效问卷 1 947 份，问卷有效率为 97.35%，共涉及 9 个市 9 个县（区）36 个乡（镇）105 个自然村。本书样本具有较好的代表性，具体体现如下：一是陕西、宁夏、山东分别作为西部和东部农业大省，农业优势特色产业突出，农地流转和规模经营为农业产业化发展和农民涉农创业提供重要支撑；上述抽样县区兼顾了返乡创业典型试点县和一般县区，农民创业支持政策力度和创业活跃度存在一定的层次差异。二是所选取样本县区农地产权制度改革政策支持力度较大，农地流转改革和农地抵押贷款试点基础较好，农地流转活跃度和农地抵押融资业务供给与需求量亦存在区域性差异。三是样本区域覆盖黄土高原区、关中平原区、陕南山区、华北平原区等不同地理环境下的农业生态系统，农业生产经营自然条件的区域性差异致使农民农地产权交易参与及创业行为呈现不同特征。

六、研究的创新之处

①遵循"金融素养—要素流动—农村要素市场整合发育—农民创业决策持续优化"的理论逻辑，创新性地将金融素养、农地产权交易、农民创业决策纳入农村要素市场发育的同一研究框架，构建了要素流动视角下金融素养、农地产权交易影响农民创业决策的理论框架并进行实证检验，丰富了农民创业研究和农村要素市场发育的理论体系。本书发现，金融素养对以农地经营权流转交易和抵押融资交易表征的农地产权交易和以创业基本决策、劳

---

① 资料来源：国家发改委等十部门，《关于同意河北省威县等 90 个县（市、区）结合新型城镇化开展支持农民工等人员返乡创业试点的通知》［2016－02－26］．http：//zfxxgk. ndrc. gov. cn/web/iteminfo. jsp？id=2803；《关于同意河北省大名县等 135 个县（市、区）结合新型城镇化开展支持农民工等人员返乡创业试点的通知》 ［2017－10－24］．http：//www. ndrc. gov. cn/fzgggz/jyysr/zhdt/201711/t20171102＿866131. html.

动力配置和资产配置决策表征的农民创业决策均产生不同程度的显著影响，创业决策视角下农地经营权流转和抵押融资改革政策执行效果与政策预期基本一致，且农地流转交易和农地抵押融资交易在金融素养影响农民创业基本决策、创业劳动力配置决策和创业资产配置决策关系中发挥差异化的中介作用，农地产权交易对金融素养影响农民创业基本决策产生链式中介作用。

②探索性地将金融素养理论引入农地产权制度改革背景下农地流转市场和农地金融市场中农民农地产权交易行为研究，深入阐释了农民金融素养、农地流转交易与农地抵押融资交易之间的关系机理并进行实证检验，拓展了农地金融研究的学术视域。已有大量研究从个体、家庭及村庄特征等层面探究了农民农地流转和抵押融资交易参与的影响因素，但鲜有研究从农民人力资本中的金融素养出发，深入挖掘影响农民农地产权交易参与风险认知、交易能力等方面的根源性因素。本书立足金融素养视角探寻农民农地产权交易参与决策的能动性因素，改进了以往研究注重表层因素探讨而忽略根源性因素挖掘的局限性，并且研究发现，金融素养不仅分别对农民农地流转交易和农地抵押融资交易产生显著正向影响，且可通过农地流转的中介作用促进农民农地抵押融资参与。

③系统性地架构了包含金融知识、金融能力和金融意识三个维度的农民金融素养评估框架，拓展了农民金融素养评估指标体系，探讨了农民金融素养的整体与分维度特征及区域性差异，推动金融素养理论在我国农村实际问题研究中的本土化应用和创新性发展。本书综合考虑农民农地金融市场和创业实践参与活动的实际，试图弥补已有研究多从金融知识、金融能力或金融意识单一层面测度农民金融素养的不足，将三者纳入金融素养的统一评估框架，采用因子分析法有效验证了该指标体系设计的科学性和合理性，并揭示了我国农民金融素养平均水平偏低且存在一定的区域性差异。

④基于创业理论和广义的创业决策概念，将农民创业研究重点由创业发生转向创业决策内容和质量，从农民创业基本决策、创业劳动力配置决策和创业资产配置决策三个方面拓展农民创业决策的分析框架，系统性地阐释农民创业决策的优化机制。本书立足农民创业发生率不断提高但创业可持续能力不强、创业层次整体偏低的客观现实，突破已有研究多关注农民创业与

否、创业行业选择的基本决策，但忽视农民跨越创业门槛后的劳动力配置决策和资产配置决策两大关键决策环节的局限性，从创业基本决策、创业劳动力配置决策、创业资产配置决策三个方面构建农民创业决策的分析框架，阐释新时期农民不同环节创业决策特征及关键内外在制约因素，有益于推动农民创业质量的持续提升。

第二章　概念界定与理论基础

一、核心概念界定

（一）金融素养

欧美国家对居民金融素养问题的关注起步较早，相关金融教育体系较为成熟；而我国对居民金融素养问题尤其是农村居民金融素养问题的关注起步较晚，相关金融教育体系发展滞后。合理界定金融素养内涵是实现对我国居民尤其是农村居民金融素养科学测度的基础。国内外学者尚未就金融素养的内涵达成统一共识。金融素养概念由学者 Noctor 等（1992）最早提出，并被定义为管理个人财富方面所具有的高效决策和理性判断能力。后续研究形成各有侧重的定义，如强调知识性的定义认为具备金融素养的人必须熟悉基本的经济原理和有关经济知识（Cutler and Devlin，1996），侧重应用性的定义强调个人具有理解并应用金融概念的能力（Servon and Kaestner，2008），而重视意识性的定义则突出了个人对实施金融决策所需相关信息的敏感性及对相关决策可能经济后果的预见能力（Mason and Wilson，2000）。随着金融素养研究的推进，一些学者逐渐转变对金融素养的单维度认知，并将金融知识、金融能力、金融意识进行结合，形成对金融素养更全面的界定。本书将部分代表性学者有关金融素养的定义进行梳理，如表 2-1 所示。

表 2-1　关于金融素养内涵界定的代表性文献

界定维度	文献来源	定义表述
强调知识性	Cutler and Devlin，1996	具备金融素养的人必须熟悉基本的经济原理和有关经济知识

（续）

界定维度	文献来源	定义表述
强调知识性	Kim，2001	个体在现代社会生产生活应当拥有的基本经济金融知识
	Servon and Kaestner，2008	个体具有理解并应用金融概念的能力
强调应用性	Noctor et al. 1992	管理个人财富方面所具有的高效决策和理性判断能力
	Cude et al. 2006	个体所具有的权衡金融选择、分析管理金融问题、有效应对金融相关事件的能力
强调意识性	Mason and Wilson，2000	个人对实施金融决策所需相关信息的敏感性及对相关决策可能经济后果的预见能力
知识性与应用性结合	Jump and tart Coalition，2007；王宇熹和杨少华，2014	个人高效配置金融资源的知识和能力
	U. S. Financial literacy and education commission，2007	个人为其终生财务保障最大化而有效管理金融资源的知识和能力
知识性、应用性与意识性结合	Sayinzoga et al. 2016	消费者有效配置金融资源以实施明智金融决策的知识、意识和技能
	中国人民银行金融消费权益保护局，2015	消费者的金融态度、金融知识、金融行为和金融技能的总和
	何学松，2018；苏岚岚和孔荣，2019	个体有效配置金融资源以实现终生金融福祉的知识、能力和意识

基于"知识定义""应用定义""意识定义"三个层面各有侧重的金融素养定义，本书界定金融素养为个体有效配置金融资源以实现终生财务保障能力最大化的知识、能力和意识的综合体，是人力资本存量中个体与金融相关的综合素质的集中呈现。其中，金融知识反映个体对基本经济原理和金融基础知识（如通货膨胀、存贷款利率、信用、投资风险等）的理解和掌握情况；金融能力反映个体在使用金融工具、获取金融资源、配置资产、规划财务等方面的能力状况；金融意识反映个体在投资理财、信贷融资、金融安全等方面的认知水平。建立在上述定义基础上，并结合农民金融活动的具体范围与特点，本书从金融知识、金融能力和金融意识三个层面设计测量题项，针对性构建农民金融素养的测度指标体系。

（二）农地产权交易

厘清农地"三权分置"背景下我国农地产权制度的管制情境有助于准确界定我国农地产权交易的内涵。2014 年以来，农地"三权分置"已成为我国新时期农地产权制度改革的基本方向。上述产权制度设计旨在坚持农地集体所有制的前提下，将农地承包权和经营权从农地承包经营权中分离出来，以有效拓宽农民的就业选择与收入获取渠道、优化土地资源配置、促进城乡要素互动，兼顾提升农村经济效率和保障社会秩序稳定双重目标实现。农地"三权分置"既延续了对集体土地所有权的强调，同时也体现了承包权和经营权分离形成新的农地产权结构的变革。该产权制度体系决定了我国农地产权交易是产权管制情境下的产权交易，同时，农地产权细分和农地经营权放活有助于激活土地要素流动性、释放农地产权交易活力。农地产权管制通过改变农地资产的未来收入流和农村金融市场利率进而影响农地资产资本化（汪险生，2015）。产权结构视角下农地产权管制具体体现为占有权管制、使用权管制和转让权管制。其中，占有权体现人对物的占有关系，农村土地集体所有制条件下只有集体经济组织内的人员才有资格取得所在集体经济组织的土地承包经营权，由此农地产权交易的区域范围受到限制，存在占有权管制；鉴于相关法律法规对农地用途实施严格管制，将农业用地转为非农用地需经过严格的土地征收审批程序，由此农地产权交易面临使用权管制；此外，法律层面禁止土地承包经营权抵押是农地转让权管制的重要表现。综上可知，农地产权管制通过影响农地产权交易的区域范围、交易用途与交易内容等方面不可避免地影响了土地承包经营权的价值和农地资产资本化进程。

鉴于农地"三权分置"的产权制度框架下，产权管制直接影响了农地产权交易的形式、内容和范围，农地产权交易内涵的界定需立足农地产权管制的基本情境。产权经济学家巴泽尔（1997）认为，产权结构的初始设计往往并不完善，因而需要进行动态优化，而产权交易是进一步界定产权、优化产权结构的有效方式。借鉴该观点，并基于我国农地产权制度实际和农民农地产权交易参与实际，本书界定农地产权交易为农地"三权分置"的产权制度框架下，基于产权管制背景的农地经营权的暂时性转让，包括以租赁、互换、转让等为主要形式的农地经营权流转交易和以抵押为主要形式的农地经营权融资交易，以实现农地产权结构的优化、农地市场资源配置效率的提高和农地资产资本化。农地经营权流转指农户从农村集体经济组织中以合法形式取得农地承包经营权，在保留农地承包权基础上将经营权部分或全部转让给其他农户或经济组织的行为。农地经营权抵押贷款指以承包土地的经营权作抵押、由银行业金融机构向符合条件的承包方农户或农业经营主体发放的、在约定期限内还本付息的贷款。农地产权流转和抵押融资交易体现了农地要素市场化的过程，也体现了农地增值和农地资本化的过程（孙全亮，2010）。

激活农地产权交易、唤醒农村"沉睡"土地资产是新时期推进农地资本化进程、提高农民财产性收入的必然选择。在交易市场上通过租赁、买卖、抵押等多种形式将资产未来较长时期的全部或者部分价值予以贴现是实现资产资本化的有效途径（郭忠兴等，2014）。据此认为，农地资产资本化主要依赖于农地产权交易的推进。20 世纪 80 年代以后，国家在土地政策层面逐步放松农地转让权管制，认可并规范土地流转、鼓励引导农地适度规模经营，催生了农地产权交易市场；随着农地流转的推进，农地抵押贷款经历了从法律禁止到政策试点的过程，农地抵押担保权能得以有效扩展。农地产权管制尤其是农地转让权管制的放松有效推进了农地产权交易市场的发育和农地资产资本化进程。现阶段，我国农地产权交易体系虽取得较快发展，但整体发展仍较为滞后，影响了农村土地资源的优化配置、农民财产权益的实现及城乡一体化进程。鉴于我国农村土地集体所有制的制度安排，农民的集体经济组织成员身份制度在较大程度上制约了农村土地权益的市场化交易，因此，迫切需要在更大范围内培育农地产权交易市场，进一步推进产权明晰化和抵押担保物的合法化、市场化和规范化处置。

（三）农民创业决策

农民创业是指具备一定创业资本和能力的农民通过升级原有生产规模、创新生产或服务方式、开拓新业务等途径，最终实现促进更多劳动力就业和获取最大化经济利益的目的，它包括农业创业和非农创业（程郁和罗丹，2009；苏岚岚等，2016；苏岚岚和孔荣，2018）。基于已有文献并结合农民创业实际，本书将农民创业范畴界定如下：①农业创业指在种植业、养殖业、林业和渔业等传统农业产业领域实现经营规模升级或通过应用新技术、开展新业务、建立新组织（如家庭农场、农民专业合作社等）等形式改进原有生产经营方式，且农业创业规模标准的确定既参考了当地专业大户平均规模水平，也考虑了调研区域实际[①]。[②]非农创业指在工业领域创办加工、制造、建筑企业等，在服务业领域从事农业生产专业化服务、零售批发、餐饮住宿、运输家政、文化娱乐、医疗卫生等商业流通及三产服务方面的非农经济活动，且年盈利在三万元及以上[②]。实际调查中，调查人员基于上述范围界定记录农民创业情况，同时通过考量农民生产经营行为是否投入家庭主要劳动力或主要劳动时间、所带来收入是否构成家庭收入的主要来源、是否以扩大生产规模和获取经济利益为目的等方面对农民创业行为做出辅助判断。此外，鉴于以农业产业为基础的多行业创业有助于突破产业间的条块分割、延长农业产业链、推进农村产业融合发展，本书将农民同时开展农业创业和非农创业的情况界定为多行业创业，引入农民创业行业决策的范畴。参照国民经济行业分类标准，并结合农民创业覆盖行业范围，本书将农民创业行业具体分类如下：规模化养殖业、规模化种植业、休闲观光旅游农业、农产品营销/加工、农资经销/农业生产专业服务（如收割服务等）、零售/批发（非农产品）、运输业、餐饮住宿业、食品加工、制造业、建筑业、医疗业、居民服务业（如家政、物业、理发店等）、文化和娱乐业及其他。

创业过程中的决策不是仅针对是否创业的决策过程，而是高度动态复杂条件下基于动态行为和选择的系统决策过程，既包括以创业方案制定等内容为核心的战术性行动，也包括以资源获取、机会评价与投资规划等内容为核心的战略性行动（杨俊，2014）。推进创业过程中的决策研究有助于充分考虑创业活动的高度不确定性与资源约束性等独特情境，深化对创业过程规律

---

　　① 农民农业创业界定参考范围如下：粮食、棉花、油料、糖料等种植播种面积 15 亩及以上；蔬菜、水果（干果）、花卉、苗木、茶叶、中药材等种植 5 亩及以上；家庭拥有经济林地面积 10 亩及以上；养猪年出栏 30 头及以上，仔猪 100 头及以上；养肉牛 10 头及以上，年出栏 3 头及以上；养肉羊 50 只及以上，年出栏 50 只及以上；养奶牛 10 头及以上；养兔 200 只及以上；养肉鸡年出栏 100 只及以上；养肉鸭年出栏 100 只及以上；养肉鹅年出栏 100 只及以上；养蛋鸭、蛋鸡 100 只及以上；养殖海产品、水产品年盈利 3 万元及以上。

　　② 根据 2016 年城镇私营单位就业人员年平均工资（42 833 元）和城镇居民人均可支配收入（33 616 元）综合确定。

的诠释。已往研究对农民创业决策的关注多局限于农民创业与否、创业行业选择的基本决策（罗明忠，2012；彭克强和刘锡良，2016；苏岚岚和孔荣，2018），对农民跨越创业门槛后的劳动力配置决策和资产配置决策两大关键决策环节的重视不足。基于农民创业发生率不断提高但创业可持续能力不强、整体创业层次偏低的现状，从农民创业实施环节拓展农民创业决策的研究框架，有助于将农民创业研究的关注点从创业发生转向创业活动内容和质量，以期从创业资源配置层面谋求农民创业决策的整体优化和创业可持续性的提升。此外，鉴于决策贯穿整个创业过程，对劳动力和资产的合理配置是继选择具体行业创业之后的重要决策内容，且生命周期视角下农民创业阶段是包括创业规划、实施和成长的系统过程，在一定时期内创业行为具有持续性，对该时期创业决策内容的挖掘有助于探究农民创业决策的整体优化。

鉴于此，本书界定创业决策为个体在综合衡量自身所拥有的创业内外部条件基础上对是否创业、创业具体形式做出选择以及对创业所需的人财物资源进行合理配置的过程，并从创业基本决策、创业劳动力配置决策、创业资产配置决策三个方面拓展农民创业决策的分析框架。农民创业基本决策直接关系农民收入的获取渠道和增收目标的实现，农民在实施创业基本决策之后的劳动力配置和资产配置决策亦是其创业决策的重要内容，对创业劳动力和资产的合理配置有助于规避生产经营风险、提高生产经营效率、实现创业效益最大化以及创业资产增值和创业财富积累。创业决策的具体范畴如下：①创业基本决策指对是否创业、创业行业选择。其中，创业行业选择包括对农业创业、非农创业、多行业创业（指同时存在农业创业和非农创业）的选择。②创业劳动力配置决策指创业过程中对长短期雇佣劳动力的配置、对生产环节外包的决策。其中，短期雇佣反映不具有稳定性的雇佣关系，如临时工、短期工等雇佣形式，多以日为单位进行劳动报酬的核算；长期雇佣反映具有相对稳定性的雇佣关系，多表现为全年雇佣，且以月为单位进行劳动报酬的核算；生产环节外包指将生产经营过程中的部分环节或全部环节外包给他方作业，外包对象主要包括专业大户、专业化服务队和专业合作组织等主体。③创业资产配置决策指创业过程中对生产性固定资产、存货等非金融资产的配置以及对预防性储蓄、周转现金持有、创业相关的保险购买等金融资产的配置。其中，生产性固定资产投资指对厂房、机器设备等具有生产用途固定资产的投资；存货资产投资指对持有以备出售的产成品、处在生产过程中的在产品、生产过程或劳务过程将耗费的材料、为出售而持有或在将来收获为农产品的消耗性生物资产等方面的投资；预防性储蓄指为防范创业项目经营风险所作的预防性储蓄；周转现金持有指为保障生产经营正常运转所持有的随时可用的周转资金；创业相关的保险购买指购买与所创事业相关的保险产品。

二、理论基础

(一) 创业理论

自法国经济学家 Cantillon（1775）第一次将创业概念引入经济学研究以来，创业研究引起越来越多学者的关注。学者们不仅聚焦于从宏观层面探讨创业在经济活动中的重要地位，也重视从微观层面分析创业者行为特征和创业系统运行机理；且随着经济转型发展和创业主体不断变化，创业问题的研究框架和内容均得以不断拓展。Cantillon 认为创业是着眼长远、追求改变和破旧立新的动态过程，强调从创业者个性、素质及其社会经济职能层面探究创业问题。在此基础上，后续部分学者强调对创业者个性特征和能力开展研究，并试图建立创业者个性、能力和经济增长之间关联的理论模型，如 Carree（2002）针对创业者风险态度与经济增长之间关系的研究指出创业者风险厌恶会制约经济增长。学者 Schumpeter（1934）最早研究创业者与经济增长的动态关系，认为创业者通过创新打破市场均衡，从而有效推动了经济增长。Leibenstein（1978）进一步指出，市场不完全和信息不对称致使经济活动的有序运行主要依赖于创业者在发现与评估市场机会、整合和利用资源、科学管理与生产、规避经营风险等方面的综合创业能力；且创业者人力资本存量越多越富有创业精神，其对经济增长和社会持续发展的贡献越大。随着创业研究的不断深入，学者们逐渐从就业、市场竞争、产品和服务创新等方面探究创业助力经济增长的作用机制。宏观层面的创业研究主要关注创业现象及其与社会经济的关联，侧重于分析创业所引致的社会影响。如制度经济学家 Baumol（1990）指出科学合理的制度安排可有效激励创业者致力于生产性创业活动，并以此促进社会财富积累和经济发展，不合理的制度安排则会驱使创业者投身于导致社会财富再分配的非生产性创业活动。基于制度学派理论，Ahlstrom 和 Bruton（2000）深入探讨了社会规范等制度因素与中国创业活动之间的关系，并指出经济转型背景下创业型企业不但可以适应而且可以通过改变一定的条件为其创造相对有利的制度环境。

鉴于创业活动的复杂性，影响创业的系列关键要素相互作用和相互制约，催生了形式各异的创业模式。因此，创业研究在从宏观层面关注创业所具有的独特经济效应的同时，还重视从微观层面探析创业现象形成的内在机理。基于微观层面的创业研究将创业视为有组织、流程和策略的系统管理过程，重点探究创业链条各要素之间的关系以及各要素对创业模式的影响效果。上述研究主要集中于创业者（特质、资源禀赋、胜任力）、创业机会（存在性、识别与开发）、创业环境（政治、经济、文化等）、创业过程（关键要素、创业活动的逻辑顺序）和创业结果（评价指标与影响因素）等方面。系统梳理经典创业理论模型的演进脉络有助于形成对创业理论更清晰的认知。综合考虑特质理论的局限性和创业现象的复杂性，Gartner（1989）模型将聚焦于创业者特质的单一层面分析拓展到整合创业者特质、组织形式、创业环境及创业过程等多层面的系统研究。此后，诸多学者探索性地将组织理论、资源基础理论、社会网络理论、制度理论等成熟理论与创业研究相结合，产生了系列代表性的创业理论模型。基于对创业研究多元化状态的系统反思，Shane 和 Venkataraman（2000）构建了以创业机会识别、客观评估和开发利用为核心要素的具有开创性的创业理论模型。为弥补上述模型研究中的不足，Sarasvathy（2001）创新性地提出了效果逻辑理论和创业过程模型，并指出建立在既有资源和手段基础上的创业活动更加符合创业实际，更有助于解释既有理论无法解释的创业现象。上述创业理论为本书基于创业过程模型拓展农民创业决策的理论框架提供理论支撑。

（二）计划行为理论

计划行为理论由学者 Ajzen（1991）提出，该理论认为人的行为是综合考虑内外在条件后进行比较选择的结果，人的行为模式受到行为态度、主观规范和知觉行为控制的综合影响。行为态度反映个体对自身行为可能出现的结果所持有的积极或消极的看法和观点，由个体对特定行为的评价经过概念化之后形成。主观规范指个体对于是否采取某项特定行为所感受到的社会压力，反映个体是否采取某项特定行为所受到的其他个人或组织的影响力强弱。知觉行为控制反映个体过去的经验和对实施特定行为可能存在困难的预期，当个体认为自己有能力开发和利用各类资源和机会，妥善应对和处理行为实施中的困难，则其对特定行为的知觉行为控制较强。计划行为理论的主要观点包括：行为意向是决定行为实施的直接因素，行为态度、主观规范和知觉行为控制是决定个体行为意向的三个核心因素，行为态度越积极、获取社会支持越多、知觉行为控制越强，个体行为意向的确定性程度越高，反之个体行为意向越具有不确定性。个体所处的社会文化环境等外部因素可通过作用于其行为信念，间接影响行为态度、主观规范和知觉行为控制，并最终影响个体行为意向和行为实施。从行为态度、主观规范和知觉行为控制之间的关联关系看，三者拥有共同的信念基础，且可从概念上将三者完全区分开来，因此三者之间既彼此独立又两两相关。计划行为理论为本书深入阐释金融素养影响农民创业决策的理论逻辑提供理论支撑。

（三）产权经济学理论

产权理论的研究始于古典经济学时期，但该时期相关研究较为分散且不成体系。新制度经济学时期，逐渐形成以交易费用理论为基础的现代产权理论体系，系统揭示了产权与资源配置的关系以及产权及其安排对经济活动的影响。产权经济学研究关注的中心议题在于探究产权结构的合理界定和变更问题，以有效降低或消除市场机制运行的社会费用，提高市场运行效率、改善资源配置状态、增加经济福利和促进经济增长。新制度经济学家主要从人与财产的关系（代表人物如科斯、德姆赛茨等）、以财产为基础的人与人之间的关系（代表人物如费雪等）两个角度界定产权本质。综合来看，产权作为经济行为主体之间对财产的行为权利，是包括所有权、占有权、使用权、收益权、处置权等一束权利的集合，综合体现人们在财产基础上形成的相互认可关系。其中，所有权表明财产的最终归属关系；占有权是所有人对财产的实际控制或掌握的权利；使用权指所有权人依据财产性质和用途加以利用的权利；收益权指基于所拥有财产而获取的经济利益，且该利益获取建立在不损害他人合理利益基础上；处置权指在权利允许范围内对事物做出改变的决策权和进行出租或出售的转让权利。产权具有排他性、有限性、可交易性、可分性、行为性等特征。产权排他性指能够独立行使且具有特定权利的垄断性；产权有限性指产权之间有清晰的界限，任何产权都限定在一定的数量、时间和空间范围内；产权可交易性指产权在空间或时间属性上的可分性；产权可分性指对特定财产的各项产权可以分解并归属于不同的主体；产权行为性指产权主体在财产权利限度内的产权权能。

产权的市场交易是交易主体之间相互交换产权的过程，交易物品的产权明确归属，交易主体构成产权交易的基本前提。合理的产权制度安排是产权交易有序开展的制度保障，人们在财产基础上形成的相互认可关系需要明晰的产权制度予以维系；产权制度是制度化的产权关系，是划分、确定、界定、保护和行使产权的一系列规则的集合。产权制度作为一种基础性的经济制度，不仅直接对经济效率产生重要影响，而且通过影响市场制度等诸多制度对经济运行效率产生间接作用；产权制度明晰对于完善市场竞争规则，保障以契约关系为重要依托的市场交易有序运行发挥重要作用。科斯产权理论是现代产权理论的代表。Felder（2001）将科斯定理视为一个定理组：第一定理认为当交易成本为零，产权权利的任意配置可以无成本地得到直接相关产权主体的有效率纠正；第二定理表明交易成本为正时，可交易权利的初始配置将影响权利的最终配置，并影响社会总体福利；第三定理认为交易成本存在时，通过已界定产权权利的重新分配所实现的福利改善可能优于通过产权交易实现的福利改善。现实中产权交易费用客观存在，明确界定产权并通过产权的自主交换有助于实现资源的最佳配置状态，从而克服"外部效果"。

产权市场交易的开展有助于产权功能的充分实现，产权功能发挥对推动经济和社会生活秩序的形成，调节社会经济运行状态发挥重要作用。产权作为一种社会强制性的制度安排，具有界定、规范和保护人们相互之间的经济关系的功能，具体包括激励功能、约束功能、资源配置功能和协调功能。产权的激励功能指产权本质上反映了一种物质利益关系，收益最大化是任何产权主体在行使其产权的经济行为中所持有的根本动机；产权的约束功能指产权对产权主体在行使产权的经济活动中所施加的强制功能，有助于明确经济活动的边界；产权的资源配置功能指产权制度安排本身所具有的调节或影响资源配置结构、提升资源配置效率的作用；产权的协调功能指建立和规范产权主体行为的产权制度，以有效协调不同产权主体之间的关系。基于产权所具有的多种功能，不同的产权制度安排可导致不同的经济绩效，同一产权制度安排在不同的资源环境和经营情境下存在较大的绩效差异。产权经济学理论为本书探讨以农地流转交易和农地抵押融资交易为表征的农地产权交易对农民创业决策的影响逻辑奠定理论基础。

（四）有限理性决策理论

"理性经济人"假设是自 Adam Smith 以来近现代主流经济学最基本的假设。完全理性假设认为个体在决策时依据最大化期望值原则进行选择，效用最大化理论奠定了新古典经济学的基石。随着行为科学的发展，古典决策理论体系的局限性逐渐凸显，经济学家们开始重视经济行为中的社会和伦理因素，并逐渐意识到理性人并非完全意义的"经济人"，而是具有社会性、组织性、伦理性的"社会人"和"组织人"。现代决策理论的创始人赫伯特·西蒙（1989）基于人类理性可能和限度的分析认为决策者往往追求的是"满意"标准，而非"最优"标准，并提出了有限理性理论。西蒙认为在高度不确定性和极其复杂的现实决策环境下，人的理性只能是有限理性，且个体有限理性的形成与其内在因素和所处制度环境两个方面密切相关。一是个体内在因素方面：由于决策主体的知识体系具有局限性，个体追求理性的同时不可避免受到其有限的知识储备、想象力、计算能力等主观条件的约束，导致个体难以对各种决策方案的行为后果进行准确预判从而选择最优方案，个体在实际决策活动中不可能充分考虑到解决问题的全部可行方案，而是通过综合比较衡量提取少数的较优选择，而放弃其他次优选择。二是制度环境层面：组织制度通过向组织内成员提供一般性的激励因素和惩罚因素，促使群体内每一成员对自身和其他成员在特定条件下的行为具有较稳定的预期，从而有效引导群体成员的行为。上述两方面的原因致使理性人的实际行为只能是在主观理性和组织理性约束下的"有限理性"行为，以有限理性替代完全理性的主要意图在于以满意化目标取代最优化目标，以寻找较优的行动方案。有限理性决策理论为本书对农地流转参与决策、农地抵押贷款参与决策、农民创业决策的机理分析时以有限理性经济人假设为基本假设奠定理论基础。

（五）信贷配给理论

信贷配给理论的发展大致经历了萌芽阶段、初创阶段、发展与渐趋成熟阶段。信贷配给概念最早可追溯至 1776 年 Adam Smith 的《国富论》。直至 20 世纪 50 年代，信贷配给理论的研究进入初创阶段。诸多研究围绕信贷市场资金供求双方面临的利率管制、准入限制等制度限制，市场竞争的不完全、银行的资产结构偏好及其与信贷配给的相关性进行了探讨，但缺乏对信贷配给内在机制的详细论证。从 20 世纪 60 年代开始，学术界更加深入地探讨信贷配给问题。以 Hodgman（1960）、Freimer 和 Gordon（1965）、Jaffee 和 Modigliani（1969）为代表的众多学者积极探索信贷配给的成因，并从银行对贷款风险的判断和态度以及银企关系来探讨信贷配给问题，逐步为信贷配给理论确立了微观基础。20 世纪 70 年代中期以后，学者们对信贷市场实践中信息不对称、信贷合同制度等问题的认知不断加深，信贷配给理论渐趋成熟。Baltensperger（1978）将信贷配给划分为广义和狭义两类，前者为均衡信贷配给，表现形式为非对称信息造成的利率调整，后者为动态信贷配给，由非价格因素导致的贷款价格调整。此后新凯恩斯主义经济学家从隐性合同与不对称信息方面对信贷配给问题进行了分析，发展了凯恩斯的非市场出清假说。隐性合同理论聚焦于不同的客观约束条件下以规范的契约合同方式有效解决合同双方投资效益分享的不确定性问题。不完全信息条件下银企签订隐性合同，不仅有利于降低信贷风险，而且有助于从未来不确定性的交易中获得利益（Howitt and Fried，1980）；最优贷款合约是附带破产条件的标准债务合约，对客户贷款数量实行信贷配给（Gale and Hellwing，1985）。信息经济学的发展使得经济学家 Jaffee 和 Russlle（1976）、Whette（1983）、Bester（1985）等将不完全信息和合约理论运用到信贷市场中，研究认为金融市场信息不对称和代理成本的存在是导致信贷配给的主要原因，在不完全信息条件下银行通过非价格手段对利率进行自行控制以实现银企之间的激励相容，有助于消除因逆向选择和道德风险导致的信贷风险，优化信贷资产配置效率。基于事后信息不对称角度，Williamson（1986）进一步拓展了信贷配给理论，提出了信贷分配和金融崩溃理论，并认为即使不存在逆向选择和道德风险，只要信息不对称和监督成本存在，信贷配给问题便会产生；在多重均衡的自由信贷市场条件下，政府应充分利用信贷补贴、担保等手段干预信贷市场，引导、鼓励和支持对社会有益的投资项目，增进社会福利。20世纪 90 年代以后，内生经济增长模型得以快速发展，该模型将信贷配给等内生影响因素融入经济增长模型中，解析信贷配给对经济增长的影响。信贷配给理论为本书阐释农民创业过程中的信贷约束问题以及农地抵押融资交易形成机理奠定理论基础。

（六）雇佣关系理论

劳动经济学中的雇佣关系研究主要沿着制度主义的内部劳动力市场、隐形合同、雇佣激励、效率工资等方向发展，重点研究组织内部雇主和雇员之间的雇佣合同问题。劳动力市场不同于商品和其他要素市场，其雇佣关系是一种具有特殊性的交换关系，因此，雇佣合同不同于商品市场的所谓完全合同。新古典竞争理论认为，工资是调整劳动力市场供需平衡的重要手段。内部劳动力市场理论认为，企业内部组织可通过调整工资、改变工作分配与招聘标准以及通过调整培训、工作时间安排等影响劳动力市场和调节雇佣关系。上述调整工具在很大程度上替代了工资变化，使工资在劳动力市场调整过程中几乎不起作用。Creedy 和 Whitfield（1988）等诸多经济学家通过引入交易成本经济学为内部劳动力市场提供了一个系统的理论基础。隐形合同理论的概念最早由阿罗和德布鲁提出，该理论的主要创新在于将雇佣合同视为劳动力服务在长期交换中的一个工具，且对工资刚性和非自愿性失业提供了较为合理的解释。科学合理的激励机制是保证雇佣关系稳定的关键因素。经济学家哈特和赫尔姆斯通在《契约理论》中利用委托—代理框架对雇佣关系中的激励问题进行了经济学分析，对相关领域研究作出了重要贡献。后续研究最早采用委托—代理框架探讨研究经理人员按股票持有人的利益行动的激励问题（Jensen and Meckling，1976），并逐渐将其拓展到劳动力市场的一般性激励问题研究中。委托—代理框架下委托人和代理人双方目标的部分冲突是激励问题的关键，委托人的目标是在支付给代理人一定工资条件下获取最大化的净收益；而代理人的目标则是使其自身效用最大化，且代理人效用被假定为随工资增加而增加，但随着努力程度的上升而下降。索罗（Solow）最早在其 1979 年的《工资刚性的另一个可能的来源》中提出效率工资理论，并认为工人的生产率即努力与工资水平存在正相关关系。基于上述假设的研究证明了企业确定的最优工资应与相对工人努力所期望的工资一致，且该工资水平相对产出基本不变，合理解释了工资刚性问题，但索罗没有解释劳动生产率与工资水平存在正相关关系的原因。进入 20 世纪 80 年代以后，诸多经济学家对索罗的前提进行了有效论证，使效率工资理论得到了发展。农民创业过程中的劳动力雇佣同样涉及雇主与雇员的合同关系、雇佣激励等问题，雇佣关系理论为本书探讨农民创业雇佣决策的形成机理提供理论支持。

（七）家庭资产配置理论

家庭资产配置理论是近年来备受关注的金融研究领域，其研究可以追溯到均值方差分析框架和最优消费和投资组合研究。Campbell 和 Viceira（2002）使用资产配置一词来替代投资组合选择，并关注理性的家庭投资者如何依据自身的禀赋条件对所拥有的无风险资产和风险资产等财富进行合理配置以实现自身效用最大化。家庭资产可分为实物资产和金融资产，实物资产是家庭所拥有的具有物质形态的不动资产，而金融资产则是家庭所拥有的以债权、权益或其他价值形态存在的资产，包括现金、储蓄、债券投资、权益投资、保险等诸多形式。家庭资产配置是在个体内外部多方面因素的共同作用下形成的投资理财行为，具有独立性、自主性、多变性、复杂性、规律性等特征。典型的资产配置理论主要包括单期资产配置理论、资产配置的生命周期理论和考虑风险偏好的资产配置理论。一是单期资产配置理论是现代投资组合的其中一种资产配置方式，也是符合均值方差分析框架体系的资产配置理论。单期资产配置理论主要是针对短期而且不循环往复的金融资产作出投资选择，主要依据理财产品的期望收益和风险情况做出资产配置决定。单期的资产配置周期短，反复投资概率低，风险系数相对较低，而且投资方式更加灵活，投资资金不易被长期套用，投资者具有较大的空间去进行其他类型的金融资产选择，适合风险规避性比较强的投资者选择。二是资产配置的生命周期理论认为理性的个体将自身消费和储蓄问题放置到整个生命周期中予以考虑，以实现整个生命周期内的资产效用最大化。该理论不仅考虑到消费者生命周期的长短，而且对消费者不同生命阶段的财富收入进行理论推算。三是考虑风险偏好的资产配置理论认为当投资者的风险厌恶效用函数不变的情况下，风险偏好与跨期消费投资之间存在正相关关系，具有低风险偏好的投资者更容易累积财富从而拥有支付固定成本、进入资本市场的资产配置能力。但该理论存在两处明显不足：风险厌恶效用函数所推导出的数学结果无法解释投资者实际投资行为，且依据该理论所构建的资产配置模型只能解释投资者的固定成本支付比例和风险厌恶程度，难以深入解析现实中家庭资产组合的投资参与程度和投资深度等问题。农民创业资产配置决策同样需要考虑创业所处的生命周期阶段和创业农民的风险偏好情况，家庭资产配置理论为本书探寻农民创业资产配置决策的形成机理提供理论支撑。

第三章　金融素养、农地产权交易影响农民创业决策的机理分析

　　农业供给侧结构性改革背景下，中国农村劳动力要素市场、土地要素市场和资本要素市场三大要素市场均得到不同程度的发展，并正在发生深刻变化。从劳动力要素市场看，"大众创业"战略推动下，截至 2018 年 5 月，全国有累计接近 500 万农民工参与返乡创业大潮，约占农民工总数的 2%[①]，农民创业群体逐步发展壮大，自主创业成为农民实现自就业、增加收入的重要选择。从土地要素市场看，农地产权制度改革的推进，使农地适度规模经营呈现不可阻挡的趋势，截至 2017 年 6 月，全国 2.3 亿承包农户中近 30% 农户已全部或部分地将承包地转出，流转承包地面积占家庭承包耕地总面积的 36.5%[②]，农民农地产权交易行为日益多样化。从资本要素市场看，全国 232 个试点地区农地抵押贷款余额由 2016 年底的 140 亿元增长到 2018 年 9 月底的 520 亿元，两年增长率分别为 110.7% 和 76.3%，累计发放 964 亿元[③]，作为农村金融制度的重要创新，农地抵押贷款政策的实施对于突破农民有效抵押物缺乏"瓶颈"，激活农村"沉睡"土地资产、缓解农民融资约束、优化农村金融资源配置效率发挥重要作用。劳动力、土地和资本三大生产要素的有序流动和均衡匹配对于优化农村资源配置效率、加快农村发展动

---

　　① 资料来源：南方都市报（2018 年 5 月 7 日 AA2 版），《让返乡创业者成为新型职业农民的标本》，http://epaper.oeeee.com/epaper/A/html/2018-05/07/content_25384.htm#article.

　　② 资料来源：农民日报（2018 年 2 月 5 日第 6 版），《发展多种形式适度规模经营，提高农业质量效益和竞争力》http://szb.farmer.com.cn/nmrb/html/2018-02/05/nw.D110000nmrb_20180205_3-06.htm?div=-1.

　　③ 资料来源：中国人大网，《国务院关于"两权"抵押贷款改革试点情况的总结报告》，http://www.npc.gov.cn/npc/xinwen/2018-12/23/content_2067610.htm。依据研究主题，本研究对资本要素市场的关注仅限于农地抵押贷款方面.

能转换、推动农村产业融合发展、促进农村经济转型升级和实现乡村振兴具有重要作用。

但是中国农村三大要素市场的发展仍面临诸多困难和挑战，如劳动力市场中存在农民创业发生率整体较低、非农就业转移质量偏低等问题；土地流转交易市场中存在土地流转总体规模较小、流转效率低、有效需求不足、政策驱动力度强而市场拉动作用弱等问题；资本市场中存在着农地抵押贷款需求与金融机构业务供给不均衡、农地抵押处置机制不健全、金融机构观望与农民参与度不高并存等问题。事实上，农村经济的转型发展不单需要劳动力、土地和资本等要素的简单流动，更依赖于多重要素市场的整合发育（朱文珏和罗必良，2016）。然而，政策实践多基于供给层面谋求农村劳动力、土地和资本等单一要素市场的发展，对各要素市场间的互动关联关系重视不够，比较缺乏将三大要素市场置于同一政策设计和执行框架，并从需求侧出发系统审视农村要素市场的发育及整合。当前，农业供给侧改革逐渐步入"深水区"，探究从需求侧发力，撬动农民自身的能动性因素，增强农民对农村三大要素市场的参与能力，成为加快农村要素市场发育、培育壮大农村发展新动能、以要素有序流动助推农民创业决策优化的迫切需要。

随着国内金融素养研究的兴起，农民金融素养及其对农民理性经济决策的影响成为农村需求侧研究的热点话题，亦为农村要素市场整合发育研究提供一个崭新视角。在以金融为核心的现代经济体系中，金融产品和服务日益深入农民日常经济活动，金融素养对农民生产要素市场的理性参与决策发挥不可替代的作用。随着农村三大要素市场的快速发展，农民创业与农地流转、农地抵押融资等要素之间的关联性不断增强，且农民在各要素市场的参与行为日趋市场化，这对农民的财务计算能力、资金配置能力、家庭收支规划能力和投资理财能力等方面的综合金融能力提出较高要求。因而，遵循"金融素养—农村要素市场参与—农村要素市场整合发育"的理论逻辑，探寻以金融素养为切入口的农村要素市场整合发育机理，对于探究农村要素市场整合发育驱动下农民创业决策的长效优化机制具有重要战略意义。鉴于此，本章探索性地将金融素养、农地产权交易纳入农民创业决策的研究框架，分别阐释金融素养对农民创业决策的影响机理、农地产权交易对农民创业决策的影响机理、金融素养对农民农地产权交易参与的影响机理以及农地流转交易对农民农地抵押融资交易的影响机理，进而构建要素流动视角下金融素养、农地产权交易与农民创业决策三者之间的关联系统，以期深入揭示金融素养、农地产权交易影响农民创业决策的逻辑，为以金融素养为纽带，推动农村劳动力、土地、资本要素市场供给侧改革，有力促进农民创业实践提供理论支撑。

一、农民创业决策的理论模型阐释

（一）基于企业家能力和流动性约束视角的农民创业选择决定

1. 企业家能力视角下农民创业选择的决定：基于职业选择模型

理性经济人假设条件下，农民创业决策是基于对自身资源禀赋、外在环境条件等方面进行综合考虑以实现效用最大化的结果。从劳动力市场的就业形态来看，农民既可以选择自我雇佣的就业形式，也可以选择受雇佣成为工资雇佣者。

设定一个代表性农民家庭的效用函数如下：

$$U = U(c, l) \tag{3-1}$$

其中，c 表示家庭的消费，l 表示闲暇。效用函数对于消费和闲暇都是可微的拟凹函数，即 $U_c > 0$，$U_{cc} < 0$，$U_l > 0$，$U_{ll} < 0$。

农民家庭是自就业的生产单元，设定家庭的生产函数为：

$$Q = \mu + \kappa F(X) \tag{3-2}$$

其中，$\mu \in [\underline{\mu}, \overline{\mu}]$ 表示一个对产出的随机冲击，该随机冲击的分布密度函数为 $f(\mu, \alpha)$，α 为一个未知参数。κ 表示人力资本因素，假设其对提高劳动生产率产生正向作用。X 表示唯一的劳动要素投入。假定家庭生产函数严格递增和严格凹性。

家庭的预算约束可以表达为：

$$c = \mu + \kappa F(X) - \omega H \tag{3-3}$$

其中，H 表示该家庭从劳动力市场上雇佣的劳动力且 $H \geqslant 0$，ω 表示雇佣工资。若家庭劳动为 L，λ 表示家庭企业家资本，那么生产函数中总劳动投入为：

$$X = L + \lambda H \qquad (3-4)$$

雇佣劳动的劳动生产率取决于家庭企业家资本 λ，即如果家庭拥有更多的企业家才能，意味着更高的雇佣劳动力边际生产力。

另外一个约束条件是家庭的劳动投入约束：

$$l = \phi - L \qquad (3-5)$$

其中，ϕ 表示家庭的劳动力禀赋。

一个代表性家庭将以谋求效用函数最大化为经济行为的目标，且该效用函数的约束条件包括（3-3）（3-4）和（3-5）。考虑约束条件下的效用函数最大化模型可表示为：

$$\max_{(X,L)} \int_{\underline{\mu}}^{\bar{\mu}} U[\mu + \kappa F(X, E, M) - \omega \lambda^{-1}(X-L), \phi - L] f(\mu, \alpha) \mathrm{d}\mu$$

$$(3-6)$$

既定约束条件下上述效用函数的最大化存在如下三种情形，分别表示家庭在劳动力市场上三种不同的职业选择。

情形一：$H > 0$，即家庭最优选择是从市场上雇佣劳动力从事自营型活动，则农民倾向于成为有雇佣的创业者。对于该家庭模型，农民既是有劳动雇佣需求的企业家，也是劳动力的供给者，即存在消费者和生产者两方面的决策。依据 Benjamin（1992）对上述问题的研究结论，给定效用最大化条件下，作为生产者的家庭利润最大化问题独立于效用函数，该情况下从市场雇佣劳动力家庭的最优劳动投入是（κ，λ，ω）的函数。

$$X^{*O} = X^{*O}(\kappa, \lambda, \omega) = F^{-1}(\lambda^{-1}\kappa^{-1}\omega) \qquad (3-7)$$

其中，$F^{-1}(.)$ 是 $F(.)$ 的反函数，X^{*O} 中的上标 O 表示家庭从市场上雇佣劳动力的最优结果。此时，家庭最优劳动投入为 $L^{*O}(\lambda, \phi, \kappa, \omega, \alpha)$。

情形二：$H = 0$，即家庭未从市场上雇佣劳动力但从事自我雇佣经营，既可以是维持原有规模的小农经营，也可以是规模扩大化的自主经营。此时效用函数最大化的表达式为：

$$\max_{(L)} \int_{\underline{\mu}}^{\bar{\mu}} U[\mu + \kappa F(L), \phi - L] f(\mu, \alpha) \mathrm{d}\mu \qquad (3-8)$$

对上述最优化目标函数求一阶导数：

$$\lambda F_X(L^{*P}) \int_{\underline{\mu}}^{\bar{\mu}} U_c^{*P} f(\mu, \alpha) \mathrm{d}\mu - \int_{\underline{\mu}}^{\bar{\mu}} U_l^{*P} f(\mu, \alpha) \mathrm{d}\mu = 0 \quad (3-9)$$

该种情形下，家庭最优劳动投入为 $L^{*P}(\lambda, \phi, \alpha)$，其中，$L^{*P}$ 的上标 P 表示未从市场雇佣劳动力家庭的最优劳动投入。

情形三：农民选择不从事自我雇佣，而是成为工资型受雇佣者，其劳动投入问题可以简化为：

$$\max_{\{L\}} U(\omega L, \phi - L) \qquad (3-10)$$

对上述最优化目标函数求一阶导数：

$$\omega U_c^{*S} - U_l^{*S} = 0 \qquad (3-11)$$

由此可知，农民在劳动力市场上的工资雇佣型就业选择受市场工资、劳动禀赋和生产的随机波动等因素的综合影响，即 $L^{*S}(\omega, \phi, \alpha)$。

综上可知，以 $V^{*O}(\lambda, \phi, \kappa, \omega, \alpha)$、$V^{*P}(\lambda, \phi, \alpha)$ 和 $V^{*S}(\omega, \phi, \alpha)$ 分别表示雇佣外部劳动力的自营型就业、不雇佣外部劳动力的自营型就业和工资雇佣者三种职业选择所对应的最优值函数，而农民最终的理性选择取决于 $\max\{V^{*O}, V^{*P}, V^{*S}\}$。

2. 流动性约束视角下农民创业选择的决定：基于静态流动性约束模型

本书借鉴 Evans 和 Jovanovic（1989）构建的信贷约束下农民创业选择静态模型，数理推导农地产权交易缓解农民流动性约束进而推动农民创业选择的理论逻辑。农地经营权抵押贷款试点实施使以承包农地经营权作为抵押标的物获取融资成为农民扩大融资的新渠道，且流转农地的经营权抵押融资试点有效增加了农民土地经营权持有量和土地资产评估价值，提高了农民农地抵押融资规模，对缓解农民创业选择中的流动性约束问题发挥重要作用。

假设单个农民 i 的家庭效用函数为 $U(c_1, c_2)$。其中，c_1 为生产性支出，c_2 为非生产性消费。生产性支出主要为农地投资，包括自家承包地投资 v_1 和流转农地投资 v_2，即 $c_1 = v_1 + v_2$。假定有农地抵押融资需求农民受农地经营权抵押融资试点影响的概率为 μ，不受农地抵押融资制度影响的农民将继续经营家庭拥有的土地，不倾向于农地抵押融资，单位面积农地产出价值为 v。农民受农地抵押融资制度影响的概率越高，其申请和获批农地抵押贷款的概率越高，农地抵押融资规模越大。较高的农地抵押融资可得性一定程度上增强了农民资本流动性，提高其边际消费倾向，即 $\dfrac{\partial c_2}{\partial \mu} > 0$。假设农民 i 选择创业的概率为 σ，则其不创业的概率为 $1 - \sigma$，当流动性约束存在时，选择创业的农民其创业投资所使用的资金对家庭的非生产性消费产生挤出效应，即 $\frac{\partial c_2}{\partial \sigma} < 0$。农民创业选择的不同直接导致其收入来源存在差异。以 I_n 表示选择不创业的农民的收入，以 I_e 表示选择创业的农民的创业收入，且假定创业收入是创业能力（e）和资本投入水平（k）的函数，即 $I_e = e \cdot k^\beta$，$\beta \in (0, 1)$。

本书假定农民创业的资本投入主要来源于土地资产和流动资产抵押融资，农地经营权资产价值为 pc_1，其他可流动资产为 w，则该农民将农地经营权资产和其他可流动性资产抵押，获得融资规模为 m，v_2 与 m 的变动呈正相关。创业农民的效用函数如下：

$$\max U(c_1, c_2) \tag{3-12}$$
$$\text{s. t. } c_2 = I_e - pc_1 - rm, \ m = \lambda(pc_1 + w)$$
$$I_e = ek^\beta, \ k = m + w$$

其中，λ 为资产抵押融资系数，r 为贷款利率。上述效用函数最优化的一阶条件为：

$$[e\beta(m+w)^{\beta-1} - r]Uc_2 = 0 \tag{3-13}$$

由此，推导创业农民的最优抵押融资规模为：

$$m^* = (r/e\beta)^{1/\beta-1} - w \tag{3-14}$$

鉴于农民农地抵押融资的参与及参与程度还受农地确权颁证进度、金融机构业务有限供给、农地产权价值评估等外在因素的制约。假定农民土地经营权资产价值中可用于实现抵押融资的比例为 $\theta(0 < \theta \leqslant 1)$，若深化农地产权制度改革、推进农地抵押贷款供给所耗费时间越多，则受农地抵押融资制度改革影响越大的农民，其农地抵押融资约束越大，面临的流动性约束也越大，即 $m = \lambda(\theta pc_2 + w) \leqslant m^*$。

建立在上述假定基础上，农民基于家庭实际情况（家庭储蓄为 s，且 $\omega < s$）实施创业选择决策。农民家庭效用函数表示如下：

$$\max_{m \leqslant m^*} U(c_1, c_2) \tag{3-15}$$
$$\text{s. t. } c_2 = \sigma\{I_e - [\mu pc_1 + (1-\mu)vc_1] - rm\} + (1-\sigma)$$
$$\{I_n - [\mu pc_1 + (1-\mu)vc_1] - s\}$$

上述效用函数最优化的一阶条件和二阶条件分别为：

$$L_\sigma = (I_e - I_n - rm - s) \cdot U_{c_2} \qquad (3-16)$$

$$L_{\sigma\sigma} = (I_e - I_n - rm - s)(I_e - I_n - rm + s) \cdot U_{c_2 c_2} \quad (3-17)$$

进一步地，对一阶条件求关于 σ 的全微分，可得如下表达式：

$$\mathrm{d}\sigma = -L_{\sigma\sigma}^{-1} \left\{ \begin{array}{l} [A\lambda\mu p U_{c_2} + B((\sigma\lambda\mu pA - (up + (1-\mu)v))U_{c_2 c_2} + U_{c_2 c_1})]\mathrm{d}c_1 \\ + [A\lambda pc_1 U_{c_2} + B(A\sigma\lambda pc_1 - pc_1 + vc_1)U_{c_2 c_2}]\mathrm{d}\mu \end{array} \right\}$$

$$(3-18)$$

其中，令 $A = e\beta[\omega + \lambda(\mu pc_1 + \omega)]^{\beta-1}$，$B = I_e - I_n - rm - s$。由 (3-18) 式推导农地经营权抵押制度实施对农民的影响概率 μ 与农民创业选择概率 σ 之间的关系：

$$\frac{\partial\sigma}{\partial\mu} = -L_{\sigma\sigma}^{-1}[A\lambda pc_1 U_{c_2} + B(A\lambda pc_1 - pc_1 + vc_1)U_{c_2 c_2}]$$

$$(3-19)$$

根据前述分析可知，因 $\frac{\partial c_2}{\partial\mu} > 0$，可得 $A\sigma\lambda pc_1 - pc_1 + vc_1 > 0$，$A > \frac{pc_1 - vc_1}{\sigma\lambda pc_1} > 0$；因 $\frac{\partial c_2}{\partial\sigma} < 0$，得 $I_e - I_n - rm + s < 0$，从而 $I_e - I_n - rm - s < 0$。此外，效用函数的二阶导数为非负数，即 $U_{c_2 c_2} < 0$，从而 $L_{\sigma\sigma} < 0$，最终推导出 $\frac{\partial\sigma}{\partial\mu} > 0$。

（二）基于多目标决策效用最大化的农民创业决策优化

有限理性假设条件下，农民的创业决策应当是综合考虑多目标的决策结果。意大利经济学家维弗雷多·帕累托于 1896 年在研究资源配置时最早提出有关多目标决策问题的帕累托最优原则，并认为努力实现"帕累托最优"的过程，实质是管理决策的过程，即通过有限资源的优化配置以实现管理决策的成本最小化、经济效率和效益最大化。1944 年冯诺依曼和摩根斯坦利用对策论的观点创造了多目标决策问题产生的实际情境。随着管理科学和计算机技术的发展，多目标决策分析从理论推导层面逐渐走向实际应用。多目标决策模型早期多应用于分析农民的生产决策，并认为农民在进行生产决策时除了追求利润最大化，还需兼顾成本和风险的最小化（Eastman，1980；Sumpsi et al. 1997）。多目标决策模型相较于单目标决策模型可有效实现系统中多个目标的协调发展，减少因追求单一目标而忽略其他目标的片面性。随着多目标决策模型应用的拓展，该模型被广泛应用于农民的其他行为决策之中，其对农民行为决策的解释能力也不断增强。

农民创业决策既包括对创业行业选择的基本决策，也包括对劳动力和资产配置结构的决策。从农民创业决策整体优化看，对创业行业的理性选择、对创业劳动力和创业资产的合理配置均有利于创业农民结合自身主客观条件实现利润最大化、成本和风险最小化。鉴于此，结合农民创业决策全过程的关键环节，本书认为农民创业决策的多目标效用最大化可通过创业行业理性选择、创业劳动力合理配置和创业资产合理配置三个方面决策的优化来综合实现。借鉴多目标效用理论（Robison，1982），农民创业决策的优化过程实际上是其多目标期望效用最大化的过程，具体表达式为：

$$\max E[U(g_1，g_2，g_3)] \tag{3-20}$$

假定各目标相互独立条件下，上述效用函数满足可加性条件，即：

$$U(g_1，g_2，g_3) = \theta_i\{f_1(g_1)，f_2(g_2)，f_3(g_3)\} = \sum \theta_i f_i(g_i) \tag{3-21}$$

且 $U(g_1，g_2，g_3) \in [0，1]$，$f_i(g_i) \in [0，1]$，$i = 1，2，3$；$\sum \theta_i = 1$。

一是创业行业选择最优化目标的实现。农业和非农行业创业活动在资源依赖性、投资周期、收益回报、风险特征等方面具有明显的差异性。内在人力资本中的金融素养积累有助于农民基于自身行为能力和比较优势理性选择创业行业，金融素养水平的高低直接关系其生产经营活动的综合利润获取、成本与风险控制。此外，农地产权制度改革的推进不断调整着人地关系格局，农民的农地产权交易行为与其创业行业选择密切相关。因此，农民创业行业选择最优化目标的实现受到农民人力资本中的金融素养（X_1）、农地产权交易（X_2）等因素的综合影响。

$$\max U(g_1) = \Phi_1(\alpha_1 X_1 + \beta_1 X_2 + \cdots + \varepsilon_1) \tag{3-22}$$

二是创业劳动力配置最优化目标的实现。农民对创业劳动力进行合理配置有助于生产经营活动的利润最大化和生产风险最小化。劳动力的合理配置对人力资本中的企业家才能提出较高要求。其中，金融素养是农民企业家才能的重要体现，农民金融素养水平越高，其雇佣决策能力越好，雇佣劳动力的管理监督能力越强。此外，考虑到农地产权制度改革背景下，农民的生产经营形式日益丰富化，农村劳动力市场的雇佣关系也呈现多种形态，农民的农地产权交易行为与其创业过程中的劳动力雇佣行为密切相关，农地产权交易规模直接影响农民劳动力配置结构。因此，农民创业劳动力配置决策最优化目标的实现是农民人力资本中的金融素养（X_1）、农地产权交易（X_2）等因素的函数。

$$\max U(g_1) = \Phi_2(\alpha_2 X_1 + \beta_2 X_2 + \cdots + \varepsilon_2) \qquad (3-23)$$

三是创业资产配置最优化目标的实现。农民对创业资产的理性配置行为有助于及时规避生产经营风险，保障生产经营活动有序运转，实现创业收入增长和财富积累。创业资产的合理配置同样离不开农民人力资本中的金融素养。农民综合金融素养水平越高，其资产配置决策越灵活和高效，越有助于促进创业财富增长和长期累积。此外，农民农地产权交易参与及程度差异对农民创业资产配置类型及结构发挥重要作用。因此，农民创业资产配置最优化目标的实现受到农民金融素养（X_1）、农地产权交易（X_2）等因素的综合影响。

$$\max U(g_1) = \Phi_3(\alpha_3 X_1 + \beta_3 X_2 + \cdots + \varepsilon_3) \qquad (3-24)$$

结合上述三个环节的农民创业决策优化目标，农民创业决策优化的多目标函数可以表达为：

$$\max U(g_1, g_2, g_3) = \max\{\theta_1 f_1(g_1) + \theta_2 f_2(g_2) + \theta_3 f_3(g_3)\}$$
$$= \max\{\Phi(\alpha X_1 + \beta X_2 + \cdots + \varepsilon)\} \qquad (3-25)$$

综上可知，利润最大化、成本与风险最小化视角下农民创业决策优化的目标可以分解为创业行业选择最优化、创业劳动力配置和创业资产配置最优化目标，且金融素养和农地产权交易因素对上述三个最优化目标的实现均发挥重要作用。

二、金融素养影响农民创业决策的理论分析

劳动力就业和劳动力雇佣是农民分别以劳动力要素供给者和需求者身份参与劳动力市场的重要体现。依据劳动力就业的具体形式，可将其划分为工资雇佣型就业和自我雇佣型就业。鉴于农户本身是农民实现自就业的经济单

元，自我雇佣型就业既包括维持原有规模的小农经营，也包括农业领域内规模经营和非农领域创业。不同就业选择所获取收入的类型、择业动机和期望效用不同。已有研究主要从个体及家庭特征、农业政策特征、城市务工环境、务农机会成本等方面探究农村劳动力流动的影响因素，但忽视了劳动力自身金融素养对其就业选择及雇佣决策的影响，本书试图阐释金融素养与农民创业基本决策、创业劳动力配置决策、创业资产配置决策之间的内在关联关系（图 3-1）。

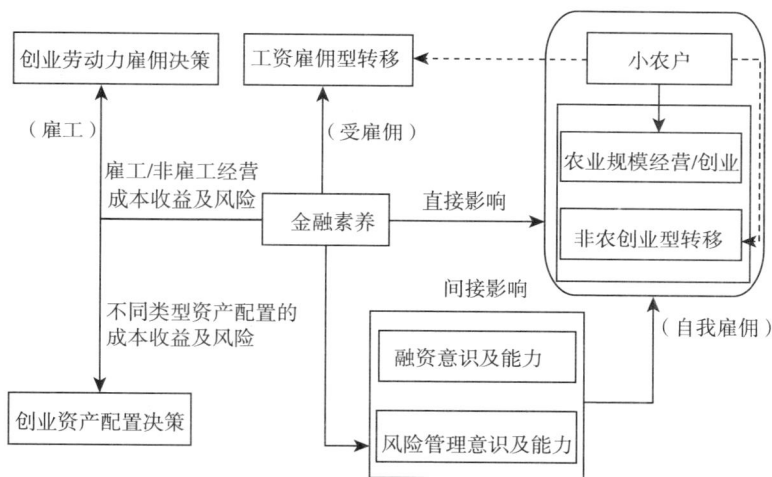

图 3-1　金融素养对农民创业决策的影响机理

（一）金融素养影响农民创业基本决策的理论分析

依据家庭劳动力配置理论可知，理性的家庭劳动力配置决策要求农民基于自身资源禀赋对不同生计选择的成本、收益及经济风险等方面作出清晰的判断和衡量。金融素养高的个体往往表现出较高的人力资本水平，拥有更多的就业机会，在参与劳动力市场的竞争中拥有比较优势。农民对工资雇佣和自我雇佣的决策取决于不同形式就业选择所引致的家庭经济风险、就业选择成本、家庭收入稳定性和成长性等方面的综合比较。如果工资雇佣较自我雇佣能够充分发挥自身比较优势、实现家庭经济风险最小化和收益最大化，金融素养高的农民倾向于选择工资雇佣。反之，金融素养高的农民倾向于采取自我雇佣的生计决策。农业和非农领域创业型就业是农民实现自我雇佣的较高形态。鉴于农民创业是包含投资、融资及风险管理等决策的系统性过程，投资方案的合理规划、融资渠道的高效选择、风险规避措施的及时采用等经济活动环节，均需创业者具备一定的金融素养，农民金融素养与其创业型就业之间存在内在逻辑关联。一方面，农民是否选择创业是基于对创业和不创业两种就业选择的收益、成本及风险的直接衡量，同时，创业作为一种风险投资形式，直接反映个体在风险资产（创业资本）与无风险资产间配置的结果。金融素养直接作用于个体的资产配置决策，亦直接影响个体对创业与否的综合效用比较，因此，金融素养可直接影响农民创业型转移。另一方面，金融素养高的农民，其信贷知识更全面，融资意识更积极，对金融市场了解更充分，对自身金融市场参与能力持有较强信心，个体倾向于充分发挥自身优势，以较低的成本获取更多融资，缓解资金约束对创业选择的抑制作用。同时，风险规避意识强的个体对创业风险的感知较为敏锐，倾向于积极采取互助担保等金融合作形式和预防性储蓄等措施，防范创业风险，即金融素养间接影响农民创业型就业。因此，金融素养的提升有助于农民实现充分就业尤其是促进其创业型就业，推动劳动力供给市场发育。

（二）金融素养影响农民创业劳动力雇佣决策的理论分析

雇佣劳动力是规避家庭经济活动风险、实现收益最大化的重要手段，且创业农民比一般农民具有更强的雇佣劳动力需求。鉴于经营规模扩大、业务量增长等生产经营的实际需要，农民尤其是创业农民除投入自家劳动力外，亦会适时采取短期或长期雇佣劳动力决策，或实施部分生产和服务环节的外包，保障生产经营活动的有序运转。金融素养越高的农民，尤其是创业农民，对是否雇工经营或实施生产环节外包的成本、收益及风险的计算越精确，在支付合理工资以雇佣劳动力扩大投资方面的决策越理性。当雇佣劳动力或实施生产环节外包有助于减少损失和机会成本，规避更多创业风险和增加更多创业收益时，金融素养越高的农民越有可能成为有雇佣劳动力或生产环节外包的创业者。此外，金融素养越高的农民往往表现出较高的受教育程度、较丰富的人力资本存量和较高的风险容忍度，因而具有较好的经营管理能力，可实现对雇佣劳动力资源的高效率配置和有效监督，减少雇工管理费用。因此，金融素养对创业农民扩大劳动力雇佣规模决策产生积极作用。综上所述，金融素养提升有助于促进农民劳动雇佣决策的实施，推动劳动力需求市场发育。

（三）金融素养影响农民创业资产配置决策的理论分析

资产配置决策是农民创业决策的重要内容。理性的创业资产配置决策有助于保障生产经营的可持续性、有效规避创业风险、实现创业财富的累积。农民创业过程中关于预防性储蓄、周转现金、保险购买等金融资产选择依赖于农民对生产经营活动近期和远期风险的认知和衡量，受农民投资理财意识和能力的影响较大。同时，农民关于农业经营资产、工商业经营资产等非金融资产的选择均离不开农民对所从事生产经营活动长短期收益和成本的综合比较。综合而言，不同类型资产配置的投资收益率、回报周期、风险系数等方面的特征均存在差异性，因而对农民投资理财意识、资产配置能力、财务计算知识等方面的综合素养提出一定的要求。因此，金融素养在农民创业资产配置决策中发挥重要作用。金融素养越高的农民越能理性规划创业过程中的金融资产与非金融资产配置比例结构，既为防范创业风险尤其是金融风险、促进创业财富合理增长做好资金管理，又为创业事业可持续发展提供充足的生产资料保障。此外，金融素养越高的农民往往具有越高的风险偏好水平，有助于促进创业农民对高风险高回报资产的配置。

三、农地产权交易影响农民创业决策的理论分析

（一）农地流转交易影响农民创业决策的理论分析

农地流转交易使农民农地产权结构在更大范围内得以优化，且不同的农地产权结构安排将驱动农地资源配置状态的改变，影响产权主体的行为决策。具体来看：一方面，农地流转交易所具有的边际产出拉平效应促使土地资源由生产效率较低的农户转向生产效率较高的农户，并通过专业化分工引致的规模效应和交易产生的投资效应实现农地资源优化配置（陈志刚等，2007）。另一方面，农地流转使农地产权在行为能力和经营决策偏好不同的主体之间重新安排，进而对农地转入主体和农地转出主体的资源配置状态产生差异化的作用。从流转方向上看，农地流转交易包括农地转入交易和农地

转出交易。鉴于农地转出交易和转入交易对农民创业决策的影响既存在共性也存在差异性，本书分别阐释了农地转入交易和农地转出交易对农民创业决策的影响机理，如图3-2所示。

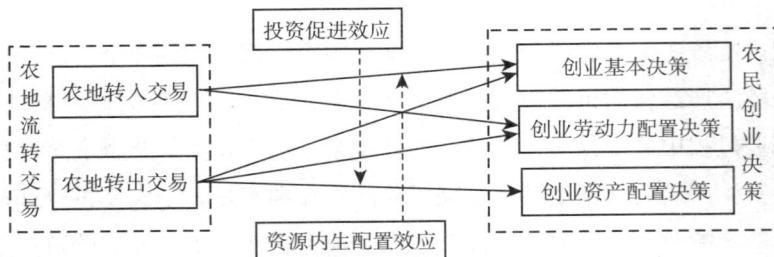

图3-2 农地流转交易对农民创业决策的影响机理

1. 农地流转交易影响农民创业基本决策的理论分析

农地流转交易参与使农民农地资源禀赋和产权结构发生变化，直接影响农民农地依赖性和对不同行业生计策略的偏好。农地转入尤其是规模转入为农民农业领域内创业提供基础条件，激发农民扩大农地投资、提升规模效益的积极性，有助于农民实现原有经营规模的升级，跨越创业的规模门槛。农地转出体现了农民对农业和非农经营比较效益的考量，促使农民生计策略适时调整，增加其非农领域投资创业的倾向性。同时农地转出在一定程度上解除农民非农就业的农地牵连，拓展农民非农就业空间，且农地转出获取的租金为农民非农创业提供初始资金支持。因此，农地流转交易参与有助于促进农民创业，农地转入有助于促进农民农业创业，而农地转出有助于促进农民非农创业。

2. 农地流转交易影响农民创业劳动力配置决策的理论分析

农民农地流转交易参与直接影响其投资方向、规模和结构，进而对其劳动力市场需求及需求规模产生作用。农地转入推动农民农业创业规模的扩大化，增加规模经营的管理难度，促使理性的创业农民适时采取长短期雇佣劳动力决策，并将部分生产环节予以外包，以有效降低规模经营的潜在风险，提高创业事业管理效率和经营效益。农地部分转出或全部转出直接影响农民生计策略调整，推动家庭劳动力从农业部门转向非农部门，实现工资雇佣型就业或开展自主创业。其中，农民农地转出后的非农创业型转移可激发其对长短期雇佣劳动力产生不同程度的需求，即农地转出虽未直接作用于农民长短期劳动力雇佣行为，但可通过影响农民非农创业选择进而影响其长短期劳动力雇佣决策而农地转出后的非农工资雇佣型就业将抑制农民对长短期雇佣劳动力行为。

3. 农地流转交易影响农民创业资产配置决策的理论分析

农地流转交易参与直接影响农民投资行业选择和投资规模，进而对其资产配置类型和结构产生差异化的影响。农地转入尤其是规模转入促进农民农业经营规模扩大和相应生产性固定资产投资的增加，为满足扩大化的生产经营需要，农民将及时增加生产经营周转资金持有，同时为规避生产经营风险尤其是规模经营风险，创业者亦将相应增加预防性储蓄水平，并积极参与与创业相关的保险。农地转出引致农民生计选择的改变，农地转出后从事非农工资雇佣型就业可在较大程度上减少生产性固定资产和存货资产的投资，减少对预防性储蓄和周转资金的需求；而农地转出后从事非农创业则在一定程度上增加非农生产性固定资产投资和存货资产投资，增加对预防性储蓄和周转资金的需求。

（二）农地抵押融资交易影响农民创业决策的理论分析

创业融资约束是农民创业面临的主要约束之一，作为农村金融重要创新的农地抵押贷款对缓解农民创业融资约束发挥独特作用。产权抵押被视为大额融资的备选手段，相较于信用或担保等其他贷款方式具有更好的隐私保障、节约面子成本和减少对人际关系的依赖等优势，因而受到部分农民的青睐（曾庆芬，2010）。已有研究表明，信贷约束的缓解主要影响农民创业过程中的资源配置结构和创业的层次，但并不直接作用于农民创业选择（程郁和罗丹，2009）。另有研究指出，农地抵押融资交易参与为农民从事农业再生产或扩大再生产，实现从低级产业投资转向高级产业投资注入新的发展资本，并推动农地经营模式从生存型模式升级为发展型模式（刘云生，2006）。鉴于农地抵押贷款对农民创业起始阶段和实施阶段的融资约束均具有缓解作用，且农地抵押贷款对农民创业过程中的不同环节具有不同的影响效果，本书分别阐释了农地抵押融资交易对农民创业基本决策、创业劳动力配置决策、创业资产配置决策的影响机理（图 3-3）。

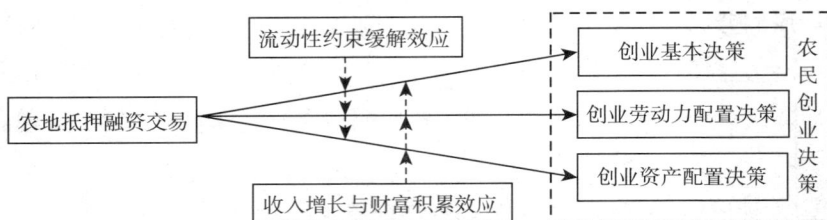

图 3-3　农地抵押融资交易对农民创业决策的影响机理

1. 农地抵押贷款影响农民创业基本决策的理论分析

农地抵押贷款应用于不同行业直接影响农民投资方向和投资规模。一方面，农地抵押贷款获取为农民农地转入决策实施提供资金支持，有助于扩大农地经营规模，跨越农业创业门槛。以农地抵押贷款为核心的农地金融制度的建立与推行促进了农地承包经营权货币化价值的充分实现，提高了土地流动性和土地流转及配置效率，加速了农村土地流转机制的形成；同时，农地抵押贷款可通过金融需求的补给效应助力土地规模流转资金短缺问题的解决（孙全亮，2010）。鉴于此，农地抵押贷款政策实施特别是流转农地经营权抵押贷款的推进，有助于在较大程度上提升农民对农地价值的感知和从事农业生产积极性，为农民农地转入决策、农业规模经营升级和实施农业创业提供重要资金来源。同时，农民土地规模转入为其开展非农创业提供用地场所，亦有助于农民非农创业活动的实施。另一方面，农地抵押贷款可通过收入增长和财富累积影响农民创业决策。收入增长是创业决策的重要经济目标，亦是创业活动实施的重要经济基础。郭忠兴等（2014）分析指出农地抵押贷款作为农地资产资本化的重要形式，可通过降低贷款交易费用割断"利率提升链"，增加农民资本积累、提升其财富水平，进而促进经济增长。农地抵押贷款资金投入到生产经营活动各环节，有助于缓解流动资金约束状况，促进新品种、新技术及新设备采用，推动生产经营规模稳步增长，提升农民经营性收入水平、加速其财富累积。农民可支配经营性收入的增长为其创业提供更多资本金，促进生产经营活动升级，激励农民积极跨越创业门槛，实施更高层次的生产经营行为。

2. 农地抵押贷款影响农民创业劳动力配置决策的理论分析

由家庭劳动力配置理论可知，劳动力的合理配置有助于增强农民经营规模及行业选择的灵活性，实现家庭经济收益最大化，同时可提升家庭抵御生产经营风险的能力，实现经营成本与风险最小化。劳动力的合理配置直接关系农民创业过程中的劳动力要素投入，其主要决策内容包括劳动力投入数量和质量、是否雇佣劳动力、是否采取机械替代劳动力、是否采用部分生产环节外包的形式等方面。农民在创业过程中面临资金约束时，通过承包农地或流转农地经营权抵押获得贷款资金，有助于支付长短期雇佣劳动力、雇佣机械及生产环节外包等经济活动产生的相应费用。鉴于承包地人均面积较少且单位面积农地评估价值较低，以流转农地特别是规模流转农地抵押获取的融资额度更高，更有助于农民创业实践中优化劳动力的合理配置。

3. 农地抵押贷款影响农民创业资产配置决策的理论分析

由家庭资产配置理论可知，资产的合理配置有助于农民适时调整生产经营规模，增强农民对市场的适应能力和应变能力，进而实现经营收益的持续增长，并将经营风险降低到可控范围之内。资产合理配置作为创业决策的重要内容，其主要涉及初始投资额与年新增投资额，机器设备等生产性固定资产投资，生物资产或在产品等非固定资产投资，以及保险、预防性储蓄、周转资金等金融资产配置。农民在创业过程中面临资金约束时，通过承包农地或流转农地经营权抵押获得贷款资金，有助于及时依据市场需求、灵活调整资产配置结构。且获批农地抵押贷款资金越多，越有助于增强农户长短期资产配置决策的灵活性。同理，鉴于承包地人均面积较少且单位面积农地评估价值较低，以流转农地特别是规模流转农地经营权抵押获取的融资额度更高，更有助于农民创业实践中优化创业资产的合理配置。短期看，农民获取的较高数额的农地抵押贷款直接促进其对存货资产的投资，增加农民生产经营周转资金持有量；长期看，农民获批农地抵押贷款笔数越多、金额越大，其生产经营活动中越倾向于增加回收期较长的生产性固定资产投资以提高经营规模和长期效益，并积极采取购买与创业相关保险、增加预防性储蓄等措施以有效防范生产经营风险。

四、金融素养影响农民农地产权交易的理论分析

（一）金融素养影响农民农地流转交易的理论分析

土地"三权分置"改革背景下，土地经营权流转是当前农村土地产权交

易的重要表现形式。诸多研究基于机会成本理论（罗必良和郑燕丽，2012）、劳动力迁移理论（陈飞和翟伟娟，2015）和交易费用理论（冀县卿等，2015）等不同视角解析农民农地流转决策的机理，但鲜有研究关注金融素养与农民农地产权交易行为的内在关联。鉴于农民农地转出和转入交易行为分别反映农民以要素供给者和需求者身份参与土地要素流动，且农地转出和转入行为的诱因既存在共性也存在差异性，本书立足农民理性经济人假设，阐释供需视角下金融素养对农民农地转出和转入交易的影响机理（图3-4）。

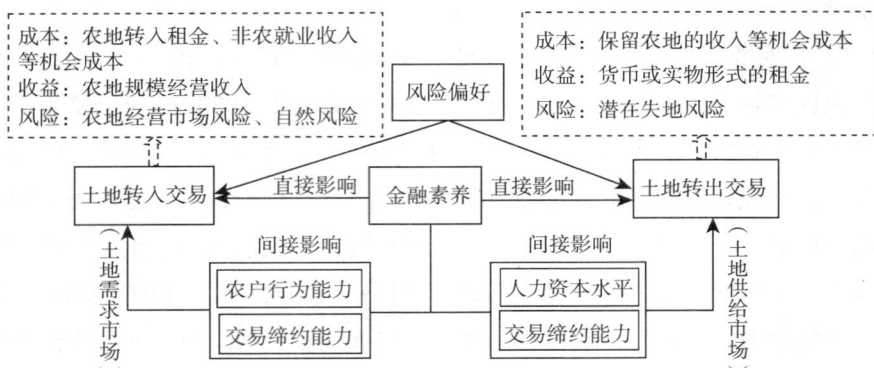

图 3-4　农民金融素养对农地流转交易的影响机理

1. 金融素养影响农民农地转出交易的机理分析

一方面，投资理财知识丰富的农民，对保有农地的机会成本（农地转出租金）、农业与非农经营比较收益、农地转出引致的潜在失地风险等方面有较清晰的衡量和判断，因而倾向于在保有农地或转出农地获取租金，抑或从事非农就业等决策之间进行博弈并作出理性选择，以实现收益最大化、成本及风险最小化。因而，金融素养直接影响农民农地转出交易。进一步分析可知，短期内农地专用型资产不改变条件下，农民难以随意变更农地投资类型，保留原有农地的经营收入等农地转出的机会成本较为明确，且在一定时期和特定区域内农地转出的平均租金水平变化较小，货币或实物形式的租金等农地转出的预期收益较为明确。此外，农地承包经营权受法律和流转合同保护，潜在失地风险等农地转出的风险较小。因此，总体上农民农地转出交易的成本、收益及风险的确定性程度较高，金融素养有助于农民作出理性的农地转出决策。另外，考虑到不确定性情境下农民理性经济决策还受到其风险偏好的影响，且不确定性程度越高，风险偏好发挥的作用越大，因而在金融素养影响农民农地转出交易的关系中，风险偏好对农民农地转出交易的影响可能较弱。另一方面，储蓄、信贷、风险、信用等金融知识较全面的农民具有较高的人力资本水平、较多的非农就业选择及相应较高的预期工资水平，转出农地从事非农经营的倾向性更强；加之金融素养高的农民关于农地流转的交易缔约能力较强，有利于降低讨价还价、契约执行等交易费用，促进农地转出交易。因此，金融素养亦间接影响农民农地转出交易。总之，金融素养可通过直接和间接作用路径影响农民农地转出理性决策，有助于农地供给市场的发育（苏岚岚等，2018）。

2. 金融素养影响农民农地转入交易的机理分析

一方面，金融素养高的农民能清晰计算从事农业和非农经营的成本及收益，尤其能理性衡量农地小规模分散经营的机会成本和专业化经营的规模效益，并充分认知转入农地从事规模经营的风险；当转入农地相较于维持现有经营规模可获取更多收益时，农民倾向于转入农地。因此，金融素养直接影响农民农地转入交易。进一步分析可知，因在一定时期和特定区域内农地转入的平均租金水平较为固定，而其非农就业收入等机会成本则不确定；且农地经营的自然风险和市场风险等农地转入风险较大，加之农地转入的收益（主要指农地经营收入）因受个体努力程度、农地经营风险等因素影响而难以准确估算，因此，总体上农民农地转入交易的成本、收益及风险的不确定性程度较高。此外，鉴于风险偏好在不确定性情境下对个体理性经济决策发挥较大作用，除考虑金融素养的影响外，风险偏好型的农民更倾向于选择风险较大的农地转入决策。另一方面，金融素养越高的农民，关于生产资金获取、财务收支管理等技能越好，因而从事农业规模经营的行为能力越强；加之金融素养越高的农民参与农地流转交易能力尤其是议价能力越强，能降低农地流转市场参与成本，促进农地转入频率和转入规模的提高。因此，金融素养亦对农民农地转入交易产生间接影响。总之，金融素养可通过直接和间接作用机制影响农民农地转入的理性决策，有助于农地需求市场的发育（苏岚岚等，2018）。

（二）金融素养影响农民农地抵押融资交易的理论分析

已有研究多聚焦于个体及家庭特征、土地特征、抵押风险、抵押程序及价值评估等方面（惠献波，2013；李韬和罗剑朝，2015；许泉等，2016；苏岚岚和孔荣，2018），探究农民农地抵押贷款响应行为的影响因素，但鲜有研究关注农民金融素养对其农地抵押融资交易参与决策的作用。因农地抵押贷款试点区域有限、金融机构对农地抵押贷款业务积极性不高、农地确权颁证工作具有阶段性等问题，农地抵押贷款供给约束普遍存在。不考虑农地抵押贷款供给约束时，金融素养可通过直接和间接作用机制影响农民农地抵押贷款需求及参与行为。一方面，农民金融素养水平越高，对信用贷款、担保贷款和抵押贷款等各类贷款条款的理解和掌握程度越好，对不同融资渠道所需投入的成本、可能产生的收益及预期可得性的评估更为理性，当农地抵押融资相较于农民可触及的其他融资渠道成本更低、效率更高、需求更易满足时，农民将优先选择农地抵押贷款，即金融素养直接影响农民农地抵押贷款需求及参与决策。另一方面，金融素养水平高的农民，对农地抵押贷款申请及办理过程中可能存在的交易风险、信用风险和农地被处置风险等风险的感知和识别能力较好，农地抵押风险承受能力和规避能力较强；同时，金融素养水平高的农民能更高效地搜寻和处理农地抵押贷款相关信息，更好地熟悉和把握农地抵押贷款政策及流程，参与农地抵押贷款业务的申请和办理能力更强，即金融素养间接影响农民农地抵押贷款需求及参与决策。此外，鉴于农地确权颁证为农民农地抵押融资提供了先决条件，有效缓解了金融机构农地抵押贷款供给约束，对于完成农地确权颁证的农民，金融素养对其抵押融资交易的促进作用可在一定程度上得以强化。金融素养对农民农地抵押融资交易的影响机理如图3-5所示。

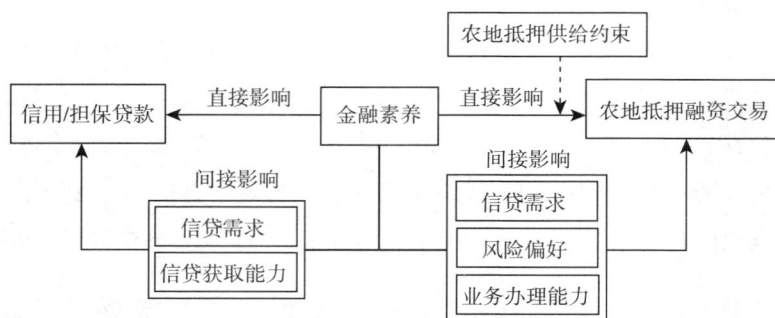

图3-5 农民金融素养对农地抵押融资交易的影响机理

五、农地流转交易影响农民农地抵押融资的理论分析

农地"三权分置"改革深化使农地经营权权能得以扩展，农地流转规模的扩大推进了农地资本化进程，农地经营权抵押特别是流转农地的经营权抵押融资得以在更大地域范围内实现。已有研究指出，一方面，农地流转制度促使农业生产绩效持续提高、增加农村金融机构赢利机会，推动金融机构在其制度构架内合理调整信贷产品和服务，以更好满足不同类型农民的金融需求。另一方面，农地流转推动规模经营、提高农业生产盈利能力，催生更多金融需求（张龙耀等，2015），且有助于增强农业经营主体的信用水平、优化农村金融交易环境（孙全亮，2010）。由此认为，农地流转可通过农地制度建设的促进效应和农村金融环境的优化效应对农地金融市场产生影响。具体分析如下：农地转入需要支付相应的租金，且农地转入引致的规模经营需投入相应的农地生产经营成本，一定程度上激发农民的信贷需求。农地抵押贷款试点持续推进背景下以承包农地或流转农地经营权抵押贷款成为农民参与资本要素市场获取融资的重要途径，且农地转入促进农地规模经营，有助于提升农民土地资产存量，提高农民信用水平和农地抵押融资参与能力。农地转出使农民获得相应的农地流转收益，有助于缓解农民资金约束，但同时农地转出促使农民选择门槛相对较高的非农行业就业，进而产生更强烈的信贷市场参与需求，但农地转出减少农民对农地生计依赖性的同时也削弱了农民农地抵押贷款参与积极性。其中，农地全部转出农民因失去农地抵押融资标的物而无法参与农地抵押融资。

当然，农民在参与农地抵押市场获取借贷资金方面越具有比较优势、融资能力越好，越有助于缓解农民农地规模经营的融资约束，促进其转入农地扩大投资，也有助于为农民转出农地实施非农就业和创业等生计策略调整提供必要的资金支持。但限于金融机构对农地抵押贷款资金的用途监管，农地抵押融资主要用于支持农民从事农业适度规模经营行为，因而有助于满足农民扩大农地投资的意愿，推动农民实施农地转入决策。结合当前农民农地流转和农地抵押融资实践的现状，本书对两者间的关系做进一步厘清。农地经营权流转改革起步较早，发展相对较成熟，而农地抵押融资改革起步较晚，

发展尚不成熟,尤其是流转农地的经营权抵押融资制度还处在小范围试点探索阶段。现阶段农民农地抵押融资参与率明显低于农地流转参与率,农地抵押贷款对于农民来讲仍是有限供给,加之单位面积农地评估价值较低,且人均承包地面积较少,以家庭承包地经营权抵押贷款作为扩大投资的资本对农地转入尤其是农地规模转入作用较为有限;但农地流转市场的发育有力地促进了农地抵押融资改革,农地转入农民以流转农地获取抵押融资极大提高了农民农地抵押融资规模。综合上述分析,从因果逻辑看,现阶段农地金融市场发育程度明显滞后于农地流转市场发育程度的背景下,额度较小的承包地抵押融资对农民农地转入及其规模的影响还较为有限,农地流转交易与农地抵押融资交易之间的双向因果关系可能并不明显,本书重点关注农地流转对农民农地抵押融资交易的影响,影响机理如图 3-6 所示。

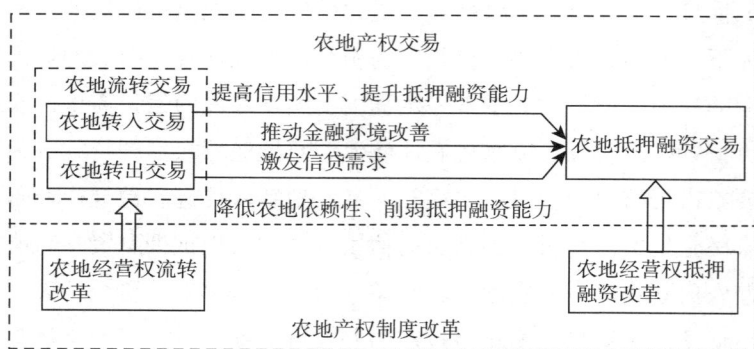

图 3-6 农地流转交易对农民农地抵押融资交易的影响机理

六、金融素养、农地产权交易与农民创业决策的关联系统构建

本书基于农民要素配置行为视角,将农民创业型就业转移归结为劳动力要素的流动(即"人动"),将农地转入和转出交易归结为土地要素的流动(即"地动"),将农地抵押融资交易归结为资本要素的流动(即"钱动")。建立在前文金融素养对农民创业型流动、农地流转交易、农地抵押融资交易单一要素流动的影响理论分析以及各单一要素流动之间的关联逻辑分析基础上,本书探索性构建金融素养与农村要素市场整合发育的关联系统,并以上

述关联系统的有效运行为基础，探求农村要素市场持续发育背景下农民创业决策优化的长效机制。劳动力、土地和资本是农村要素市场最关键的三大要素，深入剖析各要素市场间的关联机理及其驱动机制有助于农村要素市场的整合发育。已有研究表明，我国农村农地流转市场发育明显滞后于劳动力市场，而金融市场的发育则更为滞后（侯明利，2013）。诸多研究围绕农村劳动力、土地和资本三大要素的两两关联性进行了探讨。如相关研究表明，农民非农就业与农地转出行为之间存在显著正向关系（许恒周，2011；胡新艳等，2017），非农就业尤其是非农创业显著促进农民正规信贷参与（米运生等，2017），而正规及非正规金融市场参与均显著正向影响农民创业（刘雨松和钱文荣，2018）；农地转入与借贷行为之间存在显著正向关系（胡新艳等，2017），且农地转出促进农民职业非农化并显著增强其信贷需求及信贷可得性（米运生等，2017），而正规信贷和非正规信贷对农民农地转入及转入规模均产生显著正向作用（许泉等，2016）。上述研究中对信贷市场的关注多聚焦于传统形式的信贷，缺乏对农地抵押融资这一农村新型融资模式与土地流转、农民创业等因素的关联关系研究。鉴于金融素养、农地产权交易与农民创业决策两两之间存在内在逻辑关联，本书立足农村要素市场的整合发育，探索性地将三者纳入统一的理论框架，构建农民金融素养与农民要素市场发育的内在关联系统（图3-7），凝练其整体运行逻辑，并阐释其局部运行机理，进而探寻农村各要素市场匹配发育驱动下的农民创业决策优化机制。

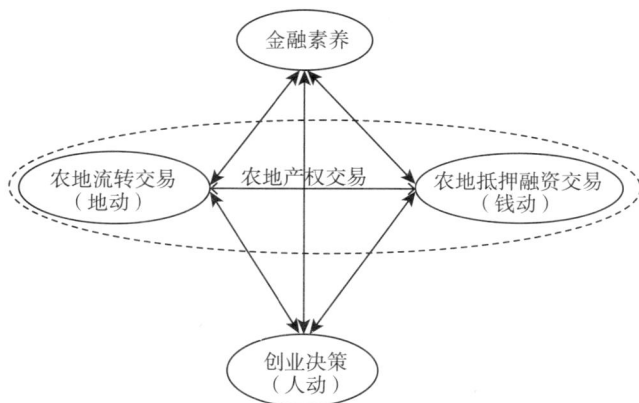

图3-7　金融素养、农地产权交易与农民创业决策的互动关联机理

（一）农民金融素养与农村要素市场"地动—人动"的关联机理

基于前述分析可知，提升农民金融素养水平，有助于促进农村劳动力的工资雇佣型或自主创业型流动，并推动农民参与农地流转交易。鉴于劳动力要素流动与土地要素流动之间具有互动关联关系，本书进一步逻辑推导认为，农民金融素养水平的提高可通过作用于"地动"进而影响"人动"，亦可通过作用于"人动"进而影响"地动"。具体表现为：金融素养高的农民参与农地资产配置和农地流转市场交易的能力较强，可通过农地转入实现农业领域内创业，也可通过农地转出获取财产性收益或解除非农就业的农地牵连进而实现非农就业转移，同时，一定程度上激发创业个体的劳动力雇佣和资产配置需求。同理，金融素养高的农民其就业选择能力较强，工资雇佣型就业或自主创业的倾向性更高。农村劳动力的工资雇佣型转移、农业和非农领域的自主创业等生计选择均影响农民对农地的依赖性和价值认知，农业领域内创业对规模经营的需求促进农民农地转入交易，而非农创业对农地的排斥性一定程度上引致农民农地转出交易。鉴于农业规模经营、非农创业或就业等生产经营形式的区别，不同方向的农地流转交易参与决策直接导致农民创业资产配置结构的差异。此外，农民积极参与土地市场和劳动力市场的要素流动可增强其资产配置能力、财务规划能力和现金管理能力等方面的综合能力，进而正向促进其内在金融素养的累积。

（二）农民金融素养与农村要素市场"钱动—人动"的关联机理

由前述分析可知，农民金融素养水平的提高增强其劳动力市场参与自由度和参与程度，并同时影响其农地抵押融资参与决策。鉴于农地抵押融资参与与农民创业型流动之间的关联关系，本书进一步逻辑推导认为，农民金融素养水平的提升通过影响"钱动"间接作用于"人动"，亦通过影响"人动"间接作用于"钱动"。具体表现为：金融素养越高的农民在资本市场上获取农地抵押融资的能力越强，进而增加其就业选择的自由度尤其是增加其农业和非农领域创业的概率，提升其对资金门槛较高行业的进入能力。创业农民在资本要素市场的信贷获取能力越强，其创业过程中对劳动力和资产的配置灵活空间越大，越有助于提升创业层次、优化创业资源配置结构。同理，农民金融素养的提升有益于促进农村劳动力要素的流动，农民工资雇佣型和自主创业型转移均会产生不同程度的资金需求，前者用以满足工作搜寻、稳定居所等方面的需要，后者则用以满足扩大规模、雇佣劳动力或开展新业务等不同创业环节对启动资金或周转资金的需要。创业农民对不同类型劳动力和资产的需求及其程度均离不开信贷资金的有力支持。因而，农村劳动力不同的流动形式对农民传统金融市场或新型金融市场（如农地金融市场）的参与决策产生不同程度的影响。此外，农民积极参与劳动力市场和土地市场的要素流动亦会通过"干中学"效应促进农民金融素养的提升。

（三）农民金融素养与农村要素市场"地动—钱动"的关联机理

如前所述，提升农民金融素养水平可促进其土地流转市场和资本市场的单一市场参与。进一步地，农民金融素养水平的提升可通过促进"地动"进而推动"钱动"，亦可通过促进"钱动"进而推动"地动"。具体表现为：金融素养高的农民参与农地流转市场的决策更显理性。农地转入需要支付一定的租金，且需投入相应的农地生产经营成本，一定程度上激发农民信贷需求，促进其资本要素市场参与。且农地转入增加农民农地经营权持有，增强农民农地抵押融资参与能力，促进农民农地抵押融资参与。农地部分转出或全部转出促使农民选择门槛相对较高的非农行业就业，进而产生更强烈的信贷市场参与需求；同时，农地转出导致农民持有的农地经营权减少、削弱农民农地抵押融资参与能力。因此，农地流转交易参与直接或间接影响农民金融需求和农地抵押融资市场参与行为。同理，金融素养高的农民在参与农地抵押市场、获取借贷资金方面具有比较优势，融资约束的缓解有助于其转入农地开展规模化经营或转出农地实现非农就业转移。此外，如前所述，农民在土地市场和资本市场的多样化参与实践有益于促进其金融素养水平的提高。

（四）农地产权交易中介作用下金融素养影响农民创业决策的理论逻辑

基于金融素养与农村要素市场"地动—人动""钱动—人动""地动—钱动"的关联逻辑，本书探索性构建金融素养与农村要素市场"地动—钱动—人动"的关联系统。以上述关联系统为基础，本书深入阐释要素流动视角下金融素养、农地产权交易影响农民创业决策的机理。由前述理论分析可知，金融素养水平的提升既促进农民农地流转交易市场的理性参与，也在一定程度上提高农民农地抵押融资交易参与的积极性和参与程度。同时，金融素养在农民创业基本决策环节、创业劳动力配置与资产配置等环节均发挥重要作用。加之理论上，农地流转交易可通过投资促进效应和资源内生配置效应影响农民创业基本决策及其实施，农地抵押融资交易可通过流动性约束缓解效应、收入增长和财富积累效应作用于农民创业基本决策及其实施。基于金融素养与"地动—人动""钱动—人动""地动—钱动"的内在关联，从因果逻辑上讲，农民金融素养水平的提升可通过作用于农地流转交易的参与进而影响农民创业决策的实施，也可通过作用于农地抵押融资交易的参与进而影响农民创业决策的实施；进一步地，金融素养可通过依次影响农民农地流转交易参与、促进农地抵押融资参与和提高农民农地抵押融资可得性，进而对农民创业决策产生作用。农民创业决策优化长效机制的形成依赖于金融素养与农村要素市场关联系统的有效运行。农村要素市场各主体以多样化的要素供需参与实践助力劳动力、土地、资本等要素的充分有序流动，同时，各单一要素市场的协同成长及紧密关联加速农村各要素市场的匹配发展。农民金融素养在农村要素市场整合发育系统中具有重要的纽带作用，即提升农民金融素养水平有助于激发农村要素市场各主体参与要素供需的能动性，最大限度激活农村各要素市场的循环关联系统，并使农民金融素养在参与要素流动的实践中得以持续提升，不断生成要素流动新的循环，最终促进农村各要素市场的整合发育。农村要素市场的匹配发育不断促进农地流转市场和农村金融市场的协调发展，最终助力农民创业决策的长效优化。

七、本章小结

本章分别基于职业选择模型和静态流动性约束模型阐释了劳动力市场上农民创业选择的决定以及农地产权交易影响农民创业选择的经济学逻辑，并基于多目标决策模型将利润最大化、成本与风险最小化视角下的农民创业决策优化问题分解为创业行业选择、劳动力配置与资产配置最优化问题。在此基础上，依据人力资本理论、计划行为理论、产权经济学理论、信贷配给理论等相关理论依次阐释了金融素养对农民创业基本决策、创业劳动力配置决策、创业资产配置决策的影响机理，以农地流转交易与农地抵押融资交易表征的农地产权交易对农民创业基本决策、创业劳动力配置决策、创业资产配置决策的影响机理，金融素养对农民农地流转交易和农地抵押融资交易的影响机理，农地流转交易对农民农地抵押融资交易的影响机理，进而遵循"金融素养—农地产权交易—农民创业决策"的理论逻辑，阐释了金融素养与"地动—人动"、金融素养与"钱动—人动"、金融素养与"地动—钱动"的关联机理，并逻辑推导金融素养与农村要素市场"地动—钱动—人动"的关联逻辑，系统构建了要素流动视角下金融素养、农地产权交易影响农民创业决策的理论框架，以期探究农村要素市场关联系统持续运行背景下的农民创业决策优化长效机制。本章理论分析认为，农民内在创业能力和外在农地产权制度改革均是决定农民创业选择的关键因素，且农民内在创业能力中的金融素养与外在农地产权交易参与与农民创业基本决策、劳动力配置决策和资产配置决策的优化均存在内在关联。金融素养在农村土地、劳动力、资本等要素市场的关联系统中具有重要纽带作用，农村各要素市场关联系统的有序运行有助于农民创业决策优化的长效机制形成和完善；提升农民金融素养水平，有助于提高农民农地流转交易和农地抵押融资交易参与程度，且农民农地流转交易和农地抵押融资交易的参与均对农民创业基本决策、创业劳动力配置决策和创业资产配置决策产生不同程度的影响，由此逻辑推导可知，农地产权交易是金融素养影响农民创业决策的可能中介。

第二篇

金融素养、农地产权交易影响农民创业决策的实证研究

第四章 农民金融素养、农地产权交易与创业决策的现状分析

本章从宏观层面系统梳理了 2008 年金融危机以来我国农村金融教育相关举措、改革开放以来我国农村农地产权制度变迁历程与农民农地产权交易发展情况、"大众创业"战略实施以来我国农民创业的支持政策演变，全面呈现了当前我国农民金融素养、农地产权交易参与与创业实践方面的典型特征。在此基础上，本章依据农户微观调查数据，对样本农民的金融素养、农地产权交易参与与创业决策现状进行统计分析，较为全面地把握农民创业决策及其关键内外在制约要素的特点，尤其凸显金融素养和农地产权交易视角下农民创业决策优化面临的突出问题。具体内容包括：采用因子分析法验证农民金融素养衡量指标体系的科学性和合理性，测度农民金融素养综合水平及分维度水平，归纳其整体特征及区域、个体差异。同时，从农地流转交易（农地转入交易和农地转出交易）、农地抵押融资交易两个方面考察农地产权制度改革和农地金融改革持续推进背景下农民农地产权交易参与行为，分析其发展现状及区域性差异。此外，本章基于乡村振兴战略全面推进背景下农民创业面临的新形势、新问题、新挑战，从农民创业基本决策、创业劳动力配置决策、创业资产配置决策三个方面深入分析农民创业决策现状，提炼农民创业决策的主要特征，提示农民创业决策的优化方向。

一、我国农村金融教育、农地产权制度与创业支持政策发展脉络

（一）农村金融教育相关政策与农民金融素养现状

2008 年金融危机爆发后，美国等国家逐渐意识到居民金融素养的缺乏

是加剧金融危机的重要原因，因此，必须通过提供基本的金融教育来使整个社会更好地应对金融危机。金融消费者教育问题亦得到二十国集团（G20）的高度关注，G20 呼吁各成员国制定金融教育国家战略，以更好地推进金融消费者教育。我国对居民金融素养问题尤其是农村居民金融素养问题的关注起步较晚，相关金融教育体系不够完善，金融知识公共供给渠道缺乏，导致诸多家庭尤其是农村家庭还难以接受到全面且系统的金融教育。目前，中国人民银行研究制定了《中国金融教育国家战略》，旨在从国家层面推动金融消费者教育。中国人民大学中国普惠金融研究院（CAFI）调查分析指出，当前我国农民金融教育培训的主要组织者和实施者是银行和信用社等金融机构，比较而言，政府部门和教育机构的贡献度相对较低。《中国普惠金融发展报告（2017）》显示，1 752 个受访农民 2016 年仅有 8.85％的农民参加过金融教育培训，其中，参与了金融机构、政府部门和专业教育机构组织的培训占比分别为 78.00％、18.70％和 12.90％[1]。除了参与正规的金融教育外，我国居民家庭获取金融知识的主要渠道是网络、书籍、电视、电台、报刊等公众媒体。其中，62.40％的农民通过线上或线下观看电视节目了解金融知识，26.00％和 6.50％的农民分别通过阅读业务宣传单和阅读手机短信获取金融知识，7.90％的农民通过参加集中培训获取金融知识。综上可知，我国居民家庭整体金融教育水平滞后于我国金融市场的发展，使得改善广大居民家庭尤其是农村居民家庭的金融教育状况迫在眉睫。为切实提高金融消费者的金融知识水平、促进金融业改革成果惠及更多群体、更好保护金融消费者权益，中国人民银行从 2013 年开始每年 9 月统一开展全国性的"金融知识普及月"活动，活动内容和形式多种多样。上述活动对于营造全社会积极学习金融知识、自觉提升金融技能服务生产生活的良好氛围、持续改进农民金融教育、不断提升农民综合金融素养发挥重要作用。当然，还需清醒认识到，我国农村金融教育在顶层设计和支持保障机制建设等方面仍任重道远，亟待建立健全完善的农村金融教育体系。

中国人民银行金融消费权益保护局于 2013 年、2015 年、2017 年针对消

---

① 资料来源：中国人民大学中国普惠金融研究院，2017，《普惠金融能力建设：中国普惠金融发展报告（2017）》。

费者金融素养情况进行了三次全国范围内的抽样调查。调查内容涵盖金融产品认知与选择、财务规划、储蓄与物价、银行卡管理、贷款常识、投资理财、保险知识等方面。2015 年的调查涉及全国 9 个省份 5 400 个样本，统计表明，消费者金融知识水平较 2013 年有所提高，但平均水平仍偏低，风险责任意识薄弱、家庭规划性和执行力不足等问题突出，且农村消费者的金融知识水平明显低于城镇消费者[①]。2017 年的调查涉及全国 31 个省份 18 600 个样本，调查显示，消费者金融知识整体水平虽有所提高，但整体水平依然较低，且城乡间、区域间分布呈现一定的不平衡性。消费者金融素养指数平均分为 63.71，标准差为 15.03，中位数为 65.74，近似服从正态分布。城镇居民金融素养水平高于农村居民，城镇消费者回答全部金融知识问题的平均正确率为 64.78%，而农村消费者回答金融知识问题的平均正确率为 50.70%[②]。2017 年我国消费者金融知识平均正确率的分类统计情况如表 4-1 所示。

表 4-1　2017 年我国消费者金融知识平均正确率的分类统计情况

项目	全部样本	按城乡分		按区域分		
		城镇	农村	东部	中部	西部
储蓄知识	62.73	67.36	54.87	66.49	63.53	58.19
银行卡知识	74.52	81.37	62.90	78.41	72.80	72.78
贷款知识	52.72	57.27	44.99	55.77	49.75	51.73
信用知识	64.49	68.70	57.34	65.98	61.19	64.02
投资知识	49.08	55.57	38.07	53.23	49.43	45.30
保险知识	53.82	58.40	46.04	56.85	52.82	51.06
总体情况	59.56	64.78	50.70	62.79	58.25	57.18

注：上述数值单位均为%。
数据来源：中国人民银行金融消费权益保护局《消费者金融素养调查分析报告（2017）》。

（二）农地产权制度变迁历程与农民农地产权交易现状

我国农地产权制度的变革历程实际上体现了政府间分权化程度（中央政

---

① 资料来源：中国人民银行金融消费权益保护局 .2015. 消费者金融素养调查分析报告（2015），http：//shanghai. pbc. gov. cn/fzhshanghai/113598/3053178/index. html.

② 资料来源：中国人民银行金融消费权益保护局 .2017. 消费者金融素养调查分析报告（2017），http：//www. pbc. gov. cn/Goutongjiaoliu/113456/113469/3344008/index. html.

府与地方政府经济行为的一致性）和市场间自主性程度（上下游市场微观主体的自主性）的演变组合。新中国成立以来，我国政府间分权化程度经历了从弱到强、再从强到弱的变化，市场间自主性程度则经历了从强到弱、再从弱到强的变化。与之相对应，我国农地产权制度依次经历了农民垄断（1949—1953 年）、集体垄断（1953—1977 年）、两权分离（1978—1993年）、两权裂变（1994—2013 年）、三权分置（2014 年至今）的变革（高帆，2018），如图 4-1 所示。

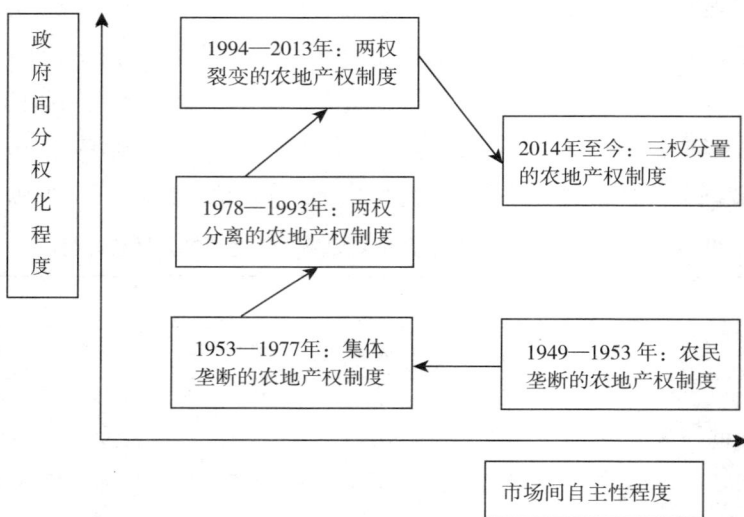

图 4-1　新中国成立以来我国农地产权制度的演变历程
资料来源：引自高帆（2018）。

随着农地产权制度变迁，我国农地流转大致经历了禁止流转（1978—1983 年）、允许流转（1984—1987）、依法转让（1988—2002 年）、规范流转（2003—2012）、加快流转（2013 年至今）五个阶段。各阶段的标志性政策文件及政策内容表述如表 4-2 所示。

表 4-2　1978 年以来我国农地流转政策变迁历程

阶段划分	关键政策文件	核心内容表述
禁止流转阶段 （1978—1983 年）	1982 年《中华人民共和国宪法》	任何组织或者个人不得侵占、买卖、出租或者以其他形式非法转让土地

（续）

阶段划分	关键政策文件	核心内容表述
允许流转阶段 （1984—1987 年）	1984 年中央 1 号文件	鼓励土地逐步向种田能手集中
依法转让阶段 （1988—2002 年）	1988 年《宪法修正案》	土地的使用权可以依照法律的规定进行转让
	1994 年《关于稳定和完善土地承包关系的具体意见》	在坚持土地集体所有和不改变土地农业用途的前提下经发包方同意，允许承包方在承包期内对承包标的依法转包、转让、互换、入股
	1998 年《土地管理法》	农民集体所有的土地，可以由本集体经济组织以外的单位或者个人承包经营
规范流转阶段 （2003—2012 年）	2003 年《农村土地承包法》	通过家庭承包取得的土地承包经营权可以依法采取转包、出租、互换、转让或者其他方式流转
	2005 年《农村土地承包经营权流转管理办法》	农村土地承包经营权流转的受让方可以是承包农户，也可以是其他按有关法律及规定允许从事农业生产经营的组织和个人
	2007 年《中华人民共和国物权法》	土地承包经营权为用益物权，农民享有的承包地权能包括占有权、使用权、收益权以及转包、出租、互换、转让或其他形式的流转权利
	2008 年《中共中央关于推进农村改革发展若干重大问题的决定》	加强土地承包经营权流转管理和服务，建立健全土地承包经营权流转市场，按照依法自愿有偿原则，允许农民以转包、出租、互换、转让、股份合作等形式流转土地承包经营权，发展多种形式的适度规模经营；有条件的地方可发展专业大户、家庭农场、农民专业合作社等规模经营主体
加快流转阶段 （2013 年至今）	2013 年《中共中央关于全面深化改革若干重大问题的决定》	鼓励承包经营权在公开市场上向专业大户、家庭农场、农民合作社、农业企业流转，发展多种形式规模经营
	2014 年《关于引导农村土地经营权有序流转发展农业适度规模经营的意见》	坚持农村土地集体所有，实现所有权、承包权、经营权三权分置，引导土地经营权有序流转
	2014 年《关于引导农村产权流转交易市场健康发展的意见》	县、乡农村土地承包经营权和林权等流转服务平台是农村产权流转交易市场的主要形式；现阶段的产权交易品种主要包括农户承包土地经营权、林权、"四荒"使用权等
	2016 年《关于完善农村土地所有权承包权经营权分置办法的意见》	完善"三权分置"办法，落实集体所有权，稳定农户承包权，放活土地经营权，充分发挥"三权"的各自功能和整体效用，形成层次分明、结构合理、平等保护的格局

（续）

阶段划分	关键政策文件	核心内容表述
加快流转阶段（2013 年至今）	2018 年新修正的《中华人民共和国农村土地承包法》	承包方承包土地后，享有土地承包经营权，可自己经营，也可保留土地承包权，流转其承包地的土地经营权，由他人经营；保护承包方依法、自愿、有偿流转土地经营权，保护土地经营权人的合法权益，任何组织和个人不得侵犯

城乡居民财产性收入的较大差距和农村居民融资约束现象普遍，促使理论界和实践界越来越多的人认识到充分盘活农村土地资产的必要性和巨大潜在价值。从政策和法律上赋予农民更多的土地使用权权能，尤其是赋予农民对土地承包经营权的抵押、担保等权利，使农民能够获得更多的财产性收益显得十分必要和迫切。基于我国农地流转政策文本的变迁分析可知，充分放活农地经营权、推进农地适度规模经营应是当前和今后一段时期我国农地经营权流转改革深化的重要方向。图 4-2 反映了我国 1996—2017 年农地流转情况。统计显示，我国农地流转面积从 2007 年的 0.64 亿亩*增长至 2017 年的 4.79 亿亩，农地流转比例相应地从 5.2% 增长至 37%，转出承包地农户占全国承包地农户总数的比例从 2009 年的 12.8% 增长至 2017 年年底的 30%。由此可知，随着农地产权制度改革不断推进，我国农地流转规模和参与农地流转农户规模均呈不断增加的趋势，农地流转的市场化进程得以加快。

随着农地流转改革不断深化，农地抵押融资改革应运而生。2015 年 8 月国务院公布实施的《国务院关于开展农村承包土地的经营权和农民住房财产权抵押贷款试点的指导意见》（国发〔2015〕45 号）明确指出"以落实农村土地的用益物权、赋予农民更多财产权利为出发点，深化农村金融改革创新，稳妥有序开展'两权'抵押贷款业务，有效盘活农村资源、资金、资产，增加农业生产中长期和规模化经营的资金投入，促进农民增收致富和农业现代化加快发展"。2016 年 3 月，第十二届全国人民代表大会常务委员会第十八次会议授权国务院在北京市大兴区等 232 个试点县（市、区）行政区域，暂时调整实施《中华人民共和国物权法》《中华人民共和国担保法》关

---

* 亩为非法定计量单位，1 亩＝1/15 公顷。

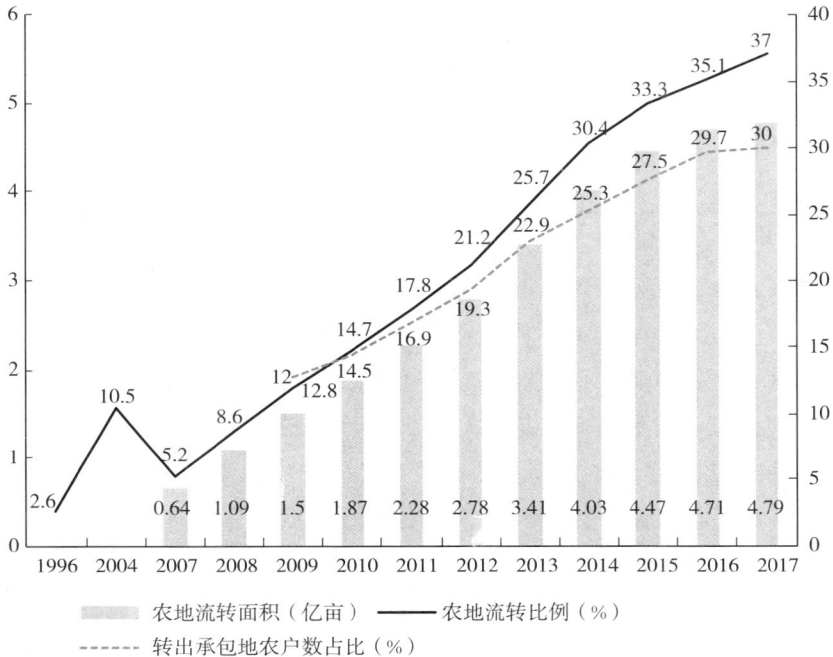

图 4－2　1996—2017 年我国农地流转情况

数据来源：依据农业农村部公开数据整理，其中，1996—2008 年转出承包地农户数统计缺失。

于集体所有的耕地使用权不得抵押的规定；中国人民银行联合中国银保监会、财政部等多部门出台了《农村承包土地的经营权抵押贷款试点暂行办法》。纵观我国农村土地政策的变迁历程可知，充分放活农村土地经营权、赋予农民更多财产权利，有效盘活农村资源、资金、资产是改革开放以来我国农村土地制度改革的重要方向。毋庸置疑，农地"三权分置"改革是一次重大的农村制度改革，是响应农村经营主体变化、农地流转等生产力发展要求的适应性调整，将释放巨大改革红利，推动农村生产力的再次大解放。赋予农民对承包地承包经营权抵押、担保权能，使农民拥有更加完整和充分的土地使用权权能，充分活化土地使用权的金融功能和作用，扩大农村有效担保物范围，有利于进一步改善农民与土地的关系、维护农民土地权益，同时有助于缓解农业农村发展中面临的融资难问题。2016 年以来我国农地抵押贷款试点发展情况如表 4－3 所示。

表 4 - 3　2016 年以来我国农地抵押贷款试点发展情况

年度	农地抵押贷款余额（亿元）	同比增长（％）	累积发放（亿元）
2016 年年底	140	——	140
2017 年 9 月底	304	110.71	444
2018 年 9 月底	520	76.3	964

　　数据来源：依据农业农村部公开数据整理。

　　纵观农地"三权分置"改革以来中国农地流转政策的演变历程可知，农地流转政策调整呈现如下典型特征：即从允许承包地流转到鼓励承包地流转尤其是规模流转，而且越来越明确地凸显农地流转助推农业适度规模经营和现代农业发展的政策取向，强调农地流转的市场化途径。同时，对农民农地承包权能不断予以扩展，赋予农民对承包地的占有权、使用权、收益权、流转权和抵押担保权，使承包地逐渐成为农民真正的财产、对活跃农村经济发挥更大作用。随着农地产权制度改革的不断深化，我国农民农地产权交易行为日益丰富化。一是农地流转交易方面，政府促进农地流转的努力取得了一定的成效，农户农地流转行为日趋活跃，促进了农地集中和农业适度规模经营，有效增加了农民收入。截至 2017 年 6 月，全国 2.3 亿承包农户中近 30％农户已全部或部分地将承包地转出，流转承包地面积占家庭承包耕地总面积的 36.5％，与 2007 年相比增长比例超过 30％[①]。钱忠好和冀县卿（2016）基于对江苏、广西、湖北、黑龙江 4 省份 104 个村 1 113 个农户的调查分析表明，农地流转基本遵循"依法、自愿、有偿"原则，初步实现农户家庭经营为基础，家庭、集体、企业经营和合作经营等多种经营方式共同发展，但也存在农地流转总体水平不高、农地行政性调整时有发生、农地流转自愿程度下降、农地流转签订合同比例不高、政府引导和管理作用发挥不够等问题。二是农地抵押融资方面，《国务院关于全国农村承包土地的经营权和农民住房财产权抵押贷款试点

---

　　① 资料来源：农民日报（2018 年 2 月 5 日第 6 版），《发展多种形式适度规模经营，提高农业质量效益和竞争力》，http：//szb.farmer.com.cn/nmrb/html/2018 - 02/05/nw.D110000nmrb _ 20180205 _ 3-06.htm? div=-1.

情况的总结报告》①中指出，总体上农地抵押贷款试点取得积极成效，截至
2018年9月末，全国232个试点地区农地抵押贷款余额为520亿元，同比
增长76.3%，累计发放964亿元；222个试点地区建立了农村产权流转交易
平台，190个农村承包土地的经营权抵押（以下简称农地抵押）贷款试点地
区设立了风险补偿基金，140个农地抵押贷款试点地区成立了政府性担保公
司。试点地区共计有1 193家金融机构开办农地抵押贷款业务；各试点地区
积极创新农地抵押贷款模式，创新推出"农地经营权"直接抵押、"农地经
营权＋多种经营权组合抵押""农地经营权＋农业设施权证""农户联保＋农
地经营权反担保"等模式，进一步释放了农地经营权抵押担保权能。但同时
农地抵押贷款试点工作中也还存在土地确权颁证进度有待进一步加快、农地
承包经营权抵押处置执行难、试点到期后的法律衔接等问题②。该报告进一
步明确农地"三权分置"改革的推进使农地抵押贷款前置条件已经具备，农
地抵押贷款业务形成了包括确权颁证、交易流转、抵押物价值评估和处置等
业务在内的完整链条，农地抵押贷款全面推开的条件已经成熟。

（三）创业扶持政策演变与农民创业现状

推进大众创业是发展的动力之源，也是富民之道、公平之计、强国之
策，对于推动经济结构调整、增强发展新动力、稳增长、扩就业、激发亿万
群众智慧和创造力，促进社会纵向流动和公平正义具有重大战略意义。全面
梳理我国农村创业支持政策的演变过程，有助于准确把握近期和远期国家有
关农民创业的政策趋向和重点支持方向。2014年9月夏季达沃斯论坛上，
李克强提出要在960万平方公里土地上掀起"大众创业""草根创业"的新
浪潮。此后，中央政府将农民创业纳入国家"大众创业"战略之中，并围绕
农民创业的新情况新问题从不同层面不断细化扶持政策，突出各阶段的政策
扶持重点，不断加大农民创业支持力度，以充分发挥农民创业在活跃农村经

---

① 资料来源：中国人大网，《国务院关于全国农村承包土地的经营权和农民住房财产权抵押贷款试
点情况的总结报告》，http://www.npc.gov.cn/npc/c12435/201812/2067ecc784a8437cbe8780a32bcf48ac.
shtml.

② 资料来源：新华社.《"两权"抵押贷款试点成效积极，推动缓解"三农"融资难题》
［2018－12－23］.http://www.gov.cn/xinwen/2018－12/23/content_5351390.htm.

济、增加农民收入、促进农村劳动力就业等方面的社会效益和经济效益。我国农民创业扶持政策演变梳理如表 4-4 所示。

表 4-4   2015 年以来我国农民创业扶持政策演变历程

关键政策文件	核心内容表述
2015 年 6 月《关于大力推进大众创业万众创新若干政策措施的意见》	引导返乡创业人员融入特色专业市场，打造具有区域特点的创业集群和优势产业集群。深入实施农村青年创业富民行动，支持返乡创业人员因地制宜围绕休闲农业、农产品深加工、乡村旅游、农村服务业等开展创业，完善家庭农场等新型农业经营主体发展环境
2015 年 6 月《关于支持农民工等人员返乡创业的意见》	降低返乡创业门槛、落实定向减税和普遍性降费政策、加大财政支持力度、强化返乡创业金融服务等
2016 年 1 月《关于推进农村一二三产业融合发展的指导意见》	引导大中专毕业生、新型职业农民、务工经商返乡人员领办农民合作社、兴办家庭农场、开展乡村旅游等经营活动；加大政策扶持力度，引导各类科技人员、大中专毕业生等到农村创业，实施鼓励农民工等人员返乡创业三年行动计划和现代青年农场主计划，开展百万乡村旅游创客行动
2016 年 11 月《关于支持返乡下乡人员创业创新，促进农村一二三产业融合发展的意见》	突出重点领域、丰富创业创新形式，推进农村产业融合发展，鼓励和引导返乡下乡人员按照法律法规和政策规定，通过承包、租赁、入股、合作等多种形式，创办领办家庭农场林场、农民合作社、农业企业、农业社会化服务组织等新型农业经营主体；鼓励和引导返乡下乡人员按照全产业链、全价值链的现代产业组织方式开展创业创新，建立合理稳定的利益联结机制，推进农村一二三产业融合发展
2017 年 6 月《关于建设第二批大众创业万众创新示范基地的实施意见》	鼓励和引导返乡农民工按照法律法规和政策规定，通过承包、租赁、入股、合作等多种形式，创办领办家庭农场林场、农民合作社、农业企业、农业社会化服务组织等新型农业经营主体。通过发展农村电商平台、利用互联网思维和技术，实施"互联网＋"现代农业行动，开展网上创业。返乡下乡人员可在创业地按相关规定参加各项社会保险
2018 年 1 月《关于进一步推进支持农民工等人员返乡下乡创业的意见》	加大创业补贴支持范围、强化融资服务和场地扶持、加强培训服务、鼓励开发相关保险产品与建立创业风险防范机制，以期推动更多人才、技术、资本等资源要素向农村汇聚，以大众创业、万众创新开辟就业新渠道、培育"三农"发展新动能
2018 年 9 月《乡村振兴战略规划（2018—2022 年)》	通过加强不同主体协同合作、培育壮大创新创业群体，发展多种形式的创新创业支撑服务平台、完善创新创业服务体系，完善相关财政政策措施、用水用电用地支持措施以及减税降费政策，建立创新创业激励机制

2015 年以来，我国启动实施了支持农民工等人员返乡创业试点工作，先后分三批确定了 341 个返乡创业试点县（市、区），并对各试点县在整合

资源、盘活存量的基础上，予以政策、项目和渠道支持，极大地推动了我国农民返乡创业群体的壮大。2015 年年底，我国各类返乡创业人员达 480 万人，其中农民工返乡创业人数 450 万人，2016 年、2017 年、2018 年各类返乡创业人员达 570 万人、700 万人、740 万人，其中农民工返乡创业人数分别超过 480 万人、500 万人、520 万人①。与此同时，农民合作社、家庭农场、专业大户、农业企业等经营主体大量涌现。截至 2018 年年底，全国农村新型农业经营主体累计达到 400 万家，新型职业农民超过 1 500 万人，农民工等返乡下乡双创人员累计达到 740 万人，新农民群体日益壮大，成为乡村振兴的生力军②。随着农村创业型经济日益活跃，农民创业实践的内容和形式不断丰富，对助推农村产业融合发展和乡村产业振兴发挥越来越重要的作用。由表 4 - 4 可知，纵观我国农民创业支持政策的发展脉络，自"大众创业"上升为国家战略之后，农民创业的政策支持力度不断加大、支持措施的范围不断扩大、支持措施的内容不断细化和具体化，且农民创业支持政策与农村信息化、金融改革创新、产业融合发展、乡村振兴战略规划等诸多方面的政策的关联越来越紧密。其中，农村金融改革创新为农民创业不断注入新的活力。整体上，我国农民创业意识和能力得到较大程度提高，农民创业活跃度和发生率得以较大程度的提升；但限于内在创业能力和外在创业资源约束，农民创业规模较小、层次较低，抵御风险能力较差、创业可持续能力薄弱，创业脆弱性较高、创业失败现象频发。上海财经大学 2016 年度以"中国农村创业现状"为主题的"千村调查"报告显示，中国不同省份的农民创业现状十分不平衡，农民创业实际面临的困难超过预期，其中融资难依然是影响农民创业的最重要因素之一。此外，技术、知识、市场信息缺乏以及自然灾害等内外部因素均是影响农民创业的重要因素③。基于我国农民创业扶持政策演变的系统梳理和农民创业面临的现实问题，本书聚焦内在创业能力约束中的金融素养和外在资源约束中的农

---

① 资料来源：根据农业农村部、国家统计局、国家发展改革委相关数据整理.
② 资料来源：农业农村部.《"双新双创"为乡村发展带来蓬勃活力》[2018 - 11 - 13]. http://www.gov.cn/xinwen/2018 - 11/13/content _ 5339796.htm.
③ 资料来源：中国新闻网，《上海财大调查称：农民创业面临融资、技术等多重困难》[2016 - 09 - 21]. http://www.chinanews.com/cj/2016/09 - 21/8010586.shtml.

地产权交易参与两个视角，系统探究乡村振兴背景下农民创业决策的优化机制具有现实必要性和迫切性。

二、农民金融素养水平测度与特征分析

（一）农民金融素养测度指标体系构建及验证

1. 金融素养测度的指标体系构建与因子分析

已有研究尚未就金融素养测度体系和测度方法达成一致意见。Chen 和 Volpe（1998）最早展开对个人金融素养的调查，并通过受访大学生对与个人理财相关问题的回答发现美国大学生平均金融素养水平较低。Huston（2010）基于对已有研究的统计结果显示，基本金融认知、投资理财、融资借贷和金融风险管理方面是诸多金融素养测度研究的共性内容，且前三个方面更为常见。结合中国金融消费者实际，中国人民银行金融消费权益保护局（2015）针对城乡消费者金融素养构建了包括金融态度（如储蓄、信用等方面的态度）、金融行为（如家庭开支规划等）、金融技能（如金融产品与服务使用等）、金融知识（如信贷知识、保险知识等）四个方面的测试指标体系，并统计表明我国居民金融素养平均水平偏低，且农村居民金融知识水平明显低于城镇居民。依据经济合作与发展组织金融素养测评框架（PISA），张欢欢和熊学萍（2017）从金融知识理解和应用、金融风险和回报、金融规划等六个方面构建了专门针对农村居民的金融素养测评体系，进一步佐证了我国农村居民金融素养水平较低的论断。金融素养测度方法主要包括主观和客观测度法，前者基于受访者对股票、基金等金融相关产品的综合了解程度的自我评价进行反映；后者则依据受访者对多个问题以多项选择或判断正误的方式进行回答，并通过综合打分法或因子分析法实现（尹志超等，2015）。目前国际上广泛采用包括知识、能力、态度、情境四个方面的 PISA 测评框架进行科学素养测评。科学素养被定义为作为一个反思型的公民所具有的解决与科学相关问题的能力、科学的知识和科学的意识。依据 PISA 测评框架，参考已有研究，本书拟从金融知识、金融意识、金融能力三个方面构建较为本土化的金融素养衡量指标体系。同时，考虑到城乡居民在金融活动范围及选择方面具有一致性，但在金融活动具体内容及金融市场参与程度方面存在较大差异性，农民金融素养与城镇居民金融素养测度指标体系应具有结构上的相似性，但在具体衡量指标选取方面还需结合农民生产生活实际。

本书从金融知识、金融能力、金融意识三个维度设计指标体系并最终筛选 25 个测量题项进行金融素养综合水平测度，如表 4-5 所示。金融知识包括信贷、储蓄、通胀、风险、信用等方面的知识，通过设计简单的计算和选择题进行测量；金融能力包括正规信贷及非正规信贷获取，银行自动柜员机使用、网上银行、支付宝、微信等支付方式的使用，家庭收支的规划等方面的能力，通过受访者的实际行为进行测量；金融意识包括投资理财、风险防范、金融权益保护、金融安全等方面的意识，通过受访者的自我评估进行测量。

表 4-5　金融素养测度的因子分析结果及信效度检验

目标层	准则层	指标层	测量题项	因子载荷	系数
金融素养	金融知识 (0.380 8)	通胀知识 (0.063 4)	通货膨胀计算是否直接回答	0.935	0.800
			通货膨胀计算是否回答正确	0.942	
		存款知识 (0.068 1)	存款利率计算是否直接回答	0.935	
			存款利率计算是否回答正确	0.937	
		贷款知识 (0.058 2)	不同贷款期限利息比较是否直接回答	0.913	
			不同贷款期限利息比较是否回答正确	0.930	
		信用知识 (0.053 4)	不良信用记录的影响是否直接回答	0.925	
			不良信用记录的影响是否回答正确	0.932	
		风险知识 (0.072 2)	不同类型股票风险比较是否直接回答	0.936	
			不同类型股票风险比较是否回答正确	0.942	
	金融能力 (0.415 9)	金融工具 使用能力 (0.203 6)	能否独立使用银行自动柜员机	0.614	0.772
			是否会使用网上银行支付	0.811	
			是否会使用支付宝支付（包括转账、红包等）	0.852	
			是否会使用微信支付（包括转账、红包等）	0.776	
		金融资源 获取能力 (0.099 4)	急需用钱时，能否从亲友或邻里借到钱	0.874	
			急需用钱时，能否从银行或信用社贷到款	0.579	
		金融规划 能力 (0.112 9)	有无对家庭每年收入进行投资、消费、储蓄 等用途的划分	0.890	
			有无将家庭不同来源收入规划在不同的用途上	0.911	

（续）

目标层	准则层	指标层	测量题项	因子载荷	系数
金融素养	金融意识 (0.203 3)	投资理财 意识 (0.059 0)	对"今天有钱今天花"花钱态度的看法	0.819	0.652
			对"没必要进行投资理财"观点的看法	0.830	
		金融风险 意识 (0.051 6)	对家庭购买生产、生活保险重要性的态度	0.762	
			向亲友借钱或向银行申请贷款，是否会认真考虑将来的偿还能力	0.731	
		金融安全 意识 (0.092 7)	银行柜台或 ATM 机存取款时有无意识在遮挡情况下输入密码	0.651	
			保管银行卡时有无意识将银行卡和身份证分开放置	0.787	
			是否经常更换银行卡或支付宝等金融工具的支付密码	0.677	

注：括号内数值为各因子的权重，由各因子方差贡献率占累计方差贡献率的权重计算所得。

设原有 p 个测量题项 x_1，x_2，x_3，$\cdots$，x_p，将每个原有变量用 $k(k < p)$ 个因子 f_1，f_2，f_3，$\cdots$，f_p 的线性组合表示，即有：

$$\begin{cases} x_1 = a_{11}f_1 + a_{12}f_2 + a_{13}f_3 + \cdots + a_{1k}f_k + \varepsilon_1 \\ x_2 = a_{21}f_1 + a_{22}f_2 + a_{23}f_3 + \cdots + a_{2k}f_k + \varepsilon_2 \\ \qquad\qquad\qquad \cdots \\ x_p = a_{p1}f_1 + a_{p2}f_2 + a_{p3}f_3 + \cdots + a_{pk}f_k + \varepsilon_p \end{cases} \qquad (4-1)$$

式（4-1）为因子分析数学模型，用矩阵表示为 $X = AF + \varepsilon$，其中 F 为公因子，A 为因子载荷矩阵，a_{ij} 表示第 i 个原有变量在第 j 个因子上的负荷，反映变量 x_i 与因子 f_j 的相关程度，其值越接近 1，表明该因子与变量的相关性越强。

采用主成分分析和方差最大法进行因子旋转，根据因子载荷情况，剔除在所有公因子上的负荷均小于 0.5 的变量，依据特征根大于 1 和公因子累积方差贡献率确定公因子个数，且公因子得分为：

$$\begin{cases} f_1 = b_{11}x_1 + b_{12}x_2 + b_{13}x_3 + \cdots + b_{1p}x_p + \varepsilon_1 \\ f_2 = b_{21}x_1 + b_{22}x_2 + b_{23}x_3 + \cdots + b_{2p}x_p + \varepsilon_2 \\ \qquad\qquad\qquad \cdots \\ f_m = b_{m1}x_1 + b_{m2}x_2 + b_{m3}x_3 + \cdots + b_{mp}x_p + \varepsilon_3 \end{cases} \qquad (4-2)$$

公共因子 F 对 X 的总贡献为：

$$S_j^2 = \sum_{i=1}^{p} a_{ij}^2 \qquad (4-3)$$

因子 f_j 的方差贡献 S_j^2 是因子载荷阵 A 中第 j 列元素的平方和，反映了因子对原有变量总方差的解释能力，该值越高说明相应因子的重要性越高。m 表示公共因子的个数。

以各公因子方差贡献率占累积方差贡献率的比重为各因子得分所对应的权重，对农民金融素养综合水平进行评价，即：

$$FL = (S_1^2 f_1 + S_2^2 f_2 + \cdots + S_m^2 f_m)/(S_1^2 + S_2^2 + \cdots S_m^2)(4-4)$$

（4-4）式中，FL 表示农民金融素养水平，f_1，f_2，$\cdots$，f_m 表示因子分析提取的 m 个公共因子。

本研究按照特征根大于 1 的原则，提取公共因子 11 个，累积方差贡献率为 78.79%。因子分别命名为通胀知识、存款知识、贷款知识、信用知识、风险知识、金融工具使用能力、金融资源获取能力、金融规划能力、投资理财意识、金融风险意识、金融安全意识。将各因子得分进行加权求和计算金融素养总体水平、金融知识水平、金融能力水平、金融意识水平，并以各因子方差贡献率占总方差贡献率的比重作为各因子得分的权重。

2. 金融素养测度指标体系的信度和效度检验

为保证上述测量题项的有效性和可靠性，本书对测量题项进行信度和效度检验。检验结果如表 4-5 所示。因子分析结果中，25 个测量题项的样本充足性检验 KMO 值为 0.751，表明测量题项间具有较好的相关性。同时，Bartlett 球形度检验统计量的显著性 P 值为 0.00，说明因子分析结果有效。克朗巴哈系数（Cronbach's α，简称 α 系数①）常用于信度分析，本量表 25 个测量题项的 α 系数为 0.800，除金融意识外（α 系数为 0.652），金融知识、金融能力及其各维度测量题项的 α 系数均高于 0.7，表明变量的测量信度较好。此外，本量表各测量题项的因子载荷值均大于 0.5，表明变量的测量收

---

① α 系数越接近于 1，表明测度量表指标构建的可信度越高。当 α 系数大于 0.9 时，认为其内部一致性较理想；当 α 系数在 0.7~0.8 之间时，认为其内部一致性良好；当 α 系数在 0.5~0.7 之间则认为一致性一般；当 α 系数在 0.3~0.5 之间则认为一致性可接受；当 α 系数小于 0.3 时，认为其内部一致性较低。

敛效度较好。

(二) 农民金融素养水平的特征分析

建立在前述农民金融素养指标体系构建及合理性验证基础上,本书进一步对农民金融素养总体及分维度水平进行描述性统计分析,并开展分省份比较分析,以揭示样本群体的金融素养特征,描述性统计结果如表4-6所示。

1. 农民金融素养的整体水平及分维度水平均偏低

鉴于因子得分反映的是相对量,难以通过对得分数值的直接比较实现绝对水平的分析,本书将金融素养因子得分及各维度因子得分进行标准化处理,使最终数值均介于0~1。表4-6结果显示,全样本金融素养均值为0.536 8,即处于中间水平;标准差为0.265 9,即金融素养综合水平波动较大,个体间存在较明显差异。分维度看,农民金融知识、金融能力、金融意识的均值分别为0.513 4、0.492 4、0.611 4,均处于中间水平且个体间也呈现一定程度的差异性。本书同时采用主观评价法衡量样本主观金融素养水平,即在受访农民回答完前述客观测量题项后,进一步询问其对自身金融知识、金融能力、金融意识及综合金融素养水平的自我评价。统计结果显示,样本金融知识的自我评价为非常低、比较低、一般、比较高、非常高的比例分别为3.50%、22.10%、46.80%、25.30%和2.40%;样本金融能力的自我评价为非常低、比较低、一般、比较高、非常高的比例分别为6.10%、26.50%、47.70%、18.40%和1.40%;样本金融意识的自我评价为非常低、比较低、一般、比较高、非常高的比例分别为4.20%、25.20%、49.00%、20.40%和1.30%;样本综合金融素养的自我评价为非常低、比较低、一般、比较高、非常高的比例分别为4.10%、24.10%、50.90%、19.70%和1.20%。由此可见,农民主观金融素养水平及其分维度水平均较低。

此外,本书采用得分法重新评估个体金融素养总体水平及分维度水平。具体操作为:对每个金融知识测量题项回答正确赋分为1,否则赋分为0,对每个金融能力测量题项回答"会"或"有"赋分为1,否则赋分为0,对每个金融意识测量题项反映"意识较强"或"意识很强"的赋分为1,否则赋分为0。由此,金融知识、金融能力、金融意识得分区间分别为[0,5][0,8][0,7],以等权重进行加总,金融素养总得分区间为[0,20]。得

表4－6　样本金融素养总体及分维度描述性统计

样本	统计量	标准化（0~1）				得分法			
		金融素养	金融知识	金融能力	金融意识	金融素养	金融知识	金融能力	金融意识
全样本 （n=1 947）	均值	0.536 8	0.513 4	0.492 4	0.611 4	10.366 2	2.685 5	4.532 2	3.149 5
	标准差	0.265 9	0.173 9	0.226 3	0.159 0	3.683 4	1.305 6	2.285 2	1.190 8
	最小值	0	0	0	1	0	0	0	0
	最大值	1	1	1	1	20	5	8	7
陕西 （n=619）	均值	0.568 6	0.552 6	0.510 9	0.586 5	10.601 0	2.907 9	4.730 2	2.962 8
	标准差	0.264 8	0.155 0	0.230 0	0.160 0	3.632 5	1.212 0	2.321 3	1.247 8
	最小值	0.039 8	0.030 1	0.049 2	0.000 0	1	0	0	0
	最大值	0.992 3	0.902 0	0.955 7	0.983 0	19	5	8	7
宁夏 （n=706）	均值	0.548 9	0.509 6	0.489 2	0.644 6	10.589 5	2.706 8	4.586 7	3.296 0
	标准差	0.252 7	0.157 3	0.223 9	0.156 0	3.423 4	1.190 0	2.213 9	1.133 1
	最小值	0.032 7	0.064 9	0.037 6	0.081 7	2	0	0	0
	最大值	1.000 0	0.950 3	0.983 5	1.000 0	20	5	8	7
山东 （n=622）	均值	0.491 1	0.478 7	0.477 5	0.598 3	9.879 2	2.439 6	4.273 3	3.168 8
	标准差	0.275 6	0.200 1	0.224 4	0.155 2	3.956 6	1.470 7	2.302 3	1.173 6
	最小值	0.000 0	0.000 0	0.000 0	0.067 2	0	0	0	0
	最大值	0.985 7	1.000 0	1.000 0	0.990 6	18	5	8	7
均值比较	陕西与山东	0.077 5***	0.073 9***	0.033 4***	−0.011 8	0.721 7***	0.468 2***	0.456 0***	−0.206 2***
	宁夏与山东	0.057 8***	0.030 9***	0.011 7	0.046 3***	0.710 3***	0.267 2***	0.443 4***	0.127 2***
	陕西与宁夏	0.019 7	0.043 0***	0.021 7*	−0.058 1***	0.011 5	0.201 1***	0.143 5**	−0.333 2***

注：均值比较采取的是独立样本 T 检验。*、**、***分别表示在 10%、5%和 1%的统计水平上显著。

分法估计结果显示，样本金融素养均值为10.366 2，标准差为3.683 4，进一步佐证了我国农民金融素养水平偏低且个体差异较大的论断。分维度看，金融知识、金融能力、金融意识的均值分别为2.685 5、4.532 2、3.149 5，均接近相应得分区间的中间水平。统计结果显示，采用得分法测算的金融素养综合水平、分维度水平及所呈现的主要特征与因子分析法测算结果具有较好的一致性。对样本金融素养、金融知识、金融能力、金融意识的分布特征进行统计刻画，结果显示偏度与峰度系数均小于1，表明样本金融素养综合水平及分维度水平均近似正态分布，分别如图 4 - 3（a）、图 4 - 3（b）、图 4 - 3（c）、图 4 - 3（d）所示。

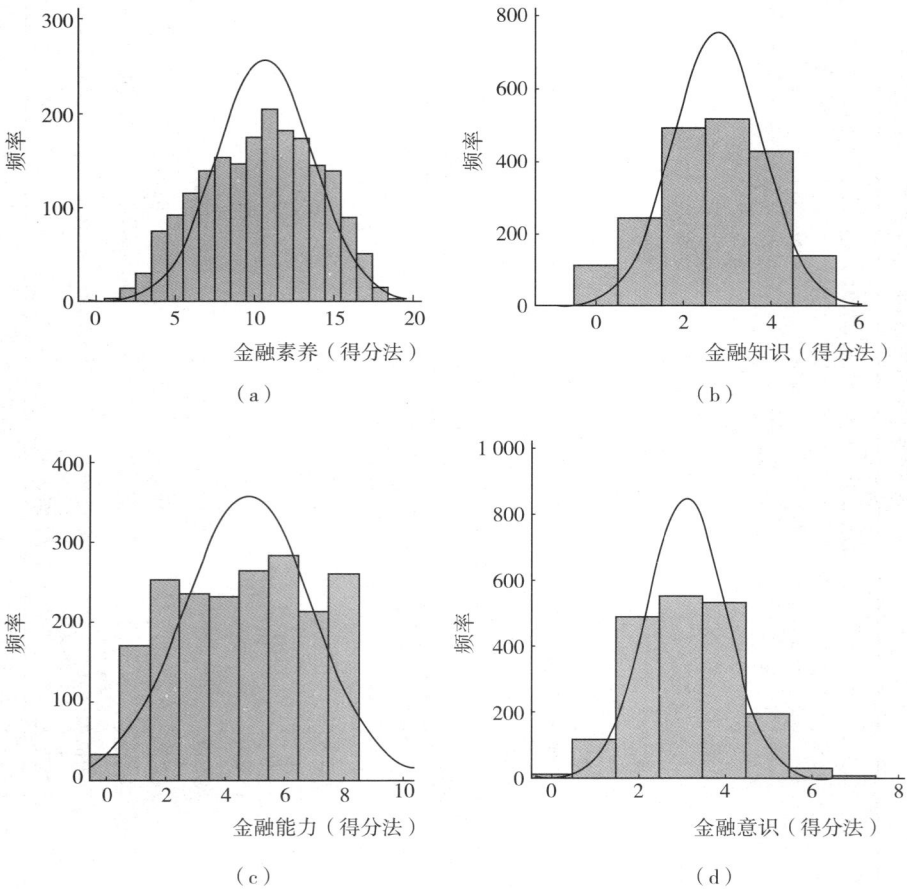

（a）

（b）

（c）

（d）

图 4 - 3 样本金融素养及分维度分布情况

2. 农民金融素养水平的区域性差异较明显

表4-6报告了分省份农民金融素养整体及分维度水平。分省份看，陕西和宁夏样本金融素养平均水平高于总体样本均值，且陕西样本金融素养均值最大，而山东样本金融素养平均水平略低于总样本。陕西与山东、宁夏与山东样本金融素养平均水平存在显著差异（均在1%的水平上正向显著），但陕西与宁夏样本金融素养平均水平不存在显著差异（均值差异不显著）。从样本个体差异看，山东样本间金融素养水平波动最大（标准差为0.275 6），然后依次是陕西样本（标准差为0.264 8）和宁夏样本（标准差为0.252 7）。分维度方面，分省份样本与总体样本比较可知，陕西省样本的金融知识和金融能力水平略高于全样本平均水平，而金融意识水平略低于全样本均值；宁夏样本的金融知识和金融能力水平略低于全样本均值，但金融意识水平略高于全样本均值；山东样本的金融知识、金融能力和金融意识平均水平均低于全样本均值。分省份样本之间的比较可知，陕西与山东、宁夏与山东、陕西与宁夏之间样本金融知识水平均在1%的统计水平上存在显著差异；但样本间金融能力的差异存在于陕西与山东、陕西与宁夏之间（分别在1%和10%的统计水平上显著），样本间金融意识的差异存在于宁夏与山东、陕西与宁夏之间（均在1%的统计水平上显著）。从不同区域样本个体差异看，整体上各省份样本金融知识、金融能力、金融意识水平的波动与全样本的波动特征基本一致，即个体间金融能力水平的波动幅度大于金融知识水平和金融意识水平的波动幅度。农民金融素养整体水平及分维度水平的区域性差异表明结合地区实际针对性加强农民金融素养教育、弥补农民金融素养短板具有必要性和迫切性。

3. 农民金融素养积累所依赖的金融教育体系发展滞后

农民金融素养积累既依赖于学校、政府、金融机构等主体提供金融教育和培训，也依赖于个体对金融知识的自主学习和应用。鉴于金融教育对农民金融素养的累积发挥重要作用，且学历教育和非学历教育是农民接受金融教育的两种主要形式，本书通过询问受访者"您是否接受过学校的经济金融类课程的学习？""您是否接受过除学校教育外的经济金融知识宣传、培训？"分别衡量样本通过学历教育和非学历教育获取金融知识情况，结果如表4-7所示。统计分析显示，全样本中，5.60%的受访者表示在学历教育阶段接受过来自学校的金融知识教育，13.70％的受访者表示接受过除学校教育外的金融知识宣传教育；分样本看，陕西、宁夏、山东三省样本接受过学校金融知识教育的比例分别为 8.20％、6.10％、2.60％，接受过学校外金融知识宣传教育的比例分别为 20.80％、12.20％和 8.40％，陕西样本在学历教育阶段和非学历教育阶段接受过金融知识教育的比例均依次高于宁夏样本和山东样本。

表 4 - 7　样本接受金融知识教育和自主学习金融知识情况

样本	接受金融知识教育		自主学习金融知识				
	学历教育	非学历教育	非常不积极	比较不积极	一般	比较积极	非常积极
全样本(n=1 947)	5.60	13.70	15.30	37.50	10.50	27.00	9.70
陕西(n=619)	8.20	20.80	16.50	37.20	10.20	26.50	9.70
宁夏(n=706)	6.10	12.20	13.60	32.60	8.90	30.60	14.30
山东(n=622)	2.60	8.40	15.90	43.40	12.70	23.50	4.50

注：上述数值单位均为％。

此外，考虑到农民金融素养水平的形成还与个体学习金融知识、利用金融信息的积极性和能动性密切相关，本书进一步询问受访者"您平时是否主动关注或学习有关投资理财、保险、贷款等经济金融信息？"以衡量样本学习金融知识、提高金融素养的主动性。样本自主学习金融知识情况如表4 - 7所示。统计分析显示，全样本中自主学习金融知识的表现为非常不积极、比较不积极、一般、比较积极和非常积极的比例分别为 15.30％、37.50％、10.50％、27.00％和 9.70％。分省份看，陕西、宁夏、山东三省农民自主学习金融知识的主动性均偏低，且宁夏样本自主学习金融知识的积极性依次高于陕西和山东样本。综上分析可见，现阶段我国面向农村居民开展的金融教育体系仍比较滞后，农民通过学历教育和非学历教育获取的金融知识仍十分有限；且我国农民自主学习金融知识、了解金融讯息的积极性有待提高。

三、农民农地产权交易特征分析

（一）农民农地流转交易的特征分析

农地流转是当前农民参与农地产权交易的主要表现形式。本书样本均来源于农地抵押贷款试点地区,这些地区整体上土地流转政策宣传较多、土地流转活动较为活跃、土地流转交易制度较为健全。但我国农地流转市场的体制机制尚不完善,农地流转中介服务体系发展较为滞后,农民农地流转交易从依赖人情关系转向依赖理性计算、农地流转的市场化机制形成仍需要较长时期的积累。全样本及分省份样本 2012—2017 年农地流转参与情况如表 4-8 所示。

1. 农民农地流转交易的参与率不断提高且农地规模化流转成为趋势

调查问卷记录了受访样本 2017 年农地转入和转出情况,同时通过追溯法询问其 2016 年、2012 年农地流转参与情况,以期反映农民近 6 年农地流转参与的动态变化,详细统计结果如表 4-8 所示。从农地转入交易来看,全体样本农户 2012 年、2016 年、2017 年农地转入参与率分别为 15%、25%和 28%,相应的农地转入规模均值分别为 14.279 1 亩、25.365 7 亩、27.597 7 亩,表明近 6 年来,农民农地转入交易参与率和参与程度呈明显上升趋势。从农地转出交易来看,全体样本农户 2012 年、2016 年、2017 年农地转出参与率分别为 13%、19%和 21%,相应的农地转出面积均值分别为 0.824 9 亩、1.114 9 亩、1.175 9 亩,表明近 6 年来,农民农地转出交易参与率和参与程度均呈明显上升趋势,但农民农地转出规模均值水平仍然较低,这与家庭联产承包责任制下户均承包地面积有限有关。

2. 农民农地流转交易参与存在明显的区域性差异

分省份看,农地转入交易方面,近 6 年来山东省农户农地转入参与率(22%~38%)最高,其次是陕西省(14%~27%),农地转入参与率最低是宁夏回族自治区(11%~20%);但农户农地转入规模平均水平最高的是陕西省,然后依次是山东省和宁夏回族自治区。从分省份比较的差异性看,2012—2017 年陕西和宁夏样本农地转入交易参与率在 1%的统计水平上显著低于山东省样本的农地转入交易参与率;且相较于山东,陕西和宁夏样本的农地转入交易规模与山东省样本的农地转入交易规模不存在显著差异。2016 年和 2017 年,陕西样本农地转入交易参与率和参与规模均显著高于宁夏样本。农地转出交易方面,近 6 年来陕西省样本农地转出参与率(15%~24%)最高,然后依次是山东(14%~22%)和宁夏(13%~19%);但宁夏回族自治区样本平均农地转出规模最大,然后依次是山东省

表4-8 全样本及分省份样本农地流转参与情况

样本	统计量	农地转入交易			农地转出交易		
		2017	2016	2012	2017	2016	2012
全样本 ($n=1\,947$)	有无流转均值	0.280 0	0.250 0	0.150 0	0.210 0	0.190 0	0.130 0
	流转面积均值（亩）	27.597 7	25.365 7	14.279 1	1.175 9	1.114 9	0.824 9
陕西 ($n=619$)	有无流转均值	0.270 0	0.250 0	0.140 0	0.240 0	0.200 0	0.150 0
	流转面积均值（亩）	41.468 2	39.507 3	12.636 1	0.854 4	0.730 0	0.407 1
宁夏 ($n=706$)	有无流转均值	0.200 0	0.170 0	0.110 0	0.190 0	0.180 0	0.130 0
	流转面积均值（亩）	19.964 0	17.002 1	11.985 0	1.681 8	1.719 1	1.346 5
山东 ($n=622$)	有无流转均值	0.380 0	0.330 0	0.220 0	0.220 0	0.190 0	0.140 0
	流转面积均值（亩）	22.458 7	20.663 0	18.449 2	0.921 6	0.799 6	0.641 3
均值比较	陕西与山东	−0.110 0***	−0.080 0***	−0.080 0***	0.020 0	−0.067 2	−0.010 0
		19.009 5	18.844 3	−5.813 1	−0.069 6	−0.030 0	−0.234 2**
	宁夏与山东	−0.180 0***	−0.160 0***	−0.110 0***	−0.030 0	0.760 2	−0.010 0
		−2.494 7	−3.660 9	−6.464 2	0.919 5*	−0.020 0	0.705 2
	陕西与宁夏	0.070 0***	0.080 0***	0.030 0	0.050 0**	−0.827 4*	0.020 0
		21.504 2***	22.505 2***	−0.651 1	−0.989 1**	−0.010 0	−0.939 4*

注：均值比较采取的是独立样本T检验。第一行表示有无流转的均值比较，第二行表示流转面积均值值的比较；*，**，***，****分别表示在10%，5%和1%的统计水平上显著。

和陕西省。从分省份比较的差异性看，2012—2017 年陕西和宁夏样本农地转入交易参与率与山东省样本的农地转出交易参与率不存在显著的差异；但 2017 年相较于山东，宁夏样本的农地转出交易规模在 10% 的统计水平上显著高于山东省的农地转出交易规模。2017 年陕西样本的农地转入交易参与率显著高于宁夏样本，但农地转出规模显著低于宁夏样本。

3. 农民农地流转交易的外部环境不断优化但市场化程度有待进一步提高

近些年国家对农地适度规模经营的政策引导不断加强、农村产权交易体系逐步完善、农地流转中介服务组织快速发展、农地确权颁证工作全面推进，均在较大程度上促进农民农地流转交易参与。全样本统计显示，近 60% 的受访村庄所在乡镇有土地流转服务平台等组织，近 61% 的样本村庄开展较为频繁的土地流转政策宣传，80% 的受访农户已经完成农地确权颁证。此外，政府推动的农地流转占比 28%，合作社等中介组织推动的农地流转占比 5%；样本选择流转对象时主要考虑人情关系、流转价格、两者结合的比例分别为 21.0%、31.3%、33.1%。上述统计表明，样本区域的农地流转具有较好的政策环境条件，但农地流转的市场化程度仍有待进一步提高，农地流转中介服务体系的发展较为滞后。

（二）农民农地抵押融资交易的特征分析

我国农地抵押贷款试点起步较晚，各试点地区进度不统一，农地抵押业务供给和需求存在区域差异，金融机构参与业务供给积极性和农民参与农地抵押融资申请的积极性存在个体与区域差异。整体上我国农地抵押融资试点形成两类典型模式，即政府主导型模式和市场主导型模式。前者是自上而下的模式，即地方政府联合当地金融部门，贯彻落实国家和地方政府出台的有关农地抵押贷款的工作规范，积极推动、科学引导和有效监督农地抵押贷款试点各项工作，该模式对农地产权市场发育不成熟的农村地区较为适用。后者是自下而上的模式，以村级组织为依托成立土地承包经营权抵押贷款协会，农民以土地承包经营权入股的方式获取会员资格，与协会内部其他成员通过多户联保、与担保人及协会签订土地承包经营权抵押协议，获取协会总担保或反担保，最终实现从农村信用社申请和获批农地抵押贷款的运行模式。本书样本区域中，同心模式是市场主导型农地抵押贷款模式的典型代表，其他试点县（市、区）多为政府主导型农地抵押贷款模式，尤以平罗模式最为突出。尽管各试点地区农地抵押贷款业务取得一定程度的发展，但普遍存在金融机构农地抵押贷款供给积极性偏低、农民农地抵押融资参与率不高且获批农地抵押融资额度较为有限等问题。本书从农民农地抵押融资需求和参与（申请与获批）两个方面阐述农民农地抵押融资交易特征。

1. 农地抵押融资交易成为有投资资金需求农民的重要融资选择

鉴于调查期间内农地抵押贷款仍处在试点和逐步推广阶段，部分样本面临因农地尚未确权颁证、无银行愿意受理此项业务等产生的农地抵押贷款供给约束，且样本是否为试点地区与其有无农地抵押贷款供给约束并不完全一致，因而本书根据农地抵押供给约束情况对样本进行分类，以更准确分析不同类型农民当前农地抵押贷款需求及潜在农地抵押贷款需求。通过询问受访者"您家当前有无投资资金需求？"对样本投资资金需求状况进行直接识别，通过询问受访者"您家农地能否用来抵押贷款？"将样本划分为无抵押贷款供给约束和有抵押贷款供给约束样本，对于无抵押贷款供给约束样本进一步询问其当前农地抵押贷款需求，对于存在农地抵押贷款供给约束样本，继续询问当抵押贷款供给约束消除时其农地抵押贷款需求，进而将两类样本的农地抵押贷款需求情况进行合并整理。样本农地抵押贷款需求的统计结果（表4-9）显示，全样本中当前有投资资金需求的样本占比为40.10%，有投资资金需求的样本（778个）中，存在农地抵押贷款需求的比例为76.61%，占全样本的比例为30.72%；对于当前没有明确投资资金需求的样本（1 162个），假设家庭存在资金需求的情境下，将有36.32%的无投资资金需求样本产生农地抵押贷款需求。统计结果表明农民群体中存在较大的潜在农地抵押融资需求，激发农民潜在投资资金需求有助于在一定程度上刺激农民潜在农地抵押贷款需求的增长。

表4-9 样本农地抵押贷款需求分析

样本	投资资金需求	抵押贷款需求	全样本	无抵押供给约束	有抵押供给约束
全样本 （$n=1\,940$， 缺失样本7个）	有	有	596（30.72）	476（24.53）	120（6.19）
		无	182（9.38）	139（7.16）	43（2.22）
	无	有	422（21.75）	229（11.80）	193（9.95）
		无	740（38.15）	381（19.64）	359（18.51）

（续）

样本	投资资金需求	抵押贷款需求	全样本	无抵押供给约束	有抵押供给约束
陕西 （n=616， 缺失样本3个）	有	有	177 (28.73)	128 (20.78)	49 (7.95)
		无	82 (13.31)	68 (11.04)	14 (2.27)
	无	有	108 (17.53)	42 (6.82)	66 (10.71)
		无	249 (40.42)	145 (23.54)	104 (16.88)
宁夏 （n=702， 缺失样本4个）	有	有	316 (45.02)	282 (40.17)	34 (4.84)
		无	59 (8.40)	45 (6.41)	14 (1.99)
	无	有	180 (25.64)	146 (20.80)	34 (4.84)
		无	147 (20.94)	100 (14.25)	47 (6.70)
山东 （n=622）	有	有	103 (16.56)	66 (10.61)	37 (5.95)
		无	41 (6.59)	26 (4.18)	15 (2.41)
	无	有	134 (21.54)	41 (6.59)	93 (14.95)
		无	344 (55.31)	136 (21.86)	208 (33.44)

注：括号外数值为样本数，单位为个；括号内为该类样本占调研全样本或所在省区全样本的比例，单位为％。

从不同农地抵押供给约束条件来看，存在投资资金需求和农地抵押贷款需求样本中，无抵押供给约束样本占比79.87％（即476/596），而有抵押供给约束样本占比20.13％。此外，对于当前没有明确投资资金需求的样本（1 162个），假设家庭存在资金需求的情境下，无抵押供给约束样本的潜在农地抵押贷款需求增加11.80％，同时，有抵押供给约束样本的潜在农地抵押贷款需求增加9.95％。上述统计结果表明，有抵押供给约束的样本群体存在一定比例的农地抵押贷款需求，且激发农民潜在投资资金需求不仅有助于刺激无抵押供给约束样本农地抵押贷款需求的增长，而且有助于推动有抵押供给约束样本农地抵押贷款需求的增加。进一步推论可知，农地抵押贷款已成为农地金融改革试点地区有投资资金需求和潜在投资资金需求农民的重要融资选择；放松农地抵押贷款供给约束有助于在一定程度上促进农民潜在农地抵押贷款需求的增长。

分省份看，对于当前有投资资金需求的样本，陕西、宁夏、山东农民存在农地抵押贷款需求的比例分别为所在省样本的28.73％、45.02％、16.56％；对于当前无投资资金需求，但假设家庭存在资金需求的情境下，陕西、宁夏、山东样本农地抵押贷款需求增加比例分别为所在省样本的17.53％、25.64％、21.54％。总体上，宁夏样本农民表现出更高比例的当前农地抵押贷款需求及潜在农地抵押贷款需求，而陕西样本当前农地抵押款需求高于山东样本，但潜在农地抵押贷款需求水平低于山东样本。陕西、宁夏、山东无抵押供给约束样本占比分别为62.18％、81.62％、43.24％，表明宁夏农地抵押融资改革整体覆盖面更广，农地确权颁证、产权流转交易平台、金融机构业务供给等方面的工作推进更为深入，试点基础更为扎实。从农地抵押供给约束的影响来看，进一步佐证了前述研究推论，即放松农地抵押贷款供给约束不仅有助于当前有投资资金需求农民农地抵押融资需求的增加，而且长期来看，有助于潜在资金需求者农地抵押贷款需求的增长。

2. 农民农地抵押融资参与比例不高且获贷额度有限

农地抵押贷款申请和获批构成农民农地抵押贷款参与的两个重要环节。图4-4显示了全样本农地抵押贷款申请及获批情况。样本中2015—2017年申请过农地抵押贷款的农户占比为25.30％，实际申请农地抵押贷款数额均值为22.12万元，申请农地抵押贷款总额为5万元及以下、高于5万元且不超过10.万元、10万元以上的比例分别为36.50％、38.10％和25.40％。参与过（申请且获得）农地抵押贷款的样本农户为474户，农地抵押贷款整体参与率为24.35％，获批农地抵押贷款总额均值为14.50万元，获批农地抵押贷款总额为5万元及以下、高于5万元且不超过10万元、10万元以上的

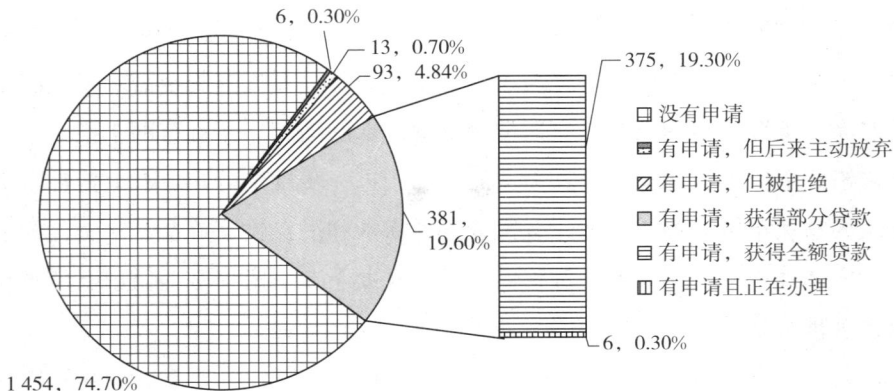

图4-4 样本农地抵押贷款申请及获批情况

比例分别为 44.14%、31.55% 和 24.31%，获批农地抵押贷款笔数均值为
1.32 笔。样本最近一次获批农地抵押贷款金额的统计结果显示，样本最近
一次获批农地抵押贷款数额的均值为 12.15 万元，且获批农地抵押贷款总额
为 5 万元及以下、高于 5 万元且不超过 10 万元、10 万元以上的比例分别为
49.24%、27.02% 和 23.74%。

四、农民创业决策特征分析

随着各级政府对农民创业支持政策的深入推进，农民创业的形式和内容
日渐丰富化。农民创业发生率得到提高，与此同时，农民创业层次和质量并
未得到较大程度的提高。受创业能力、资源等约束，农民创业仍面临较高的
风险性，创业可持续能力不强，创业失败现象多发，创业绩效提升的动力不
足，迫切需要关注农民创业的资源配置过程及效果，探究农民创业决策的优
化和长效增收。基于前文对创业决策范畴的界定，本书分别从创业基本决
策、创业劳动力配置决策、创业资产配置决策三个方面提炼农民创业决策
特征。

（一）农民创业基本决策的特征分析

农民创业发生率有待进一步提高且存在明显的区域和行业差异。表 4 - 10
报告了全样本及分省份样本的农民创业基本决策情况。全样本中，创业农
民、非创业农民占比分别为 42.70% 和 57.30%。因研究主题需要，本书仅
选取农地抵押贷款典型试点县区，同时考虑了部分国家级农民返乡创业试点
县和非试点县。近些年农地产权制度改革和"大众创业"战略在样本区深入
实施、相互促进，有效调动区域农民的创业尤其是涉农创业热情，样本创业
活跃度相对较高。分行业看，样本存在涉农创业、非农创业、多行业创业的
比例分别为全样本的 28.30%、16.60% 和 2.30%。分省份来看，调查样本
中陕西创业农民比例较高（50.90%），其后依次是宁夏（42.80%）和山东
（34.40%）。分行业看，所调查样本中，上述三省涉农创业农户比例均高于
非农创业农户的比例，各省样本多行业创业发生率均较低（2%左右）。分省
份分行业比较看，陕西样本创业、农业创业和非农创业的发生率均高于山东

省样本；宁夏样本创业、农业创业的发生率均高于山东省样本，但非农创业发生率在10％的统计水平上显著低于山东省样本；相较于宁夏，陕西样本创业尤其是非农创业发生率更高；此外，三个省份样本的多行业创业发生率均不存在显著差异。

表 4-10　样本农民创业发生率统计结果

样本	分类	创业	涉农创业	非农创业	多行业创业
全样本 （n=1 947）	是	831（42.70）	551（28.30）	324（16.60）	44（2.3）
	否	1 116（57.30）	1 396（71.70）	1 623（83.40）	1 903（97.7）
陕西 （n=619）	是	315（50.90）	187（30.20）	145（23.40）	17（2.70）
	否	304（49.10）	432（69.80）	474（76.60）	602（97.30）
宁夏 （n=706）	是	302（42.80）	231（32.70）	85（12.00）	14（2.00）
	否	404（57.20）	475（67.30）	621（88.00）	692（98.00）
山东 （n=622）	是	214（34.40）	133（21.40）	94（15.10）	13（2.10）
	否	408（65.60）	489（78.60）	528（84.90）	609（97.90）
均值比较	陕西与山东	0.17***	0.09***	0.08***	0.01
	宁夏与山东	0.09***	0.12***	−0.03*	0.00
	陕西与宁夏	0.08***	−0.03	0.11***	0.01

　　注：括号外数值为样本数，括号内为该类样本占调研全样本或所在省全样本的比例，单位为％；均值比较为创业发生率的比较，采取的是独立样本 T 检验；*、**、*** 分别表示在10％、5％和1％的统计水平上显著。

　　农民创业组织形式较为单一，且效益追求型创业仍然是现阶段农民创业的主要动机。统计显示，样本创业年限（调查年份与创业初始年份的差值）均值为 8.51 年，且 8 年内样本占比为 61.40％，90％的农民创业组织形式为个体。根据样本对问题"您当初创业最主要的动机是什么？"的回答对农民创业动机进行识别，依据农民创业动机的层次可以将农民创业划分为生存维持型（以解决温饱问题，解决看病、上学、结婚等急需为最主要动机）、效益追求型（以提高生活水平、增加收入为最主要动机）和价值实现型（以提高社会地位、实现个人理想抱负、带领乡亲致富、追求工作自由为最主要动机）。统计结果显示，样本中生存维持型、效益追求型、价值实现型创业的比例分别为10％、80.5％、9.5％。由此可见，追求收入增加和生活水平提高仍然是现阶段农民创业的主要动机。

（二）农民创业劳动力配置决策的特征分析

劳动力合理配置是农民创业决策的重要内容，涉及自家劳动力投入、长短期劳动力雇佣、生产环节外包、机械替代人工等决策环节。农民创业雇佣劳动力尤其是短期雇佣行为发生率较高，雇佣规模整体偏低，且就近雇佣劳动力比例较高。表 4-11 报告了全样本及分省样本的农民创业劳动力配置决策情况。创业全样本自家投入劳动力均值为 2 人；创业样本有短期雇佣劳动力行为的均值为 0.53，且短期雇佣劳动力数量均值为 10 人；创业样本有长期雇佣劳动力行为的均值为 0.28，且长期雇佣劳动力数量均值为 2 人。创业农民雇佣劳动力中，来源于本村的劳动力占比平均值为 56.45%；创业农民雇佣劳动力中来自贫困户的人数均值约为 3 人。此外，创业样本生产经营活动中有生产环节外包和雇佣机械替代人工的比例分别为 10.00% 和 40.00%。

表 4-11　样本农民创业劳动力配置情况统计结果

创业样本		自家投入劳动力（人）	有无雇佣劳动力	有无短期雇佣劳动力	短期雇佣数量（人）	有无长期雇佣劳动力	长期雇佣数量（人）	雇佣劳动力本村占比（%）	雇佣贫困户数量（人）	生产环节外包
全样本($n=831$)		2.00	0.61	0.53	9.7	0.28	2.28	56.45	3.08	0.10
陕西($n=315$)		2.03	0.70	0.59	12.58	0.38	3.18	63.37	4.87	0.11
宁夏($n=302$)		1.98	0.46	0.41	7.80	0.18	1.21	53.25	3.09	0.12
山东($n=214$)		2.00	0.69	0.62	8.11	0.25	2.42	50.27	1.47	0.05
均值比较	陕西与山东	0.03	0.01	-0.03	6.47**	0.14***	0.76	13.10**	3.40***	0.06**
	宁夏与山东	-0.02	-0.23***	-0.21***	-0.31	-0.07*	-1.21*	2.98	1.62**	0.07**
	陕西与宁夏	0.05	0.24***	0.18***	4.78**	0.20***	1.97*	10.12**	1.78**	-0.01

注：均值比较采取的是独立样本 T 检验；*、**、*** 分别表示在 10%、5% 和 1% 的统计水平上显著。

农民创业劳动力雇佣决策存在一定的区域性差异。分省份看，陕西和山东创业农民雇佣长短期劳动力发生率及绝对数量相对较高，而宁夏样本雇佣劳动力发生率及绝对数量相对较低。各省创业农民雇佣劳动力中均有一半以上来源于本村，且有少量来自于当地贫困户；此外，采用生产环节外包的比例均较低。相较于山东样本，陕西样本雇佣短期劳动力数量、参与长期雇佣决策发生率、雇佣劳动力来源于本村占比、雇佣劳动力来源于贫困户数量、生产环节外包决策概率更高；相较于山东样本，宁夏样本总体雇佣劳动力发生率、短期或长期雇佣劳动力发生率、长期雇佣劳动力数量显著较低，而雇佣劳动力来源于贫困户的数量和实施生产环节外包决策的概率均显著较高；陕西样本长短期雇佣劳动力发生率和雇佣劳动力数量、雇佣劳动力来源于本村和贫困户的数量均显著高于宁夏样本。上述比较分析表明，三个省份创业农民劳动力配置的差异综合体现在长短期雇佣劳动力决策、雇佣劳动力规模与来源结构、生产环节外包决策等方面。

（三）农民创业资产配置决策的特征分析

创业资产合理配置亦是农民创业决策的重要内容。创业资产配置决策的内容主要包括对生产性固定资产等非金融资产及金融资产的配置。表 4 – 12 报告了全样本及分省样本的创业资产配置决策情况。统计结果显示：①创业全样本中，生产性固定资产投资在农民创业投资中所占比重较大。样本创业农民创业项目初始投资均值为 26.71 万元，近三年生产性固定资产投资的均值为 21.34 万元，主要用于更新生产机械和设备，在农民创业总投资尤其是初始投资中占有较大比重。同时，创业农民关于存货、在产品或生物资产等存货资产年投资均值为 16.76 万元。②创业农民在保险参与和预防性储蓄方面的创业风险防范水平较低，同时持有的生产经营周转资金平均水平相对较高。样本创业农民购买创业相关保险的比例较低，鉴于农民生产经营活动内容具有多样性，而实际保险品种尤其是非涉农类保险品种供给较为有限，一定程度上减少了创业农民保险选择。创业样本预防性储蓄的均值仅为生产经营周转资金的 21%，表明创业农民为防范生产经营风险而配置的预防性储蓄资金比例较低。③正规借贷是农民获取创业融资的主要渠道。样本创业农民近三年与创业相关的正规借贷数额均值为 14.26 万元，而非正规借贷数额均值为 3.65 万元，表明限于非正规渠道融资的额度，正规渠道融资能更好满足创业农民融资需求，因而成为农民创业融资的主要渠道。此外，统计还显示，样本创业农民当前负债的平均水平为 11.54 万元，而这些负债主要源于近期的正规金融机构贷款。

表 4-12 样本农民创业资产配置情况统计结果

创业样本		初始投资额	生产性固定资产投资	年存货资产投资	预防性储蓄额	生产经营周转资金	创业相关保险购买	正规借贷	非正规借贷	当前创业负债
全样本($n=831$)		26.71	21.34	16.76	3.73	17.47	0.28	14.26	3.65	11.54
陕西($n=315$)		27.74	28.36	19.69	3.40	18.80	0.25	13.42	4.40	12.91
宁夏($n=302$)		22.12	12.72	16.51	3.01	18.96	0.43	16.68	3.79	11.81
山东($n=214$)		31.53	23.06	12.89	5.17	13.52	0.13	12.17	2.38	9.19
均值比较	陕西与山东	-3.79	5.30	6.80**	-1.77	5.28	0.12***	1.25	2.02**	3.72
	宁夏与山东	-9.41	-10.34**	3.62	-2.16**	5.44	0.30***	4.51	1.41	2.62
	陕西与宁夏	5.62	15.64***	3.18	0.39	-0.16	-0.18***	-3.26	0.61	1.10

注：表中除"创业相关保险购买"外统计单位均为"万元"；均值比较采取的是独立样本 T 检验；*、**、*** 分别表示在 10%、5% 和 1% 的统计水平上显著。

农民创业资产配置决策存在一定的区域性差异。从各省份间的比较看，陕西创业样本的年存货资产投资、创业相关的保险购买、非正规借贷数额平均水平均显著高于山东省创业样本；宁夏创业样本的生产性固定资产投资和预防性储蓄额平均水平显著低于山东省样本，但创业相关的保险购买参与率显著高于山东省样本；陕西创业农民样本生产性固定资产投资平均水平显著高于宁夏创业样本，但创业相关的保险购买率显著低于宁夏创业样本。上述统计分析表明三个省份创业农民资产配置决策的差异主要体现在生产性固定资产投资和创业相关的保险购买等方面，在年存货资产投资、预防性储蓄、非正规借贷水平等方面存在一定的差异性。

五、本章小结

本章系统梳理了我国农村金融教育开展情况、农地产权制度变迁历程与农民创业支持政策发展脉络，从宏观层面对农民金融素养水平、农地产权交易与创业实践进行整体考察。依据前文理论基础，从金融知识、金融能力、金融意识三个方面构建了农民金融素养衡量指标体系并进行合理性验证，从农地转出与转入交易两个方面表征农地流转交易，从农地抵押融资交易需求和参与（申请及获贷）两个方面表征农民农地抵押融资交易，从农民创业基本决策（是否创业、创业行业）、劳动力配置决策（长短期雇佣劳动力、生产环节外包情况等）、资产配置决策（生产性固定资产、年存货资产，预防性储蓄、周转现金、保险购买等）三个层面设计了农民创业决策现状的表征指标，评估和分析了农民金融素养水平，刻画了农地流转和抵押融资交易的主要特点，归纳了创业决策的典型特征，明确了农民创业决策优化方向和关键内外制约因素的现状，为下文实证检验提供基础。

本章统计分析表明。

①农民金融素养平均水平偏低且存在较明显的区域差异性和个体差异性，农民金融素养积累所依赖的金融教育体系发展滞后。全样本金融素养均值为 0.536 8，标准差为 0.265 9，即金融素养平均水平较低且个体间存在明显差异。分维度看，农民金融知识、金融能力、金融意识的均值分别为 0.513 4、0.492 4、0.611 4，均处于中间水平且个体间也呈现一定程度的差异性。陕西和宁夏样本金融素养平均水平高于山东样本，但陕西和宁夏样本之间无显著差异，金融素养不同维度水平也表现出一定的区域差异性。

②农民农地流转交易参与度持续提高但市场化程度较低，农地抵押融资交易成为有投资资金需求农民的重要融资选择，但参与比例不高且获贷额度有限。农地规模化流转（转入）成为重要趋势，农地流转交易的区域性差异明显，山东农民农地流转活跃度依次高于陕西和宁夏，但农地流转规模的差异主要体现在陕西和宁夏之间；农民农地流转的外部环境条件不断优化但市场化程度有待进一步提高，农地抵押融资潜在需求较大。

③农民创业发生率有待进一步提高且存在明显的区域和行业差异，创业雇佣劳动力尤其是短期雇佣行为发生率较高，但生产环节外包发生率和雇佣规模整体偏低，创业生产性固定资产投资所占比重较大，但保险参与和预防性储蓄方面的风险防范水平较低。三个省份农民创业劳动力配置的差异综合体现在长短期雇佣劳动力和生产环节外包决策等方面，创业资产配置的差异主要体现在生产性固定资产投资和保险购买等方面。

第五章　金融素养影响农民创业决策的实证分析

　　经济新常态下，谋求农民创业提档升级对提升农民自就业质量、优化农村经济结构、促进农民持续增收和推进乡村振兴战略实施具有重要战略意义。近年来，我国各级政府积极探索农民创业的金融支持政策、着力缓解农民创业的金融抑制，有效提升了金融支农效益、营造了良好的农民创业平台。然而，仅聚焦于创业环境的改善难以从根本上调动农民内在的能动性因素，还需加大重视农民创业能力的提高才能充分挖掘农民创业潜力，激发农民创业活力。鉴于农民创业实施是包含投资、融资及风险管理等决策的系统性过程，投资方案的合理规划、融资渠道的高效选择、风险规避措施的及时采用等决策环节，均对创业者的金融素养提出一定要求。因此，对农民创业的金融支持不应仅依靠简单的"拿来主义"，还须从转变农民观念入手，培育和提高其投资理财能力和风险防范意识，进而从整体上增强农民"自我造血"的意识和能力。然而，中国农村居民的金融素养水平整体偏低已是不争的事实，金融知识欠缺、风险责任意识薄弱、家庭支出缺乏计划性等问题突出（中国人民银行金融消费者权益保护局，2015），凸显了提升农民金融素养水平的迫切性。低水平的金融素养不仅在一定程度上抑制了农民创业融资需求及其合理表达，而且制约了现代金融技术在农民创业活动中的广泛应用。我国农民金融素养具有平均水平较低的基本特征，同时也呈现出明显的个体差异性。随着职业农民培训力度的加大和新型农业经营主体的蓬勃发展，相当一部分创业农民积极利用农业信贷、农业众筹、农业保险等金融手段投资兴业、开展产业化经营、合理规划家庭理财，表现出较高的金融素养水平。农民群体间金融素养水平的不同在一定程度上反映了个体间人力资本存量的差异，且金融素养水平高的农民预期在理性实施创业决策、合理配置创业劳动力和创业资产等方面拥有更多比较优势。因此，本章立足知识经济时代和农村经济转型发展背景，深入探究农民差异化的金融素养水平与创业基本决策、创业劳动力配置和创业资产配置决策的关系。

一、金融素养影响农民创业决策的研究假说

依据计划行为理论可知，行为意向是决定行为实施的直接因素，且个体行为态度、主观规范和知觉行为控制从不同层面对个体行为意向产生影响，其中，行为态度、知觉行为控制与个体内在因素相关，而主观规范受个体所处外部因素影响（Ajzen，1991）。创业意向是潜在创业者有关创业活动的主观态度的直观体现，可有效预测创业行为的发生概率。因而，农民创业行为受制于创业意向，且农民关于投资、融资及风险管理行为的态度、知觉行为控制和对外在环境中的支持、压力等方面的感知所形成的主观规范共同影响其创业意向。已有研究集中于探讨金融素养对投资、融资及风险管理行为的影响，揭示了金融素养对创业决策产生的直接或间接作用。一是金融素养影响创业投资方面，Hastings 和 Tejeda－Ashton（2008）研究发现，个体熟悉经济金融知识核心概念、掌握基本财务问题处理能力有助于其实施理性的投资决策；尹志超等（2014）研究进一步表明，金融知识直接影响居民金融市场参与和风险资产配置比例。二是金融素养影响创业融资方面，相关研究证实，金融知识的增加有助于优化家庭借款渠道选择、提升家庭正规信贷需求及可得性（周天芸和钟贻俊，2013；吴雨等，2016），金融意识越强的农民发生借贷尤其是正规借贷的概率越大（周天芸和钟贻俊，2013）。因此，金融素养对有效缓解金融约束的创业抑制效应发挥重要作用（马双和赵朋飞，2015）。三是金融素养影响创业风险管理方面，尹志超等（2015）研究指出，提高个体金融知识水平可显著增加其风险倾向性，提高风险偏好对创业活动的促进作用；另有研究证实，金融知识可通过促进家庭在合理规划财务、保持储蓄流动性、控制消费信贷等方面措施的采用以规避经济活动风险，也可通过影响个体保险购买行为实现经济风险最小化（Richard and John，2011；秦芳等，2016）。理论上，金融素养影响农民在投资、融资和风险管理层面的行为态度、主观规范和知觉行为控制，且农民在投资、融资

和风险管理层面的行为态度、主观规范和知觉行为控制直接作用于农民创业基本决策、创业劳动力配置决策和创业资产配置决策。基于此，本书依据计划行为理论，深入阐释金融素养对农民创业基本决策、创业劳动力配置和资产配置决策的影响机理，如图 5-1 所示。

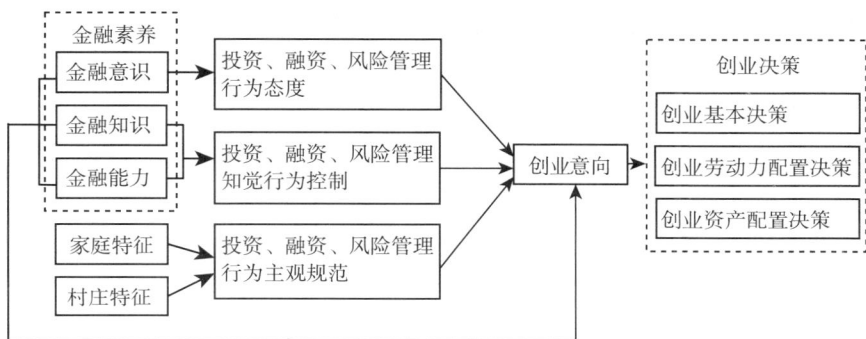

图 5-1　计划行为理论框架下金融素养影响农民创业决策的机理

（一）金融素养影响农民创业基本决策的研究假说

计划行为理论框架下金融素养可通过直接和间接作用机制对农民创业基本决策产生影响。具体表现为：一方面，农民是否创业是基于对创业和不创业两种就业选择的收益、成本及风险的直接衡量，同时，创业作为一种风险投资形式，直接反映个体配置风险资产与无风险资产比例结构的结果（马双和赵朋飞，2015）。金融素养直接作用于个体金融市场参与及对不同类型资产的配置决策，亦直接影响个体对创业与否的综合效用比较，因而对农民是否创业及行业选择产生直接影响。另一方面，如前文所述，金融素养增加可显著缓解家庭信贷约束、提升家庭正规信贷可得性（尹志超等，2015），金融素养水平高的农民具有更全面的信贷知识和更积极的融资意识，对金融市场了解较充分，且对自身金融市场参与能力持有较强信心，个体倾向于充分发挥自身优势，以较低的成本获取更多融资，以缓解资金约束引致的创业抑制效应。同时，风险规避意识强的个体对创业风险的感知较为敏锐，倾向于积极采取互助担保等金融合作形式、控制信贷规模、增加预防性储蓄等措施，防范创业风险，即金融素养间接影响农民创业基本决策。综上所述，以金融知识、金融能力和金融意识三个维度表征的金融素养可通过作用于农民创业投资、融资、风险管理行为的态度及知觉行为控制进而影响农民创业基本决策。鉴于此，本书提出以下假说：

H5-1：金融素养正向影响农民当前有无创业决策和非创业农民未来是否创业决策。

H5-1a：金融知识正向影响农民当前有无创业决策和非创业农民未来是否创业决策。

H5-1b：金融能力正向影响农民当前有无创业决策和非创业农民未来是否创业决策。

H5-1c：金融意识正向影响农民当前有无创业选择和非创业农民未来是否创业决策。

创业行业选择是农民创业基本决策的重要方面。农民对创业行业选择取决于其对不同行业创业的成本、收益和风险的综合衡量，同时也需兼顾自身的内外在条件，最终选择有利于发挥自身比较优势的行业实施创业。以互联网为依托的现代信息技术不断融入农民创业创新实践，使得农业行业创业的内容和形式得到极大拓展且日益丰富。不同行业的创业活动均不可避免会涉及投资、融资及风险管理等方面的决策行为，对农民财务规划能力、资产配置能力等方面的综合能力提出较高要求。因此，理论上金融素养与农民不同行业的创业实践均密切相关，金融素养对农民不同行业创业决策均发挥显著促进作用。基于此，本研究提出以下假说：

H5-2：金融素养对农民不同行业创业决策均产生正向影响。

H5-2a：金融素养对农民农业创业决策产生正向影响。

H5-2b：金融素养对农民非农创业决策产生正向影响。

H5-2c：金融素养对农民多行业创业决策产生正向影响。

（二）金融素养影响农民创业劳动力配置决策的研究假说

农民创业本身包含着自我雇佣行为，同时也可能存在雇佣其他劳动力行为。雇佣劳动力决策是创业决策的重要内容，对于实现家庭经济风险最小化和收益最大化发挥重要作用。鉴于创业规模扩大、业务量增长等生产经营的实际需要，创业农民除投入自家劳动力外，亦会适时采取短期或长期雇佣劳动力决策，实现部分生产或服务环节的外包，以保证所创事业有序运转。理论上，金融素养的不同反映个体间人力资本水平的差异，金融素养越高的创业者，越能精确计算是否雇工经营的成本、收益及风险，因而对支付合理工资以雇佣劳动力扩大投资越持理性态度。当雇佣劳动力有助于减少损失和机会成本，规避更多创业风险和增加更多创业收益时，金融素养水平越高的农民越有可能成为有雇佣劳动力的创业者。此外，如前文所述，金融素养提升对缓解农民信贷约束、提高农民正规信贷可得性具有显著影响。鉴于农民正规及非正规信贷资金的获取有助于为农民创业决策实施中的长短期劳动力雇佣、部分生产环节的外包等经济活动各环节提供必要的资金支持，金融素养可通过作用于创业农民信贷可得性进而促进农民创业劳动力配置结构的优化。由此，本研究提出以下假说：

H5-3：金融素养正向影响农民创业雇佣劳动力决策。

H5-3a：金融素养正向影响农民创业短期雇佣劳动力决策。

H5-3b：金融素养正向影响农民创业长期雇佣劳动力决策。

H5-3c：金融素养正向影响农民创业生产环节外包决策。

（三）金融素养影响农民创业资产配置决策的研究假说

创业资产的合理配置是农民创业实施阶段另一重要的决策环节。金融素养综合反映了个体高效配置自身资产以实现终生财务保障最大化的知识和能力。金融素养水平高的个体对生产性固定资产、存货（在产品/生物资产）等流动性资产的投资成本、可能的收益及潜在的风险均有较为准确的判断和认知，因而，金融素养直接影响创业农民在固定资产尤其是生产性固定资产和流动性资产间投资的比例结构。此外，金融资产配置是农民创业资产配置的重要内容，直接关系农民创业事业整体运行情况及后续发展可持续性。金融素养水平影响创业农民对近期及远期金融风险的感知能力、判断能力及防控能力，进而影响创业农民对周转现金的管理、对防范生产经营风险所做的预防性储蓄的管理、对创业相关的保险购买等方面的决策，金融素养水平越高，创业农民的资产配置能力越强，越有助于非金融资产与金融资产的合理配置，保障农民创业事业的有序运转，实现农民创业风险最小化。基于上述分析，本研究提出以下假说：

H5－4：金融素养正向影响农民创业资产配置决策。

H5－4a：金融素养正向影响农民创业生产性固定资产配置决策。

H5－4b：金融素养正向影响农民年存货资产配置决策。

H5－4c：金融素养正向影响农民创业预防性储蓄决策。

H5－4d：金融素养正向影响农民创业周转资金配置决策。

H5－4e：金融素养正向影响农民创业相关保险购买决策。

二、金融素养影响农民创业基本决策的实证分析

(一) 变量选取与描述性统计

1. 因变量：农民创业基本决策

包括有无创业、创业行业。依据前文对农民创业决策范畴的界定，本书将全体样本划分为创业样本、非创业样本；按照农民创业所涉及行业，将农民创业划分为涉农创业、非农创业、多行业创业（同时有涉农和非农创业）三类。此外，对于非创业样本，调查问卷进一步询问了其未来创业意向，以检验金融素养对非创业农民未来创业决策的可能影响。

2. 核心自变量：金融素养

如前文第四章第二节所述，本书从金融知识、金融能力、金融意识三个方面构建了包含 25 个测量题项的农民金融素养测度指标体系，并采用因子分析法提取了特征根大于 1 的公共因子 11 个，并以各因子方差贡献率占累积方差贡献率的比重为各因子得分的权重，计算金融知识水平、金融能力水平、金融意识水平及金融素养综合水平。

3. 控制变量

本书选取了受访者性别、年龄、受教育程度、婚姻状况、是否参加过技术培训、创业能力变量反映受访者个体特征，选取家庭劳动力数量、主要劳动力身体健康状况、有无亲友任职村干部或公务员、有无亲友供职于银行或信用社、经常联系微信好友数、房产价值反映受访者家庭特征，选取村庄在本乡镇富裕程度、村庄与最近金融机构网点的距离、乡镇正规金融机构数目、村庄创业氛围、区域非农就业机会反映村庄特征，并以山东省为参照组，引入区域虚拟变量，以控制区域固定效应。

上述各变量的定义、赋值及描述性统计如表 5-1 所示。

表 5-1 变量定义、赋值及描述性统计

变量	变量名称	变量取值说明	均值	标准差	最小值	最大值
创业基本决策	有无创业	否=0；是=1	0.43	0.49	0	1
	有无农业创业	否=0；是=1	0.28	0.45	0	1
	有无非农创业	否=0；是=1	0.17	0.37	0	1
	有无多行业创业	否=0；是=1	0.02	0.15	0	1
金融素养	金融素养	因子分析所得	4.60e-08	0.38	-0.76	0.66
	金融知识		1.34e-07	0.17	-0.50	0.48
	金融能力		-9.30e-08	0.31	-0.68	0.70
	金融意识		1.03e-08	0.12	-0.47	0.30
个体特征	性别	女=0；男=1	0.71	0.45	0	1
	年龄	实际调查值（岁）	47.58	10.61	20	78
	受教育程度	实际调查值（年）	7.67	3.72	0	25
	婚姻状况	未婚=0；已婚=1	0.98	0.15	0	1
	是否参加技术培训	否=0；是=1	0.39	0.49	0	1
	创业能力	因子分析所得	-8.86e-07	0.99	-3.14	1.37
家庭特征	家庭劳动力数量	实际调查值（人）	2.61	1.02	0	7
	主要劳动力身体健康状况	非常差=1；比较差=2；一般=3；比较好=4；非常好=5	3.79	0.93	1	5
	有无亲友任职村干部或公务员	无=0；有=1	0.46	0.50	0	1
	有无亲友供职于银行或信用社	无=0；有=1	0.12	0.33	0	1
	经常联系微信好友数	实际调查值（人）	28.25	59.74	0	500
	房产价值	实际调查值（万元）	19.02	26.18	0	200
村庄特征	村庄在本乡镇富裕程度	非常贫困=1；比较贫困=2；一般=3；比较富裕=4；非常富裕=5	3.58	0.93	1	5
	村庄到乡镇的距离	实际调查值（千米）	4.96	4.05	0	80
	乡镇正规金融机构数	实际调查值（个）	2.12	1.16	0	7
	村庄创业氛围	因子分析所得	8.68e-07	0.99	-2.88	1.58
	区域非农就业机会	非常少=1；比较少=2；一般=3；比较多=4；非常多=5	0.36	0.48	1	5

（续）

变量	变量名称	变量取值说明	均值	标准差	最小值	最大值
区域	是否陕西	否＝0；是＝1	0.32	0.47	0	1
	是否宁夏	否＝0；是＝1	0.36	0.48	0	1
	是否山东	否＝0；是＝1	0.32	0.46	0	1

注：①创业能力变量由 8 个测量题项因子分析提取 1 个公共因子所得，测量题项包括：不断追求进步的勇气、实现个人职业梦想的坚强意志、对所从事领域的远见和前瞻性、解决突发问题和事件的应变能力、不断学习和更新知识的进取心、事业发展规划能力、经营管理能力、市场变化适应能力和应对能力，各题项均采取 Liket 五分量表进行测量，因子分析结果显示，KMO 值为 0.911，累积方差贡献率为 78.59%。②村庄创业氛围变量由 5 个测量题项进行因子分析所得，测量题项包括：本地做生意的市场机会、市场信息获取便利度、市场销售渠道广泛性、创业农民数量多寡、成功创业农民受关注度，各题项均采取 Liket 五分量表进行测量，因子分析结果显示，KMO 值为 0.736，累积方差贡献率为 64.76%。

（二）计量模型构建

1. IV - Probit 模型

为考察金融素养对农民创业基本决策的影响，设定模型如下：

$$Prob(Y_{1i} = 1 \mid X_i) = Prob(a_1 FL_{ik} + b_1 X_i + \mu_{1i}) \quad (5-1)$$

（5-1）式中，Y_{1i} 为虚拟变量，$Y_{1i} = 1$ 表示农民当前有创业行为或某种类型的创业行为，否则 $Y_{1i} = 0$。FL_{ik} 表示第 i 个样本的金融素养总体水平及分维度水平（k 分别对应取值 0，1，2，3）；X_i 为控制变量；a_1、b_1 为估计系数；μ_{1i} 表示服从标准正态分布的随机误差项。上述模型可能因金融素养与创业决策之间的反向因果关系、遗漏变量或变量测量偏差等导致内生性问题。因此，本书选取"居住在同一村庄同等收入阶层，除受访者自身外的其他样本的金融素养均值"作为受访样本金融素养水平的工具变量①，采用工具变量法对上述模型进行估计。鉴于个体金融素养水平受同一村庄内部其他

---

① 工具变量计算如下：剔除村庄 z 收入阶层为 c 的第 i 个农民的同一村庄同等收入阶层其他受访者金融素养水平均值为 $[(\sum_{i=1}^{N_{zc}} FL_{zci}) - FL_{zci}]/(N_{zc} - 1)$，其中，$N_{zc}$ 表示村庄 z 收入阶层为 c 的样本数量，收入阶层 c 划分依据为将样本 2016—2017 年家庭年均毛收入等区间划分为低、中、高三个层次且分别对应 c 取值为 1，2，3.

人平均金融素养水平的影响，同时，受访个体的创业决策与其他人金融素养水平并不直接相关，理论上上述工具变量选取符合要求。同理，本书选取"居住在同一村庄同等收入阶层，除受访者自身外的其他样本的金融知识均值""居住在同一村庄同等收入阶层，除受访者自身外的其他样本的金融能力均值""居住在同一村庄同等收入阶层，除受访者自身外的其他样本的金融意识均值"分别作为受访者金融知识水平、金融能力水平、金融意识水平的工具变量。此外，鉴于估计系数难以实现直接比较，后文均输出估计的边际效应。

2. Ordered‐Probit 模型

对于非创业农民，鉴于未来创业决策（创业意向）变量为有序三分类水平（M 取值 1、2、3），本研究采用 Ordered‐Probit 模型探讨金融素养对非创业农民未来创业决策的影响，模型设定如下：

$$Prob(Y_{2i} = M \,|\, X_i) = Prob(a_2 FL_{ik} + b_2 X_i + \mu_{2i}) \quad (5-2)$$

（5‐2）式中，Y_{2i} 为虚拟变量，Y_{2i} 取值 1、2、3，分别表示"一定不创业""可能创业""一定创业"；X_i 为控制变量，如表 5‐2 所示。

（三）实证检验与结果分析

1. 金融素养对农民有无创业决策的影响估计与结果分析

金融素养对农民有无创业决策的影响估计结果如表 5‐2 第（1）和（2）列所示。由第（1）列回归结果可知，金融素养在 1% 的统计水平上显著正向影响农民当前有无创业决策。然而，第（1）列中模型可能存在内生性问题导致估计结果存在偏误。由第（2）列工具变量估计结果可知，一阶段估计的 F 值为 41.96，表明所选取工具变量非弱工具变量。此外，内生性检验（Durbin‐Wu‐Hausman 检验，简称"DWH 检验"）在 1% 的统计水平上拒绝金融素养不存在内生性的原假设，表明工具变量估计与基准模型估计结果明显不同，故而采用第（2）列回归结果进行解释。结果显示，金融素养在 1% 的水平上显著促进农民当前创业决策。这表明，农民在投资、理财、信贷、风险等方面的金融知识存量、金融能力与金融意识水平的差异对其当前有无创业决策产生综合性的显著促进作用。

表 5 - 2   金融素养对农民有无创业决策的影响回归结果

变量	有无创业			
	Probit	IV - Probit	Probit	IV - Probit
	(1)	(2)	(3)	(4)
金融素养	0.272 1***	0.870 8***		
	(0.036 0)	(0.084 3)		
金融知识			0.264 1***	0.824 9***
			(0.060 1)	(0.100 4)
金融能力			0.266 9***	0.749 5***
			(0.038 7)	(0.080 8)
金融意识			0.461 8***	0.464 7***
			(0.085 9)	(0.055 6)
性别	0.032 8	−0.028 1	0.032 1	−0.010 3
	(0.021 4)	(0.019 1)	(0.021 4)	(0.019 2)
年龄	0.031 5***	0.028 4***	0.030 5***	0.030 1***
	(0.007 0)	(0.005 2)	(0.007 0)	(0.005 4)
年龄平方	−0.036 0***	−0.021 1***	−0.034 8***	−0.024 7***
	(0.007 6)	(0.006 4)	(0.007 7)	(0.006 5)
受教育程度	0.000 6	0.015 3***	0.000 3	0.011 2***
	(0.003 2)	(0.003 4)	(0.003 2)	(0.003 3)
婚姻状况	0.072 5	−0.032 2	0.067 5	−0.023 4
	(0.066 1)	(0.051 5)	(0.066 5)	(0.053 6)
是否参加技术培训	0.058 9***	−0.015 5	0.057 3***	0.000 7
	(0.019 9)	(0.020 1)	(0.019 9)	(0.020 2)
创业能力	0.096 2***	0.001 8	0.092 9***	0.025 6*
	(0.011 3)	(0.019 0)	(0.011 5)	(0.013 3)
家庭劳动力数量	0.023 3**	0.019 8***	0.023 7**	0.021 5***
	(0.009 7)	(0.007 4)	(0.009 8)	(0.007 7)
主要劳动力身体健康状况	0.012 9	−0.007 7	0.012 6	−0.003 3
	(0.010 9)	(0.009 1)	(0.010 9)	(0.009 4)
有无亲友任职村干部或公务员	−0.018 2	0.041 3***	−0.019 7	0.034 2**
	(0.019 5)	(0.015 4)	(0.019 5)	(0.015 8)
有无亲友供职于银行或信用社	0.033 0	−0.036 4	0.036 6	−0.022 7
	(0.029 8)	(0.025 2)	(0.029 7)	(0.026 4)

（续）

变量	有无创业			
	Probit	IV – Probit	Probit	IV – Probit
	(1)	(2)	(3)	(4)
经常联系微信好友数	0.000 7***	0.000 4**	0.000 7***	0.000 4***
	(0.000 2)	(0.000 2)	(0.000 2)	(0.000 2)
房产价值	0.002 3***	0.000 9**	0.002 3***	0.001 2***
	(0.000 5)	(0.000 4)	(0.000 5)	(0.000 4)
村庄在本乡镇富裕程度	0.043 9***	0.024 3**	0.044 2***	0.028 0***
	(0.011 7)	(0.009 9)	(0.011 6)	(0.010 3)
村庄到乡镇距离	0.000 6	−0.000 6	0.000 5	−0.000 4
	(0.001 3)	(0.001 0)	(0.001 3)	(0.001 1)
乡镇正规金融机构数目	0.003 2	0.004 9	0.003 7	0.002 9
	(0.007 8)	(0.006 4)	(0.007 8)	(0.006 6)
村庄创业氛围	−0.012 2	0.001 0	−0.012 1	−0.001 4
	(0.011 3)	(0.009 0)	(0.011 2)	(0.009 3)
区域非农就业机会	−0.007 4	−0.013 0*	−0.007 4	−0.013 3*
	(0.009 9)	(0.007 7)	(0.009 8)	(0.008 0)
是否陕西	0.095 6***	0.001 0	0.099 5***	0.035 7
	(0.028 2)	(00 274)	(0.028 2)	(0.027 1)
是否宁夏	0.067 8***	−0.021 9	0.061 6**	0.005 8
	(0.024 1)	(0.024 1)	(0.024 5)	(0.023 1)
Waldχ^2	504.35***	1 373.51***	504.48***	1 034.32***
一阶段 F 值		41.96***		14.52***
DWH 内生性检验		19.57***		14.06***
Pseudo R^2	0.29		0.29	
样本量	1 947			

注：*、**、***分别表示在10%、5%和1%的统计水平上显著；表中报告的是估计的边际效应，括号内数值为标准误。

从控制变量的影响看，个体特征中，年龄与农民有无创业决策之间存在倒"U"形关系，即因职业选择机会、个人体能条件、干事创业热情等方面的差异，年龄较低和较高的农民选择创业的概率较低，而中年农民实施创业行为的概率较高。受教育程度在 1% 的统计水平上正向显著，受教育程度较高的农民更容易接触和吸收创业创新相关信息，能更好地整合运用现有资源积极跨越创业门槛。家庭特征中，家庭劳动力数量在 1% 的统计水平上正向显著，家庭有效的劳动力数量为农民创业提供必要的劳动力基础。有无亲友任职村干部或公务员在 1% 的统计水平上正向显著，亲友中有村干部或公务员的农民更易获取信息、劳动力、土地、信贷等方面的创业资源。经常联系微信好友数在 5% 的统计水平上正向显著，农民经常沟通联系的朋友圈范围越广，越有利于获取不同层面的创业信息，且更容易从朋友圈中获得各类创业资源的支持。房产价值在 5% 的统计水平上正向显著，房产价值在一定程度上反映家庭所处收入层次，房产价值越高的家庭潜在的创业投资和融资能力越强。村庄特征中，村庄在本乡镇富裕程度在 5% 的统计水平上正向显著，经济发展水平整体相对较高的村庄，农民经济活动越活跃，从事农业规模生产和工商业经营的倾向性越高。区域非农就业机会在 10% 的统计水平上负向显著，区域非农就业环境越好、农民非农就业机会越多，其选择创业的概率越低。此外，各省样本创业发生率不存在明显的区域性差异。

金融素养分维度对农民有无创业决策的影响回归结果如表 5-2 第（3）和（4）列所示。第（3）列基准模型估计结果显示，金融知识、金融能力和金融意识均在 1% 的统计水平上显著正向影响农民当前创业决策。然而，上述基准模型估计可能同样存在内生性问题导致估计结果存在偏差。第（4）列采用工具变量法的估计结果显示，一阶段估计的 F 值为 14.52，表明所选取工具变量非弱工具变量。此外，内生性检验在 1% 的统计水平上拒绝金融素养不存在内生性的原假设，表明工具变量估计与基准模型估计结果明显不同，因而采用第（4）列回归结果进行解释。结果显示，金融知识、金融能力、金融意识均在 1% 的水平上显著促进农民当前创业决策，且金融知识、金融能力、金融意识影响农民当前创业决策的边际效应分别为 0.824 9、0.749 5 和 0.464 7，即金融知识对农民当前创业决策的边际影响依次大于金融能力和金融意识的影响。这表明金融知识和金融能力主要从与家庭投资理财、资产配置、财务规划等决策有关的知识储备和技能储备两个方面作用于农民创业决策，而金融意识主要是在投资理财、资产配置等方面的意识和认知层面作用于农民创业决策，前两者对农民创业意向转化和创业行为实施产生更为直接的作用，且金融知识储备为农民金融能力的培养奠定坚实基础。控制变量的影响估计结果与第（2）列基本一致。

2. 金融素养对农民创业行业决策的影响估计与结果分析

金融素养对农民创业行业决策的影响回归结果如表 5-3 所示。由第（1）（3）（5）列工具变量估计结果可知，DWH 内生性检验分别在 1%、1% 和 5% 的统计水平上拒绝金融素养不存在内生性的原假设，表明工具变量估计与基准模型估计结果存在明显差异，故而采用工具变量回归结果进行解释。此外，一阶段估计的 F 值均为 41.96，表明所选取工具变量非弱工具变量。结果显示，金融素养对农民农业创业、非农创业、多行业创业的影响分别在 5%、1% 和 10% 的统计水平上正向显著，且边际效应分别为 0.440 9、0.896 8 和 0.284 2，表明无论农民在农业领域、非农领域抑或多行业同时创业，金融素养均发挥显著的积极作用，且金融素养对农民非农创业的边际影响大于其对农业创业和多行业创业的影响。综上，研究假说 H5-2a、H5-2b、H5-2c 得到证实。农民各领域的创业行为都离不开投资、融资与风险管理等活动，因而对农民投资理财、资产配置、财务规划等方面的知识、能力和意识均提出一定要求，且鉴于非农创业呈现出形式多样、经营复杂性、市场不确定性较高等特点，非农创业活动对农民整体金融素养的依赖性更强。

表 5-3 金融素养对农民创业行业决策的影响回归结果

变量	有无农业创业		有无非农创业		有无多行业创业	
	IV-Probit	IV-Probit	IV-Probit	IV-Probit	IV-Probit	IV-Probit
	（1）	（2）	（3）	（4）	（5）	（6）
金融素养	0.440 9**		0.896 8***		0.284 2*	
	(0.211 5)		(0.087 9)		(0.163 3)	
金融知识		1.429 6***		1.760 5***		1.473 4***
		(0.386 9)		(0.115 3)		(0.446 7)
金融能力		0.350 3***		0.437 6***		0.348 5***
		(0.061 0)		(0.030 9)		(0.076 5)
金融意识		0.652 1***		0.564 2***		0.486 7***
		(0.078 1)		(0.064 8)		(0.136 8)

（续）

变量	有无农业创业		有无非农创业		有无多行业创业	
	IV－Probit	IV－Probit	IV－Probit	IV－Probit	IV－Probit	IV－Probit
	(1)	(2)	(3)	(4)	(5)	(6)
性别	0.044 5	−0.003 3	0.075 1***	0.078 8***	−0.013 0	0.047 6*
	(0.029 3)	(0.037 5)	(0.017 1)	(0.015 6)	(0.018 5)	(0.027 7)
年龄	0.038 1***	0.028 5***	0.012 0**	0.007 1	0.006 2	0.008 1
	(0.006 9)	(0.009 2)	(0.007 0)	(0.004 7)	(0.005 9)	(0.006 5)
年龄平方	−0.036 9**	−0.025 9**	−0.003 9	−0.002 4	−0.004 6	−0.004 6
	(0.008 4)	(0.011 4)	(0.005 9)	(0.005 2)	(0.006 3)	(0.007 7)
受教育程度	−0.007 2	0.013 4***	0.012 0***	0.013 3***	0.003 2	0.011 9**
	(0.005 8)	(0.004 7)	(0.003 8)	(0.003 3)	(0.003 6)	(0.005 8)
婚姻状况	0.013 9	0.010 9	−0.076 1	−0.024 6	−0.044 4	−0.045 0
	(0.071 5)	(0.059 5)	(0.047 3)	(0.045 9)	(0.040 4)	(0.048 4)
是否参加技术培训	0.102 4***	0.050 6	0.117 2***	0.087 6***	−0.015 0	0.039 7*
	(0.032 5)	(0.047 1)	(0.015 7)	(0.017 9)	(0.017 5)	(0.023 3)
创业能力	0.057 9**	0.008 2	0.035 7**	0.046 0***	0.005 7	0.026 4
	(0.028 0)	(0.037 3)	(0.015 3)	(0.014 5)	(0.012 0)	(0.028 9)
家庭劳动力数量	0.012 3**	0.008 3	0.023 1**	0.008 0	0.011 7*	0.011 2
	(0.009 2)	(0.008 4)	(0.007 4)	(0.007 7)	(0.007 1)	(0.008 7)
主要劳动力身体健康状况	0.000 3	−0.006 3	0.013 1	−0.012 2	0.005 9	−0.013 8
	(0.012 1)	(0.010 8)	(0.009 2)	(0.008 4)	(0.008 7)	(0.010 8)
有无亲友任职村干部或公务员	0.039 0*	0.044 9***	−0.017 5	0.022 4	0.010 6	0.026 3
	(0.020 2)	(0.016 7)	(0.016 4)	(0.015 7)	(0.014 5)	(0.019 2)
有无亲友供职于银行或信用社	0.013 1	−0.027 6	0.055 2**	0.047 7**	0.022 8	0.048 9*
	(0.032 5)	(0.029 4)	(0.023 0)	(0.021 6)	(0.021 1)	(0.026 3)
经常联系微信好友数	0.000 1	0.000 1	0.000 2*	0.000 1	0.000 1	−0.000 1
	(0.000 1)	(0.000 2)	(0.000 1)	(0.000 2)	(0.000 1)	(0.000 1)
房产价值	0.000 1	0.000 1	−0.000 2	−0.000 2	0.000 1	−0.000 3
	(0.000 3)	(0.000 3)	(0.000 2)	(0.000 2)	(0.000 2)	(0.000 2)
村庄在本乡镇富裕程度	0.025 0**	0.018 6*	0.010 6	0.008 3	0.000 5	0.000 4
	(0.011 6)	(0.009 9)	(0.009 3)	(0.009 3)	(0.007 6)	(0.010 0)
村庄到乡镇距离	0.000 6	0.000 1	−0.001 2	−0.001 0	−0.000 5	−0.000 9
	(0.001 3)	(0.001 2)	(0.001 1)	(0.001 0)	(0.000 9)	(0.001 1)

（续）

变量	有无农业创业		有无非农创业		有无多行业创业	
	IV - Probit	IV - Probit	IV - Probit	IV - Probit	IV - Probit	IV - Probit
	（1）	（2）	（3）	（4）	（5）	（6）
乡镇正规金融机构数目	0.004 0	0.009 5	0.001 0	0.007 2	0.002 1	0.003 6
	（0.008 0）	（0.007 2）	（0.006 6）	（0.006 3）	（0.005 8）	（0.008 4）
村庄创业氛围	0.012 5	0.010 6	−0.007 4	−0.004 2	0.009 8	0.012 0
	（0.010 8）	（0.009 4）	（0.009 3）	（0.009 3）	（0.008 4）	（0.010 1）
区域非农就业机会	−0.006 8	−0.006	−0.015 7**	−0.013 3*	−0.010 6*	−0.012 2
	（0.009 8）	（0.007 8）	（0.007 7）	（0.008 0）	（0.006 4）	（0.008 7）
是否陕西	0.010 3	−0.054 8	−0.019 1	−0.081 2***	−0.033 0	−0.105 1***
	（0.034 7）	（0.044 2）	（0.025 3）	（0.027 8）	（0.023 8）	（0.034 1）
是否宁夏	0.070 0*	−0.000 7	−0.087 5***	−0.096 7	−0.024 2	−0.076 6**
	（0.036 7）	（0.049 1）	（0.020 6）	（0.018 3）	（0.021 4）	（0.030 7）
Wald χ^2	380.12***	881.77***	960.12***	848.83***	78.09***	97.13***
一阶段 F 值	41.96***	11.34***	41.96***	11.34***	41.96***	11.34***
DWH 内生性检验	10.24***	3.63***	23.10***	15.02***	5.14**	6.15**
样本量	1 947					

注：*、**、*** 分别表示在 10%、5% 和 1% 的统计水平上显著；表中报告的是边际效应，括号内数值为标准误。

从控制变量的影响来看，性别对农民非农创业的影响在 1% 的统计水平上正向显著，但对农民农业创业和多行业创业的影响不显著，表明男性作为家庭经济活动的主要决策人实施非农创业的倾向性较女性决策人更高。年龄对农民农业创业和非农创业的影响分别在 1% 和 5% 的统计水平上正向显著，且年龄与农民农业创业之间存在倒"U"形关系，但该种关系在非农创业中并不明显。年龄较低的农民拥有相对较多的非农就业选择，而年龄较大的农民限于身体条件从事农业创业的可能性较低，因而中年农民是农业创业的主力军。非农创业形式多样，一定程度上增强了各年龄段农民非农创业的灵活性，且年龄增长所带来的阅历增加和经验积累有助于创业行为的实施。受教育程度对农民非农创业的影响在 1% 的统计水平上正向显著，表明受教育程度越高的农民实施非农创业的概率更高。是否参加技术培训对农民农业创业和非农创业的影响均在 1% 的统计水平上正向显著，表明知识技术培训活动对农民不同行业创业均产生显著促进作用。创业能力对农民农业创业和非农创业的影响均在5%的统计水平上正向显著，表明经营发展、事业规划等方面的综合创业能力越好，个体实施创业行为的概率更高。家庭劳动力数量对农民农业创业、非农创业、多行业创业的影响分别在5%、5%和10%的统计水平上正向显著，表明家庭劳动力数量为农民不同领域创业均提供了必要的劳动力基础。有无亲友任职村干部或公务员对农民农业创业的影响在10%的水平上正向显著，但对农民非农创业的影响不显著。亲友中有村干部或公务员的农民，越能及时获取国家支农信息，越易获得与农业创业项目相关的土地、资金等方面的政策倾斜。经常联系微信好友数在10%的统计水平上对农民非农创业产生显著正向影响，而对农民农业创业的影响不显著，农民日常交往人际圈规模越大，可获取信息和资源的范围越广，越有助于其开展非农创业。村庄在本乡镇富裕程度对农民农业创业的影响在5%的水平上正向显著，但对农民非农创业的影响不显著，农业创业多依附所在村庄自然条件和社会经济条件，而非农创业对所在村庄的依附性较小。区域非农就业机会在5%的水平上显著负向影响农民非农创业，在10%的统计水平上显著负向影响农民多行业创业。

金融素养分维度对农民创业行业决策的影响回归结果如表5－3第（2）（4）（6）列所示。由工具变量估计结果可知，DWH内生性检验分别在1%、1%和5%的统计水平上拒绝金融素养不存在内生性的原假设，表明工具变量估计与基准模型估计结果存在明显差异，故而采用工具变量回归结果进行解释。此外，一阶段估计的 F 值均为 11.34（大于经验值 10），表明所选取工具变量非弱工具变量。结果显示，金融知识、金融能力、金融意识均在1%的统计水平上对农民农业创业、非农创业、多行业创业产生显著正向作用，进一步表明无论农民在农业领域、非农领域抑或多行业同时创业，以金融知识、金融能力和金融意识综合表征的金融素养均发挥着显著的积极作用。从金融素养分维度对农民不同行业创业决策的边际影响比较来看，金融知识的边际影响最大，其次分别为金融能力和金融意识。理论上，金融意识影响农民基于不同行业创业决策的成本收益及风险比较所产生的创业行业倾向性，而金融知识和金融能力对于农民把不同行业创业决策倾向性转化为实际创业行为的影响更为直接。

3. 金融素养对非创业农民未来创业决策的影响估计与结果分析

金融素养对非创业农民未来创业决策的影响回归结果如表 5-4 所示。结果显示，金融素养整体和分维度对非创业农民未来创业意向影响回归模型的 $LR\chi^2$ 值分别为 405.43 和 408.44，均在 1% 的统计水平上显著，Pseudo R^2 分别为 0.204 4 和 0.205 9，表明模型整体拟合效果较好。金融素养在 1% 的统计水平上显著降低农民"一定不创业"的概率，且在 1% 的统计水平上显著增加农民"可能创业"和"一定创业"的概率。分维度看，金融知识在 10% 的水平上显著增加农民"可能创业"的概率，金融能力在 1% 的统计水平上显著负向影响农民"一定不创业"，在 1% 的统计水平上显著正向影响"可能创业"和"一定创业"。此外，金融意识在 1% 的统计水平上显著负向影响农民"一定不创业"，在 1% 的统计水平上显著正向影响农民"可能创业"和"一定创业"。综上可知，金融素养整体及金融知识、金融能力、金融意识三个分维度均对农民未来创业决策产生显著促进作用。金融素养越高的农民其对创业过程中的投资、融资、风险管理等方面决策的行为态度越积极，知觉行为控制能力越强，因而创业意向越强。综上，研究假说 H5-1a、H5-1b、H5-1c 均得到证实。

表 5-4　金融素养对非创业农民未来创业决策的影响回归结果

变量	未来创业决策					
	一定不创业		可能创业		一定创业	
	(1)	(2)	(3)	(4)	(5)	(6)
金融素养	−0.174 8***		0.082 3***		0.092 4***	
	(0.046 6)		(0.022 1)		(0.025 4)	
金融知识		−0.077 0		0.036 4*		0.040 6
		(0.073 2)		(0.018 6)		(0.038 8)
金融能力		−0.206 3***		0.097 5***		0.108 8***
		(0.050 2)		(0.024 1)		(0.027 3)
金融意识		−0.181 2*		0.085 7*		0.095 6*
		(0.103 8)		(0.049 0)		(0.055 2)
控制变量	已控制	已控制	已控制	已控制	已控制	已控制
样本量	1 115					

注：*、**、*** 分别表示在 10%、5% 和 1% 的统计水平上显著；表中报告的是估计的边际效应，括号内数值为标准误；控制变量如表 5-1，此处限于篇幅，控制变量估计结果未详细展开。

（四）稳健性检验

本书采用得分法对农民金融素养综合水平进行重新测度，如第四章所述，以得分法计算的样本金融素养均值为 10.413 7，标准差为 3.683 4。按照前述方法以"除受访者自身外，同一村庄同等收入阶层其他样本农民的金融素养得分的均值"作为受访样本农民金融素养得分的工具变量，并对前述模型进行重新回归。表 5-5 回归结果表明，在金融素养影响农民创业基本决策模型中，拒绝金融素养为外生变量的原假设，金融素养对农民创业及不同行业创业决策的影响至少在 5% 的统计水平上正向显著。

表 5-5　金融素养对农民创业基本决策的影响稳健性检验结果

变量	当前有无创业	有无农业创业	有无非农创业	有无多行业创业
	IV - Probit	IV - Probit	IV - Probit	IV - Probit
金融素养	0.090 1***	0.041 6**	0.093 1***	0.049 1**
（得分法）	(0.009 1)	(0.019 9)	(0.008 1)	(0.024 3)
控制变量	已控制	已控制	已控制	已控制
Wald χ^2	1 623.78***	1 374.33***	1 436.17***	1 034.32***
一阶段 F 值	19.30***	19.30***	19.30***	14.52***
DWH 内生性检验	14.46***	17.70***	21.80***	5.28**
样本量		1 947		

注：*、**、*** 分别表示在 10%、5% 和 1% 的统计水平上显著；表中报告的是估计的边际效应，括号内数值为标准误。

三、金融素养影响农民创业劳动力配置决策的实证分析

（一）变量选取与描述性统计

1. 因变量：创业劳动力配置决策

具体包括短期雇佣决策（有无短期雇佣、短期雇佣人数）、长期雇佣决策（有无长期雇佣、长期雇佣人数）和生产环节外包决策。鉴于夫妻共同创业是农民创业的典型特征，农民实施创业过程中自家劳动力投入的均值为 2 人，差异性较小，本书重点关注农民创业过程中雇佣劳动力情况和生产环节

外包情况。统计结果显示，创业农民样本中，存在短期雇佣劳动力行为和长期雇佣劳动力行为的比例分别为53%和28%，且短期与长期雇佣劳动力数量的均值均约为2人，表明创业雇佣劳动力尤其是短期雇佣成为保障农民创业事业有序运转的重要方面；此外，创业农民实施部分或全部生产环节外包的比例为11%。

2. 核心自变量：金融素养

具体如前文第四章第二节所述，本书从金融知识、金融能力、金融意识三个方面构建了包含25个测量题项的农民金融素养测度指标体系，并采用因子分析法提取了特征根大于1的公共因子11个，并以各因子方差贡献率占累积方差贡献率的比重为各因子得分的权重，计算金融知识水平、金融能力水平、金融意识水平及金融素养综合水平。

3. 控制变量

本书选取了受访者性别、年龄、受教育程度、婚姻状况、创业能力变量反映受访者个体特征，选取家庭劳动力数量、主要劳动力身体健康状况、有无亲友任职村干部或公务员、有无亲友供职于银行或信用社、经常联系微信好友数、房产价值、实际经营耕地面积反映受访者家庭特征，选取村庄在本乡镇富裕程度、村庄到乡镇距离、乡镇正规金融机构数目、村庄创业氛围反映村庄特征，同时，选取区域可雇佣劳动力数量、短期雇佣工资水平、长期雇佣工资水平反映区域劳动力市场情况，并以山东省为参照组，引入区域虚拟变量，以控制区域固定效应。上述各变量的定义、赋值及描述性统计如表5-6所示。

表5-6　变量定义、赋值及描述性统计

变量	变量名称	变量取值说明	均值	标准差	最小值	最大值
创业劳动力配置决策	有无短期雇佣	否=0；是=1	0.53	0.49	0	1
	短期雇佣人数	实际调查值（人）	7.88	17.04	0	120
	有无长期雇佣	否=0；是=1	0.28	0.45	0	1
	长期雇佣人数	实际调查值（人）	1.86	6.88	0	100
	有无生产环节外包	没有=0；有=1	0.11	0.31	0	1
金融素养	金融素养	因子分析所得	0.21	0.30	−0.64	0.66

（续）

变量	变量名称	变量取值说明	均值	标准差	最小值	最大值
个体特征	性别	女＝0；男＝1	0.78	0.42	0	1
	年龄	实际调查值（岁）	44.50	9.21	19	69
	受教育程度	实际调查值（年）	8.96	3.35	0	25
	婚姻状况	未婚＝0；已婚＝1	0.98	0.15	0	1
	创业能力	因子分析所得	0.49	0.76	−2.45	1.37
家庭特征	家庭劳动力数量	实际调查值（人）	2.71	1.02	0	7
	主要劳动力身体健康状况	非常差＝1；比较差＝2；一般＝3；比较好＝4；非常好＝5	3.97	0.84	1	5
	有无亲友任职村干部或公务员	无＝0；有＝1	0.54	0.50	0	1
	有无亲友供职于银行或信用社	无＝0；有＝1	0.18	0.38	0	1
	经常联系微信好友数	实际调查值（人）	28.25	59.74	0	500
	房产价值	实际调查值（万元）	19.02	26.18	0	200
	实际经营耕地面积	自有＋转入－转出（亩）	45.39	107.25	0	1 200
村庄特征	村庄在本乡镇富裕程度	非常贫困＝1；比较贫困＝2；一般＝3；比较富裕＝4；非常富裕＝5	3.64	0.98	1	5
	村庄到乡镇距离	实际调查值（千米）	5.04	4.44	0	80
	乡镇正规金融机构数目	实际调查值（个）	2.14	1.14	0	7
	村庄创业氛围	因子分析所得	0.030	1.030	−2.88	1.58
劳动力市场特征	区域可雇佣劳动力数量	非常少＝1；比较少＝2；一般＝3；比较多＝4；非常多＝5	3.43	1.02	1	5
	短期雇佣工资水平	男工和女工日工资平均水平（元）	116.61	35.34	40	255
	长期雇佣工资水平	男工和女工月工资平均水平（元）	2 769.47	555.83	750	5 250
区域	是否为陕西	否＝0；是＝1	0.38	0.49	0	1
	是否为宁夏	否＝0；是＝1	0.36	0.48	0	1
	是否为山东	否＝0；是＝1	0.26	0.44	0	1

注：①短期雇佣反映不具有稳定性的雇佣关系，如临时工、短期工等雇佣形式，多以日为单位进行劳动报酬的核算；②长期雇佣反映具有相对稳定性的雇佣关系，多表现为全年雇佣，且以月为单位进行劳动报酬的核算；③创业能力、村庄创业氛围两个变量的因子分析测度题项如前文所述。

（二）计量模型设定

1. IV - Probit 模型

为考察金融素养对创业农民有无长短期劳动力雇佣决策的影响，设定模型如下：

$$Prob(Y_{3i} = 1 \mid X_i) = Prob(a_3 FL_{ik} + b_3 X_i + \mu_{3i}) \quad (5-3)$$

（5-3）式中，Y_{3i} 为虚拟变量，$Y_{3i} = 1$ 表示农民当前有短期或长期的雇佣劳动力行为，否则 $Y_{3i} = 0$。FL_{ik} 表示第 i 个样本的金融素养总体水平及分维度水平；X_i 为控制变量，如表 5-6 所示；a_3、b_3 为估计系数；μ_{3i} 表示服从标准正态分布的随机误差项。上述模型可能因金融素养与创业决策之间的反向因果关系、遗漏变量或变量测量偏差等导致内生性问题。因此，本书选取"居住在同一村庄同等收入阶层，除受访者自身外的其他样本的金融素养均值"作为受访样本金融素养水平的工具变量，采用工具变量法对上述模型进行估计。此外，为便于对回归系数进行直接比较，后文均输出估计的边际效应。

2. IV - Poisson 模型

鉴于创业农民短期雇佣劳动力数量和长期雇佣劳动力数量具有计数数据特征，本书构建泊松回归模型以实证检验金融素养对农民短期和长期雇佣劳动力数量的影响。

$$P(Y_{4i} = y_{4i} \mid x_i) = \frac{e^{-\lambda_i} \lambda_i^{y_{4i}}}{y_{4i}!}, \ y_{4i} = 0, 1, 2, \cdots\cdots \quad (5-4)$$

$$\lambda_i = \exp(x_i \beta) = \exp(\beta_0 + \beta_1 FL_i + \beta_2 x_i) \quad (5-5)$$

（5-4）式和（5-5）式中，Y_{4i} 表示短期或长期雇佣劳动力数量，x_i 表示影响农民长短期雇佣劳动力数量决策的因素，λ_i 为泊松到达率，即表示事件发生的平均次数。泊松分布的期望与方差都等于泊松到达率。

（三）实证检验与结果分析

鉴于农民有无创业决策和创业雇佣劳动力决策之间可能存在关联关系，导致对创业雇佣劳动力决策方程的单一估计可能存在样本选择问题。本书首先采用 Heckman 两阶段估计对农民有无创业决策方程和雇佣劳动力决策方程进行联立估计，结果表明无法拒绝上述两式独立的原假设，即单一估计和联立估计不存在显著差异。金融素养对农民创业雇佣劳动力决策的影响回归结果如表5-7所示。

1. 金融素养对农民创业短期雇佣劳动力决策的影响估计与结果分析

金融素养对农民创业短期雇佣劳动力决策的影响分析［第（1）—（3）列］。由第（2）列和第（3）列工具变量估计结果可知，DWH 内生性检验在1%的统计水平上拒绝了金融素养为外生变量的原假设，且一阶段 F 值均为38.86，表明不存在弱工具变量问题。因此，采用工具变量估计结果进行分析。第（2）列结果显示，金融素养在1%的统计水平上对农民有无短期雇佣劳动力产生显著的正向影响；同理，第（3）列结果显示，金融素养在5%的统计水平上对创业农民短期雇佣劳动力数量产生显著的正向影响。从边际效应看，金融素养每提升1个单位，创业农民实施短期雇佣的概率增加72.62%，短期雇佣人数增加10人。即投资理财、资产配置、财务规划等方面的金融知识存量越多、金融能力越强、金融意识越高，创业农民实施短期劳动力雇佣的概率越高且短期雇佣数量也越多。综上，研究假说 H5-3a 得到证实。

控制变量的影响方面，受教育程度、有无亲友任职村干部或公务员对创业农民是否短期雇佣劳动力的影响不显著，但对短期雇佣劳动力数量的影响分别在5%和10%的统计水平上正向显著，表明个体受教育程度及其村庄中的政治关系主要对其劳动力资源的获取规模发挥作用。有无亲友供职于银行或信用社对农民有无短期雇佣的影响在10%的水平上正向显著，但对其短期雇佣劳动力数量的影响不显著，有亲友供职于银行或信用社可显著增加创业农民获取信贷资源的机会，从而为农民创业雇佣劳动力提供必要的资金支持；但雇佣劳动力数量更多取决于可获取信贷资金的规模。实际经营耕地面积对农民有无短期雇佣劳动力决策和短期雇佣劳动力数量的影响分别在5%和1%的统计水平上正向显著，实际经营耕地面积的大小直接关系创业农民的雇佣劳动力需求及其规模。村庄创业氛围对农民有无短期雇佣和短期雇佣人数的影响分别在5%和10%的统计水平上正向显著，村庄创业氛围越好，创业农民扩大创业规模的积极性越高，雇佣劳动力需求也随之增长。短期雇佣工资水平对农民有无短期雇佣和短期雇佣人数的影响分别在10%和5%的

表 5-7　金融素养对农民创业雇佣劳动力决策的影响估计结果

变　量	有无短期雇佣		短期雇佣人数	有无长期雇佣		长期雇佣人数	有无生产环节外包	
	Probit	IV-Probit	IV-Poisson	Probit	IV-Probit	IV-Poisson	Probit	IV-Probit
	(1)	(2)	(3)	(4)	(5)	(6)	(7)	(8)
金融素养	0.104 1*	0.726 2**	10.705 9**	0.183 3***	1.012 8***	6.657 3*	0.140 1***	0.425 4
	(0.063 5)	(0.173 9)	(4.979 2)	(0.059 3)	(0.087 8)	(4.007 6)	(0.047 8)	(0.275 4)
性别	0.058 4	-0.003 0	-1.227 3	-0.007 9	-0.068 4	-1.958 2	0.007 6	-0.011 7
	(0.041 3)	(0.040 0)	(2.291 7)	(0.033 5)	(0.051 4)	(1.923 2)	(0.027 3)	(0.035 6)
年龄	0.034 8**	0.018 8	0.274 1	-0.002 7	-0.014 2	-0.072 1	-0.015 5*	-0.020 0*
	(0.014 5)	(0.013 9)	(0.851 6)	(0.012 7)	(0.010 9)	(0.312 1)	(0.008 6)	(0.010 5)
年龄平方	-0.037 5**	-0.010 4	0.078 2	-0.001 1	0.024 8*	0.130 1	0.017 9*	0.026 6*
	(0.016 6)	(0.016 8)	(0.968 5)	(0.014 8)	(0.012 9)	(0.362 4)	(0.010 0)	(0.013 8)
受教育程度	0.011 7**	-0.008 1	1.039 5**	0.000 1	0.021 2***	-0.479 0	0.006 0*	0.013 1*
	(0.005 8)	(0.007 3)	(0.451 0)	(0.004 7)	(0.004 7)	(0.376 4)	(0.003 5)	(0.007 8)
婚姻状况	0.066 4	0.018 7	1.106 2	0.055 3	-0.006 1	-1.467 2	0.104 5	0.103 4
	(0.117 6)	(0.103 2)	(4.258 2)	(0.093 4)	(0.082 7)	(3.409 0)	(0.077 4)	(0.086 8)
创业能力	0.049 6**	0.015 9	0.516 9	0.057 6**	0.024 4	0.476 4	0.043 0**	0.026 4
	(0.024 2)	(0.027 8)	(1.934 3)	(0.020 9)	(0.022 4)	(1.327 4)	(0.017 3)	(0.025 0)
家庭劳动力数量	-0.000 8	0.004 1	-0.377 8	-0.012 7	-0.003 0	-0.213 9	0.004 3	0.007 2
	(0.017 6)	(0.015 2)	(0.810 0)	(0.014 1)	(0.012 7)	(0.451 9)	(0.010 5)	(0.012 1)
主要劳动力身体健康状况	0.004 7	0.002 5	-1.034 8	-0.012 9	-0.011 0	-0.754 1	-0.001 5	-0.002 1
	(0.021 7)	(0.018 8)	(1.167 2)	(0.017 9)	(0.015 8)	(0.690 5)	(0.013 4)	(0.015 0)

（续）

变量	有无短期雇佣		短期雇佣人数	有无长期雇佣		长期雇佣人数	有无生产环节外包	
	Probit	IV - Probit	IV - Poisson	Probit	IV - Probit	IV - Poisson	Probit	IV - Probit
	(1)	(2)	(3)	(4)	(5)	(6)	(7)	(8)
有无亲友任职村干部或公务员	0.059 4* (0.035 1)	0.026 7 (0.032 4)	3.078 2* (1.924 7)	0.014 0 (0.028 1)	0.032 8 (0.025 0)	-0.220 3 (1.419 9)	0.012 6 (0.021 8)	0.007 5 (0.024 9)
有无亲友供职于银行或信用社	-0.021 4 (0.046 6)	0.064 2* (00 340)	-1.860 8 (1.819 6)	0.061 8* (0.035 3)	-0.014 1 (0.034 3)	2.199 9 (1.804 4)	0.022 1 (0.025 4)	0.007 1 (0.032 1)
经常联系微信好友数	0.000 3* (0.000 2)	0.000 1 (0.000 1)	0.001 4 (0.003 8)	0.000 1 (0.000 2)	-0.000 1 (0.000 1)	0.000 3 (0.001 2)	0.000 2** (0.000 1)	0.000 2** (0.000 1)
房产价值	0.000 1 (0.000 1)	-0.000 2 (0.000 3)	0.000 2 (0.000 3)	0.002 3*** (0.000 4)	0.001 0** (0.000 4)	0.000 1 (0.000 1)	0.000 5** (0.000 2)	0.000 4* (0.000 2)
实际经营耕地面积	0.000 2** (0.000 1)	0.000 2** (0.000 1)	0.005 9*** (0.001 5)	0.000 5*** (0.000 1)	0.000 3*** (0.000 1)	0.004 6* (0.002 7)	0.000 1 (0.000 1)	0.000 1 (0.000 1)
村庄在本乡镇富裕程度	-0.005 5 (0.019 9)	0.006 1 (0.017 5)	-1.574 7 (1.063 3)	-0.022 8 (0.015 9)	-0.001 9 (0.014 6)	-0.492 3 (0.628 6)	0.000 6* (0.012 4)	0.004 7 (0.014 3)
村庄到乡镇距离	0.000 6 (0.002 1)	0.000 4 (0.001 8)	-0.108 8 (0.125 7)	0.004 5** (0.002 2)	0.002 9 (0.001 8)	-0.004 1 (0.022 4)	0.003 7** (0.001 5)	0.003 9** (0.001 7)
乡镇正规金融机构数目	0.000 9 (0.015 1)	0.001 9 (0.013 0)	0.426 3 (0.949 0)	0.024 2* (0.012 7)	-0.014 3 (0.011 2)	1.148 7 (1.045 6)	-0.008 4 (0.008 6)	-0.008 0 (0.009 6)
村庄创业氛围	0.053 1*** (0.020 1)	0.040 1** (0.018 5)	2.471 3* (1.410 0)	-0.007 2 (0.016 7)	0.006 7 (0.014 6)	0.853 4 (0.739 7)	-0.007 6 (0.011 7)	-0.008 7 (0.013 2)

（续）

变　量	有无短期雇佣		短期雇佣人数	有无长期雇佣		长期雇佣人数	有无生产环节外包	
	Probit	IV - Probit	IV - Poisson	Probit	IV - Probit	IV - Poisson	Probit	IV - Probit
	(1)	(2)	(3)	(4)	(5)	(6)	(7)	(8)
区域可雇佣劳动力数量	0.032 6*	0.031 9**	-0.409 9	-0.005 0	-0.011 4	-0.054 7	0.001 2	-0.000 2
	(0.017 1)	(0.015 0)	(0.770 9)	(0.013 5)	(0.012 0)	(0.569 1)	(0.010 1)	(0.011 4)
短期雇佣工资水平	-0.000 8*	-0.000 7*	-0.077 9**	0.000 7**	0.000 4	0.011 8	-0.000 2	-0.000 4
	(0.000 5)	(0.000 4)	(0.037 4)	(0.000 3)	(0.000 3)	(0.015 6)	(0.000 4)	(0.000 4)
长期雇佣工资水平	0.000 1***	0.000 2**	0.004 7***	0.000 1	-0.000 1	-0.000 2	0.000 3***	0.000 3***
	(0.000 1)	(0.000 1)	(0.001 7)	(0.000 2)	(0.000 1)	(0.000 9)	(0.000 1)	(0.000 1)
是否为陕西	-0.059 0	-0.059 9	0.180 1	0.149 0***	0.088 0**	0.544 0	0.097 4**	0.101 0***
	(0.050 6)	(0.043 6)	(2.436 4)	(0.041 2)	(0.039 7)	(1.435 6)	(0.033 4)	(0.036 9)
是否为宁夏	-0.187 8***	-0.168 5***	-6.195 9*	-0.061 0*	-0.065 6*	-4.061 8*	0.076 3**	0.075 1**
	(0.045 1)	(0.042 5)	(3.155 7)	(0.032 0)	(0.034 0)	(2.344 5)	(0.030 7)	(0.034 1)
LR χ^2/Wald χ^2	99.86***	140.14***		258.45***	552.53***		94.83***	93.44***
一阶段 F 值		38.86***	38.86***		38.86***	38.86***		38.86***
DWH 内生性检验		8.68***			27.61***			1.42
Pesudo R^2	0.19			0.27			0.17	
样本量				832				

注：*，**，***分别表示在10%，5%和1%的统计水平上显著；表中报告的是估计的边际效应。括号内数值为标准误。限于篇幅，IV - Heckman 两阶段估计结果未予汇报。

统计水平上负向显著，短期雇佣工资水平越高，创业农民实施短期雇佣劳动力决策的积极性会在一定程度上被削弱。长期雇佣工资水平对农民有无短期雇佣劳动力和短期雇佣劳动力数量的影响分别在 5% 和 1% 的统计水平上正向显著，表明长期雇佣工资越高，越促使创业农民实施短期雇佣劳动力决策以弥补创业过程中劳动力短缺带来的不利影响。陕西与山东的创业农民短期雇佣劳动力决策不存在显著差异，而宁夏相较于山东，创业农民短期雇佣发生率和短期雇佣数量显著较低。

2. 金融素养对农民创业长期雇佣劳动力决策的影响估计与结果分析

金融素养对农民创业长期雇佣劳动力决策的影响分析〔第（4）—（6）列〕。由第（4）列基准回归结果可知，金融素养对创业农民有无长期雇佣的影响在 1% 的统计水平上正向显著，但金融素养可能为内生变量导致估计结果存在偏误。由第（5）列工具变量估计结果可知，DWH 内生性检验在 1% 的统计水平上拒绝了金融素养为外生变量的原假设，且一阶段 F 值均为 38.86，表明不存在弱工具变量问题。因此，采用工具变量估计结果进行分析。第（5）列结果显示，金融素养在 1% 的统计水平上对农民有无长期雇佣劳动力产生显著的正向影响，同理，第（6）列结果显示，金融素养在 10% 的统计水平上对创业农民长期雇佣劳动力数量产生显著的正向影响。从边际效应看，金融素养每提升 1 个单位，创业农民实施长期雇佣的概率增加 10.13%，长期雇佣人数增加约 7 人。总体上，投资理财、资产配置、财务规划等方面的金融知识存量越多、金融能力越强、金融意识越高，创业农民实施长期雇佣劳动力的概率越高且长期雇佣数量也越多。综上，研究假说 H5-3b 得到证实。

控制变量的影响方面，受教育程度、房产价值对创业农民是否进行长期雇佣劳动力的影响分别在 1% 和 5% 的统计水平上正向显著，但对长期雇佣劳动力数量的影响不显著，受教育程度越高的个体具有更好的雇佣劳动力管理能力，房产价值越高，对农民创业过程中的流动性约束的潜在缓解作用越大，因而有助于农民长期雇佣劳动力决策的实施。实际经营耕地面积对农民有无长期雇佣劳动力决策和长期雇佣劳动力数量的影响分别在 5% 和 1% 的统计水平上正向显著，实际经营耕地面积越大，创业农民对雇佣劳动力尤其是长期雇佣劳动力的需求及其规模越大。陕西创业农民长期雇佣劳动力的发生率显著高于山东，而宁夏创业农民长期雇佣发生率和长期雇佣数量显著较低。

3. 金融素养对农民创业生产环节外包决策的影响估计与结果分析

金融素养对农民创业生产环节外包决策的影响分析［第（7）—（8）列］。由第（8）列工具变量估计结果可知，DWH 内生性检验无法拒绝金融素养为外生变量的原假设，且一阶段 F 值均为 38.86，表明不存在弱工具变量问题。因此，采用基准模型估计结果进行分析。由第（7）列基准回归结果可知，金融素养对创业农民有无生产环节外包的影响在 1％的统计水平上正向显著。从边际效应看，金融素养每提升 1 个单位，创业农民实施生产环节外包的概率增加 14.01％。总体上，投资理财、资产配置、财务规划等方面的金融知识存量越多、金融能力越强、金融意识越高，创业农民实施部分或全部生产环节外包的概率越高。综上，研究假说 H5－3c 得到证实。

控制变量的影响方面，年龄与创业农民生产环节外包决策之间呈"U"形关系，即年龄偏低和年龄偏高的创业农民实施生产环节外包决策的概率较高，而中年农民实施生产环节外包决策的概率较低。受教育程度在 10％的统计水平上正向显著，受教育程度越高的农民职业选择机会越多，兼业化可能性较大，因而将部分生产环节外包有助于多样化经营的顺利开展。创业能力在 5％的统计水平上正向显著，经营管理、发展规划等方面的创业能力越好，创业农民越倾向于积极扩大生产经营规模，并适时将部分生产环节外包以追求成本最小化和利益最大化。经常联系微信好友数在 5％的统计水平上对创业农民生产环节外包决策产生显著正向影响，创业农民日常交际圈越广，越容易及时获取生产环节外包方面的信息和劳动力支持。房产价值在 5％的统计水平上对创业农民生产环节外包决策产生显著正向影响，房产价值越高的农户，其整体经济实力和融资能力较好，且在一定程度上有助于缓解生产环节外包的资金约束。村庄在本乡镇富裕程度在 10％的统计水平上正向显著，村庄经济发展水平越高，创业农民雇佣活动越活跃，生产环节外包的发生率越高。村庄到乡镇距离在 5％的统计水平上正向显著，距离乡镇较远的村庄，从事农业规模经营较多，可雇佣农业闲散劳动力较充足，生产环节外包特别是农忙时节的生产环节外包较为频繁。长期雇佣工资水平在 1％的统计水平上正向显著，长期雇佣工资水平越高，创业农民越倾向于短期雇佣或直接外包的形式，以最小成本集中完成农业生产的部分环节。陕西和宁夏创业农民实施生产环节外包的概率均显著高于山东。

（四）稳健性检验

本书采用得分法对农民金融素养综合水平进行重新测度，如第四章所述，以得分法计算的样本金融素养均值为 10.413 7，标准差为 3.683 4。按照前述方法以"除受访者自身外，同一村庄同等收入阶层其他样本农民的金融素养得分的均值"作为受访样本农民金融素养得分的工具变量，并对前述模型进行重新回归。表 5-8 估计结果表明在金融素养影响农民创业劳动力配置和资产配置方程中，均无法拒绝以得分法测度的金融素养为外生变量的原假设且工具变量通过弱工具变量检验，但采用基准回归模型结果依然证实，金融素养对农民创业长短期雇佣决策和生产环节外包决策均产生不同程度的显著影响。

表 5-8　金融素养对农民创业劳动力配置决策的影响稳健性检验结果

变量	有无短期雇佣	短期雇佣人数	有无长期雇佣	长期雇佣人数	有无生产环节外包
	Probit	Poisson	Probit	Poisson	Probit
金融素养	0.016 2**	0.702 9***	0.013 1**	0.169 9***	0.009 1**
（得分法）	(0.007 6)	(0.043 6)	(0.005 4)	(0.028 9)	(0.004 0)
控制变量	已控制	已控制	已控制	已控制	已控制
LR χ^2	92.19***	4 596.01***	220.85***	6 280.46***	88.40***
Pseudo R^2	0.084 2	0.235 2	0.243 4	0.506 9	0.178 4
样本量			832		

注：工具变量估计的 DWH 内生性检验结果均无法拒绝金融素养为外生变量的原假设，且一阶段 F 值均大于 10，表明不存在弱工具变量问题，限于篇幅，此处只报告基准模型估计结果；＊、＊＊、＊＊＊分别表示在 10％、5％和 1％的统计水平上显著，表中报告的是估计的边际效应，括号内数值为标准误。

四、金融素养影响农民创业资产配置决策的实证分析

（一）变量选取与描述性统计

1. 因变量：创业资产配置决策

具体包括生产性固定资产投资、年存货资产投资、预防性储蓄决策、周转现金持有量、与创业相关保险购买。

2. 核心自变量：金融素养

具体测度如前文第四章第二节所述，本书从金融知识、金融能力、金融意识三个方面构建了包含 25 个测量题项的农民金融素养测度指标体系，并采用因子分析法提取了特征根大于 1 的公共因子 11 个，并以各因子方差贡献率占累积方差贡献率的比重为各因子得分的权重，计算金融知识水平、金融能力水平、金融意识水平及金融素养综合水平。

3. 控制变量

本书选取受访者性别、年龄、受教育程度、婚姻状况、风险偏好、创业能力反映受访者个体特征，选取有无亲友任职村干部或公务员、有无亲友供职于银行或信用社、房产价值、实际经营耕地面积、创业行业、创业年限反映受访者家庭特征，选取村庄在本乡镇富裕程度、村庄到乡镇距离、乡镇正规金融机构数目、短期雇佣工资水平、长期雇佣工资水平，并以"是否为山东"为参照组，引入"是否为陕西""是否为宁夏"两个区域虚拟变量作为控制变量以控制区域固定效应。上述变量的定义、赋值及描述性统计如表 5－9 所示。

表 5－9　变量定义、赋值及描述性统计

变量	变量名称	取值说明	均值	标准差	最小值	最大值
创业资产配置决策	生产性固定资产投资	实际调查值（十万元）	1.88	4.17	0	30
	年存货资产投资	实际调查值（十万元）	2.19	7.14	0	12
	有无预防性储蓄	没有＝0；有＝1	0.35	0.48	0	1
	预防性储蓄额	实际调查值（十万元）	0.37	1.19	0	10
	周转现金持有量	实际调查值（十万元）	1.84	6.72	0	50
	保险购买	没有＝0；有＝1	0.28	0.45	0	1
金融素养	金融素养	因子分析所得	0.21	0.30	－0.64	0.66
个体特征	性别	女＝0；男＝1	0.77	0.42	0	1
	年龄	实际调查值（岁）	44.44	9.20	20	69
	受教育程度	实际调查值（年）	8.92	3.33	0	25
	婚姻状况	未婚＝0；已婚＝1	0.98	0.15	0	1
	风险偏好	无任何风险＝1；略低风险、略低回报＝2；平均风险、平均回报＝3；略高风险、略高回报＝4；高风险、高回报＝5	2.49	1.09	1	6
	创业能力	因子分析所得	0.48	0.76	－2.45	1.37

（续）

变量	变量名称	取值说明	均值	标准差	最小值	最大值
家庭特征	有无亲友任职村干部或公务员	无＝0；有＝1	0.54	0.50	0	1
	有无亲友供职于银行或信用社	无＝0；有＝1	0.17	0.37	0	1
	房产价值	实际调查值（万元）	28.59	39.05	0	200
	实际经营耕地面积	自有＋转入－转出（亩）	45.39	107.25	0	1 200
	创业行业	是否为农业创业	0.65	0.48	0	1
		是否为非农创业	0.39	0.49	0	1
		是否为多行业创业	0.05	0.21	0	1
	创业年限	2018 年创业起始年份（年）	8.60	6.87	0	38
村庄特征	村庄在本乡镇富裕程度	非常贫困＝1；比较贫困＝2；一般＝3；比较富裕＝4；非常富裕＝5	3.63	1.00	0	5
	村庄到乡镇距离	实际调查值（千米）	5.03	4.42	0	80
	乡镇正规金融机构数目	实际调查值（个）	2.15	1.15	0	7
	短期雇佣工资水平	男工和女工日工资平均水平（元）	116.61	35.34	40	255
	长期雇佣工资水平	男工和女工月工资平均水平（元）	2 769.47	555.83	750	5 250
区域	是否为陕西	否＝0；是＝1	0.38	0.49	0	1
	是否为宁夏	否＝0；是＝1	0.36	0.48	0	1
	是否为山东	否＝0；是＝1	0.26	0.44	0	1

注：①风险偏好变量通过询问受访者"您倾向于选择下列哪类投资项目？"进行测量，并认为受访者越倾向于高风险的投资项目，其风险偏好程度越高。②创业能力变量由"不断追求进步的勇气、实现个人职业梦想的坚强意志、对所从事领域的远见和前瞻性、解决突发问题和事件的应变能力、不断学习和更新知识的进取心、事业发展规划能力、经营管理能力、市场变化适应能力和应对能力"8 个测量题项进行因子分析所得，各题项采取 Liket 五分量表设计，因子分析结果显示，KMO 值为 0.911，累积方差贡献率为 78.59%。

（二）计量模型设定

1. IV-Probit 模型

为考察金融素养对农民有无创业预防性储蓄和创业相关的保险购买决策

的影响，设定模型如下：

$$Prob(Y_{5i} = 1 \mid X_i) = Prob(a_4 FL_{ik} + b_4 X_i + \mu_{4i}) \quad (5-6)$$

（5-6）式中，Y_{5i} 为虚拟变量，$Y_{5i} = 1$ 表示农民当前有创业预防性储蓄和创业相关的保险购买，否则 $Y_{5i} = 0$。FL_{ik} 表示第 i 个样本的金融素养总体水平；X_i 为控制变量，如表 5-10 所示；a_4、b_4 为估计系数；μ_{4i} 表示服从标准正态分布的随机误差项。上述模型可能因金融素养与创业资产配置决策之间的反向因果关系、遗漏变量或变量测量偏差等导致内生性问题。因此，本书选取"居住在同一村庄同等收入阶层，除受访者自身外的其他样本的金融素养均值"作为受访样本金融素养水平的工具变量，采用工具变量法对上述模型进行估计。此外，鉴于估计系数难以实现直接比较，后文均输出估计的边际效应。

2. IV-Tobit 模型

鉴于生产性固定资产投资、年存货资产投资、预防性储蓄额、周转现金持有量近似连续型变量，但其数据从零点处删失，属于归并数据，本书采用 Tobit 模型检验金融素养对上述创业资产配置决策的影响，并设定方程如下：

$$\begin{cases} Y_{6i}^* = c + a_5 FL_i + b_5 X_i + \varepsilon \\ Y_{6i} = \max(0, Y_{6i}) \end{cases} \quad (5-7)$$

（5-7）式中，Y_{6i}^* 为潜变量；Y_{6i} 表示第 i 个农民创业资产（生产性固定资产投资额、年存货资产投资额、预防性储蓄、周转现金）配置量；FL_i 表示金融素养水平；X_i 表示控制变量，如表 5-10 所示；ε_i 为随机误差项。同理，本书采取工具变量法（IV-Tobit）进行估计，以尽量纠正（5-7）式中模型可能存在的内生性问题带来的估计偏误。

（三）实证检验与结果分析

本书分别从创业实物资产配置（包括生产性固定资产投资、年存货资产投资）、金融资产配置（包括预防性储蓄、周转现金持有、保险购买）两个方面实证检验金融素养对农民创业资产配置决策的影响。本书首先采用 Heckman 两阶段估计对农民有无创业决策方程和创业资产配置决策方程进行联立估计，结果表明无法拒绝上述两式独立的原假设，因此采用单一估计进行结果分析。估计结果如表 5-10 所示。

表 5 - 10　金融素养对农民创业资产配置决策的影响研究

变量	生产性固定资产投资		年存货资产投资		有无预防性储蓄		预防性储蓄额		周转现金持有量		保险购买	
	Tobit	IV-Tobit	Tobit	IV-Tobit	Probit	IV-Probit	Tobit	IV-Tobit	Tobit	IV-Tobit	Probit	IV-Probit
	(1)	(2)	(3)	(4)	(5)	(6)	(7)	(8)	(9)	(10)	(11)	(12)
金融素养	2.302 5*** (0.798 8)	5.916 5*** (2.237 8)	0.479 9 (0.343 9)	4.458 2*** (1.290 7)	0.279 1*** (0.068 5)	0.859 8*** (0.181 7)	1.182 7*** (0.290 8)	3.646 4*** (1.223 1)	2.805 5* (1.481 6)	3.747 5** (1.629 5)	0.230 4*** (0.061 4)	0.587 8** (0.255 1)
性别	0.365 6 (0.473 2)	-0.185 2 (0.265 4)	-0.183 9 (0.202 3)	0.008 0 (0.066 9)	0.082 1* (0.041 7)	0.023 9 (0.043 5)	0.289 1* (0.172 6)	0.051 5 (0.158 5)	1.343 2 (0.878 0)	0.028 5 (0.459 2)	0.020 2 (0.037 5)	-0.007 1 (0.041 3)
年龄	0.065 2 (0.164 2)	-0.042 6 (0.083 1)	-0.098 0 (0.069 7)	-0.093 9** (0.047 7)	0.007 4 (0.014 3)	-0.002 6 (0.013 1)	0.030 2 (0.058 6)	-0.023 0 (0.050 9)	-0.008 5 (0.304 5)	-0.104 5 (0.145 5)	0.017 8 (0.012 9)	0.011 4 (0.013 4)
年龄平方	-0.049 2 (0.185 5)	0.120 8 (0.106 9)	0.125 3* (0.078 6)	0.166 9*** (0.061 3)	-0.006 6 (0.016 3)	0.012 5 (0.015 7)	-0.022 6 (0.067 1)	0.066 8 (0.065 7)	0.076 4 (0.344 6)	0.243 2 (0.183 5)	-0.018 1 (0.014 5)	-0.006 2 (0.016 6)
受教育程度	-0.094 6 (0.064 2)	0.155 1*** (0.060 2)	0.033 8 (0.028 2)	0.084 4** (0.034 5)	0.002 6 (0.005 5)	0.012 4* (0.006 9)	-0.007 7 (0.021 9)	-0.049 6 (0.033 3)	-0.116 2 (0.120 7)	0.225 5** (0.098 0)	-0.006 8 (0.004 8)	0.015 1** (0.007 3)
婚姻状况	1.109 8 (1.287 4)	0.150 5 (0.619 0)	-0.000 6 (0.558 7)	0.223 1 (0.366 3)	-0.161 9 (0.110 6)	0.165 9* (0.097 4)	-0.395 2 (0.435 8)	-0.407 2 (0.358 6)	1.069 6 (2.408 8)	0.030 2 (1.107 3)	0.060 8 (0.114 1)	0.036 9 (0.111 1)
风险偏好	0.364 8** (0.178 3)	0.075 0 (0.089 1)	0.086 8 (0.077 2)	-0.055 6 (0.055 7)	0.044 0*** (0.014 8)	0.024 3 (0.015 8)	0.178 0*** (0.060 8)	0.041 6 (0.052 7)	-0.133 6 (0.332 0)	-0.194 6 (0.163 5)	0.000 1 (0.012 8)	-0.006 4 (0.013 3)
创业能力	0.286 9 (0.269 6)	0.232 3 (0.197 6)	0.460 1*** (0.117 4)	0.114 9 (0.116 3)	0.025 4 (0.024 6)	-0.026 4 (0.028 1)	0.152 7 (0.101 0)	-0.172 4 (0.119 9)	0.468 3 (0.508 9)	-0.369 2 (0.341 6)	0.035 1* (0.020 8)	0.060 6** (0.026 3)

（续）

变　量	生产性固定资产投资		年存货资产投资		有无预防性储蓄		预防性储蓄额		周转现金持有量		保险购买	
	Tobit	IV-Tobit	Tobit	IV-Tobit	Probit	IV-Probit	Tobit	IV-Tobit	Tobit	IV-Tobit	Probit	IV-Probit
	(1)	(2)	(3)	(4)	(5)	(6)	(7)	(8)	(9)	(10)	(11)	(12)
有无亲友任职村干部或公务员	0.012 2 (0.392 0)	-0.108 7 (0.192 1)	-0.079 5 (0.172 9)	-0.142 9 (0.115 5)	-0.044 2 (0.033 7)	0.050 7* (0.029 7)	-0.158 1 (0.136 3)	0.186 7* (0.114 6)	-0.417 7 (0.735 9)	-0.343 6 (0.343 4)	0.110 9*** (0.029 7)	0.094 7*** (0.032 3)
有无亲友供职于银行或信用社	-0.195 0 (0.521 7)	-0.452 0 (0.297 0)	0.479 8** (0.224 4)	0.050 0 (0.162 9)	-0.007 0 (0.043 7)	-0.048 1 (0.040 4)	-0.084 5 (0.177 9)	-0.169 9 (0.166 1)	0.661 8 (0.950 4)	-0.235 0 (0.486 9)	-0.043 3 (0.038 1)	0.064 5* (0.039 0)
房产价值	0.019 2*** (0.049 2)	0.005 0* (0.002 6)	0.005 6*** (0.002 2)	0.000 4 (0.001 5)	0.000 1 (0.000 3)	-0.000 3 (0.000 3)	0.001 1 (0.001 3)	-0.000 3 (0.001 2)	0.052 2** (0.007 1)	0.018 3*** (0.003 4)	-0.000 1 (0.000 3)	-0.000 2 (0.000 3)
实际经营耕地面积	0.005 3*** (0.001 0)	0.001 8*** (0.000 5)	0.002 3* (0.000 5)	0.000 6* (0.000 3)	-0.000 1 (0.000 1)	-0.000 1 (0.000 1)	-0.000 2 (0.000 2)	-0.000 2 (0.000 1)	0.008 5*** (0.001 1)	0.003 4*** (0.000 5)	0.000 2*** (0.000 1)	0.000 2*** (0.000 1)
是否为非农创业	-0.370 8 (0.430 6)	-0.481 8* (0.251 9)	-0.217 3 (0.188 0)	-0.334 6** (0.141 2)	-0.036 1 (0.036 4)	-0.066 7** (0.033 0)	-0.009 0 (0.147 2)	-0.223 4* (0.138 0)	2.505 3*** (0.785 6)	0.585 7 (0.402 8)	-0.216 9*** (0.032 9)	-0.224 4*** (0.031 2)
是否为多行业创业	1.472 9* (0.883 0)	0.458 5 (0.423 5)	0.640 6* (0.389 9)	0.144 7 (0.260 9)	0.024 3 (0.071 7)	0.003 3 (0.063 8)	0.241 9 (0.288 8)	0.086 4 (0.244 2)	4.517 6*** (1.580 8)	1.676 4*** (0.722 5)	0.184 9*** (0.064 0)	0.160 8** (0.065 7)
创业年限	-0.037 7 (0.028 4)	-0.016 3 (0.013 4)	-0.012 3 (0.012 3)	-0.005 7 (0.007 8)	0.002 3 (0.002 4)	0.002 0 (0.002 1)	0.007 7 (0.009 8)	0.008 8 (0.007 9)	0.093 7* (0.053 1)	0.040 3* (0.024 1)	0.008 2*** (0.002 1)	0.007 8*** (0.002 1)
村庄在本乡镇富裕程度	-0.291 9 (0.190 4)	-0.074 9 (0.091 6)	-0.120 6 (0.082 9)	0.011 2 (0.056 0)	-0.015 7 (0.016 2)	-0.006 1 (0.014 8)	-0.095 4 (0.064 3)	-0.014 1 (0.055 0)	0.159 1 (0.357 5)	0.141 3 (0.166 1)	-0.020 9 (0.015 3)	-0.014 7 (0.015 5)

（续）

变量	生产性固定资产投资		年存货资产投资		有无预防性储蓄		预防性储蓄额		周转现金持有量		保险购买	
	Tobit	IV-Tobit	Tobit	IV-Tobit	Probit	IV-Probit	Tobit	IV-Tobit	Tobit	IV-Tobit	Probit	IV-Probit
	(1)	(2)	(3)	(4)	(5)	(6)	(7)	(8)	(9)	(10)	(11)	(12)
村庄到乡镇距离	-0.001 0 (0.021 9)	-0.002 3 (0.010 4)	0.005 0 (0.009 7)	-0.001 0 (0.006 3)	0.003 8* (0.002 2)	0.002 6 (0.001 9)	0.011 8* (0.007 1)	0.009 5* (0.004 9)	0.009 2 (0.041 5)	-0.000 8 (0.019 0)	0.003 6* (0.002 0)	0.003 1* (0.001 9)
乡镇正规金融机构数目	-0.038 1 (0.163 6)	-0.019 2 (0.077 6)	0.084 2 (0.071 6)	0.022 5 (0.046 4)	-0.015 2 (0.014 4)	-0.011 8 (0.012 7)	-0.002 7 (0.057 6)	-0.027 6 (0.047 5)	-0.023 2 (0.308 3)	-0.008 0 (0.140 1)	0.027 8** (0.012 0)	0.026 5** (0.011 8)
短期雇佣工资水平	0.000 1 (0.000 4)	-0.000 1 (0.000 2)	0.000 2 (0.000 3)	-0.000 1 (0.000 1)	0.000 1** (0.000 0)	0.000 1 (0.000 1)	0.000 4*** (0.000 1)	0.000 1 (0.000 1)	0.000 5 (0.000 7)	0.000 1 (0.000 3)	0.000 1 (0.000 2)	0.000 1 (0.000 1)
长期雇佣工资水平	0.006 2 (0.005 3)	0.002 4 (0.002 5)	0.002 6 (0.002 4)	0.000 6 (0.001 5)	0.000 1 (0.000 5)	0.000 1 (0.000 4)	0.000 5 (0.002 0)	-0.000 3 (0.001 6)	0.005 8 (0.010 1)	0.001 7 (0.004 6)	0.000 3 (0.000 4)	0.000 2 (0.000 4)
是否为陕西	0.687 4 (0.511 3)	0.222 7 (0.243 4)	0.483 1* (0.226 5)	0.145 3 (0.147 1)	-0.136 2*** (0.044 0)	-0.123 7*** (0.040 3)	-0.518 7*** (0.173 9)	-0.435 5*** (0.146 7)	0.248 7 (0.953 5)	-0.031 6 (0.437 6)	0.149 3*** (0.042 5)	0.132 0*** (0.044 1)
是否为宁夏	-1.106 5** (0.506 3)	-0.607 5** (0.252 0)	0.462 1** (0.223 6)	0.111 2 (0.149 2)	-0.129 0*** (0.042 9)	-0.128 3*** (-0.038 3)	-0.609 3*** (0.170 9)	-0.468 1*** (0.149 8)	0.539 1 (0.950 4)	-0.058 4 (0.449 0)	0.231 4*** (0.038 8)	0.202 4*** (0.046 9)
LR χ^2/Wald χ^2	121.39***	101.18***	121.80***	78.76***	84.68***	119.85***	86.85***	53.03***	205.13***	198.33***	181.31***	175.15***
一阶段 F 值		24.99***		25.43***		32.32***		27.43***		32.56***		32.20***
内生性检验		5.94**		13.60***		5.44**		6.13**		5.34**		1.68
Pesudo R^2	0.02		0.04		0.08		0.06		0.04		0.19	
样本量	832											

注:*、**、***分别表示在10%、5%和1%的统计水平上显著;表中报告的是估计的边际效应,括号内数值为标准误。限于篇幅,IV-Heckman两阶段估计详细结果未予汇报。

1. 金融素养对农民创业实物资产配置决策的影响估计与结果分析

本书分别实证检验金融素养对农民创业生产性固定资产投资和年存货资产投资的影响，具体如下所示。

（1）金融素养对农民创业生产性固定资产投资决策的影响估计与分析

估计结果如第（1）列和第（2）列所示。第（1）列基准模型估计结果显示，金融素养对创业农民生产性固定资产投资额的影响在 1% 的统计水平上正向显著，然而，该模型可能因金融素养为内生变量而产生估计偏误。第（2）列工具变量估计结果显示，DWH 内生性检验在 5% 的统计水平上拒绝金融素养为外生变量的原假设，且一阶段 F 值为 24.99，表明不存在弱工具变量问题。工具变量估计结果证实，金融素养在 1% 的统计水平上显著增加创业农民生产性固定资产投资数额。金融素养影响创业农民生产性固定资产投资额的边际效应为 5.916 5，表明金融素养每增加 1 个单位，创业农民生产性固定资产投资额将增加 59.16 万元。投资理财、资产配置、信贷融资等方面的综合金融素养越高，创业农民往往具有越强烈的投资意愿，更倾向于积极扩大生产经营规模以获取最大化的规模效益，而生产性固定资产投资是农民创业投资的重要组成部分，一定程度上制约生产经营的规模、层次及盈利能力。因此，金融素养对农民生产性固定资产投资的促进作用是金融素养的投资促进效应的重要组成部分。综上，研究假说 H5-4a 得到证实。控制变量的影响方面，受教育程度在 1% 的统计水平上正向显著，受教育程度越高的个体一般具有更强的投资规划能力和创业增收积极性。房产价值在 10% 的统计水平上正向显著，房产价值越高的家庭综合经济条件越好，且具有较强的抵押融资能力，有助于缓解农民创业投资所面临的流动性约束问题。实际经营耕地面积在 1% 的统计水平上正向显著，耕地经营规模的扩大显著刺激生产性固定资产投资额的增长。是否为非农创业在 10% 的统计水平上负向显著，创业样本中存在农业创业的比例为 65%，而农业创业特别是规模较大的创业，对农业机械、设备等生产性固定资产投资的依赖性较高，非农创业形式较为多元，不同形式的非农创业对生产性固定资产投资的依赖程度存在较大差异。陕西与山东创业样本之间的生产性固定资产投资不存在显著差异，但宁夏创业样本的生产性固定资产投资额显著低于山东创业农民样本。

（2）金融素养对农民创业年存货资产投资决策的影响估计与分析

估计结果如第（3）列和第（4）列所示。第（3）列基准模型估计结果显示，金融素养对创业农民年存货资产投资额的影响不显著，然而，该模型可能因金融素养为内生变量而产生估计偏误。第（4）列工具变量估计结果显示，DWH 内生性检验在 1% 的统计水平上拒绝金融素养为外生变量的原假设，且一阶段 F 值为 25.43，表明不存在弱工具变量问题。工具变量估计结果证实，金融素养在 1% 的统计水平上显著增加创业农民年存货资产投资额。金融素养影响创业农民年存货资产投资额的边际效应为 4.458 2，表明金融素养每增加 1 个单位，创业农民年存货资产投资额将增加 44.58 万元。投资理财、资产配置、信贷融资等方面的综合金融素养越高，农民创业投资的灵活性越高，而这种灵活性主要体现在创业农民根据市场变化和生产经营实际灵活调整对存货、在产品或生物资产等存货资产的投资额。因此，金融素养对农民年存货资产投资的促进作用是金融素养的投资促进效应的另一重要组成部分。综上，研究假说 H5 - 4b 得到证实。控制变量方面，年龄与年存货资产投资额之间呈倒 "U" 形关系，即年龄较低和较高的创业农民限于创业资本积累和融资能力，其年存货资产投资额较低，而年龄中等的创业农民有一定的资金积累和较强的内外融资能力，因而可承担起较高额度的年存货资产投资。实际经营耕地面积在 10% 的水平上正向显著，实际经营耕地面积越大，农民农业创业中对存货资产的投资越大。相较于仅有农业创业，同时存在农业创业和非农创业的农民需要更多的年存货资产投资以维持多行业创业的有序运转。

2. 金融素养对农民创业金融资产配置决策的影响估计与结果分析

本研究分别实证检验金融素养对创业预防性储蓄、周转现金持有和保险购买决策的影响，具体如下所示。

（1）金融素养对农民创业预防性储蓄决策的影响估计与分析

估计结果如第（5）—（8）列所示。第（5）列和第（7）列基准模型估计结果显示，金融素养对农民实施与创业相关的预防性储蓄决策和预防性储蓄额的影响均在 1% 的统计水平上正向显著，然而，上述模型可能因金融素养为内生变量而产生估计偏误。第（6）列和第（8）列工具变量估计结果显示，DWH 内生性检验均在 5% 的统计水平上拒绝金融素养为外生变量的原假设，且一阶段 F 值分别为 32.32 和 27.43，表明不存在弱工具变量问题。

工具变量估计结果证实，金融素养在 1% 的统计水平上显著增加创业农民实施预防性储蓄决策的概率，且在 1% 的统计水平上显著增加创业农民预防性储蓄额。从金融素养影响的边际效应看，金融素养每提升 1 个单位，创业农民实施预防性储蓄决策的概率增加 27.91%，预防性储蓄额增加 36.46 万元。投资理财、资产配置、信贷融资等方面的综合金融素养越高，创业农民往往具有更强的财务规划能力和风险管控能力，通过适时调整预防性储蓄比例，有助于创业农民更好地应对创业风险和突发事件，保障创业事业的正常周转。综上，研究假说 H5-4c 得到证实。控制变量的影响方面，受教育程度对农民有无创业预防性储蓄的影响在 10% 的统计水平上正向显著，但对农民创业预防性储蓄额的影响不显著。受教育程度越高的创业农民一般具有更强的风险防患和规避意识，因而实施创业预防性储蓄的概率越高，但受教育程度对农民创业预防性储蓄额的影响还与农民创业实际情况有关。婚姻状况对农民有无创业预防性储蓄的影响在 10% 的统计水平上正向显著，对农民预防性储蓄额的影响不显著。已婚创业显著增加农民创业预防性储蓄决策的概率。有无亲友任职村干部或公务员对农民创业预防性储蓄决策和预防性储蓄额的影响均在 10% 的统计水平上正向显著，亲友中有村干部或公务员所形成的社会网络关系有助于增强农民对创业风险的感知和风险防范意识，并积极采取风险预防措施。相较于农业创业，非农创业的预防性储蓄概率和预防性储蓄额较低，这可能由于农业投资的周期性和短期集中性、非农投资的长期性，农民非农经营所需周转资金比例较高，预防性储蓄额相对较低。相较于山东样本，陕西和宁夏创业样本实施预防性储蓄的概率和预防性储蓄额均显著较低。

（2）金融素养对农民创业周转现金持有决策的影响估计与分析

估计结果如第（9）列和第（10）列所示。第（3）列基准模型估计结果显示，金融素养对农民创业周转现金持有量的影响在 10% 的统计水平上正向显著，但该模型可能因金融素养为内生变量而产生估计偏误。第（10）列工具变量估计结果显示，DWH 内生性检验在 1% 的统计水平上拒绝金融素养为外生变量的原假设，且一阶段 F 值为 32.56，表明不存在弱工具变量问题。工具变量估计结果证实，金融素养在 1% 的统计水平上显著增加农民创业周转资金持有量。投资理财、资产配置、信贷融资等方面的综合金融素养越高，农民创业过程中的资产配置能力和财务规划能力越好，显著促进创业农民周转现金持有量的配置，以保障所创事业的有序运转。综上，研究假说 H5-4d 得到证实。控制变量的影响方面，受教育程度在 5% 的统计水平上显著促进农民创业周转资金持有，受教育程度越高的农民，其风险防范能力越好，越有意识在创业过程中维持一定的周转现金持有量。房产价值在 1% 的统计水平上正向显著，房产价值越高的创业农民整体上具有更好的经济条件和融资能力，为创业过程中的生产经营周转资金持有提供重要保障。实际经营耕地面积在 1% 的统计水平上正向显著，实际经营耕地面积越大，农民创业过程中所需周转资金量也越大。是否为多行业创业在 1% 的统计水平上正向显著，相较于仅有农业创业，多行业创业对农民生产经营过程中的周转资金持有量要求更高。创业年限在 10% 的统计水平上正向显著，创业年限较长的创业农民有一定的创业资金积累和创业经验，在持有一定周转现金保障创业有序运转方面具有较强的意识和较好的创业基础。

（3）金融素养对农民创业保险购买决策的影响估计与分析

估计结果如第（11）列和第（12）列所示。第（11）列基准模型估计结果显示，金融素养对农民创业保险购买决策的影响在 1% 的统计水平上正向显著，但该模型可能因金融素养为内生变量而产生估计偏误。第（12）列工具变量估计结果显示，DWH 内生性检验无法拒绝金融素养为外生变量的原假设，且一阶段 F 值为 32.20，表明不存在弱工具变量问题，因此，采用基准模型估计结果进行分析。从边际效应看，金融素养每提升 1 个单位，农民购买与创业相关保险的概率增加 23.04%。投资理财、资产配置、信贷融资等方面的综合金融素养越高，农民创业过程中的资产配置能力和风险管理能力越好，显著促进农民与创业相关的保险购买，以使创业事业风险最小化和收益最大化。综上，研究假说 H5-4e 得到证实。控制变量的影响方面，创业能力在 10% 的统计水平上显著促进农民与创业相关的保险购买，创业能力直接关系农民创业过程中的资产配置能力和风险管理能力。有无亲友任职村干部或公务员在 1% 的统计水平上正向显著，亲友中有村干部或公务员所形成的社会网络关系有助于增强农民对创业风险的感知和风险防范意识，促进农民与创业相关的保险购买行为。实际经营耕地面积在 5% 的统计水平上正向显著，实际经营耕地面积越大，农民创业过程中面临的潜在经营风险也较大，促进农民保险购买以降低创业风险。是否为非农创业、是否为多行业创业分别在 1% 的统计水平上负向显著和正向显著，即相较于农业创业，非农创业的保险购买率较低，多行业创业的保险购买率较高。这与涉农保险种类较多，而非农保险种类较少、选择单一有关。创业年限在 1% 的统计水平上正向显著，创业年限较长的创业农民有一定的创业资金和创业经验积累，对所创事业的风险认知较清晰，具有较强的风险管理意识，促进保险购买参与。村庄到乡镇距离在 10% 的统计水平上正向显著，距离乡镇越远的村庄，农业生产经营活动对农民经济条件改善具有越重要的作用，创业农民通过购买涉农保险可在一定程度上降低农业创业风险和潜在损失。乡镇正规金融机构数目在 5% 的统计水平上正向显著，乡镇正规金融机构数目越多，农民创业的金融环境越好，越有助于增强创业农民信贷可得性，促进创业农民尤其是规模较大创业农民的保险购买决策。相较于山东，陕西和宁夏创业农民样本购买与创业相关的保险概率更高。

（四）稳健性检验

本书采用得分法对农民金融素养综合水平进行重新测度，如第四章所述，以得分法计算的样本金融素养均值为 10.413 7，标准差为 3.683 4。按照前述方法以"除受访者自身外，同一村庄同等收入阶层其他样本农民的金融素养得分的均值"作为受访样本农民金融素养得分的工具变量，并对前述模型进行重新回归。表 5 - 11 估计结果表明在金融素养影响农民创业资产配置方程中，均无法拒绝以得分法测度的金融素养为外生变量的原假设且工具变量通过弱工具变量检验，但采用基准回归模型结果依然证实，金融素养对农民创业生产性固定资产投资、存货资产投资、预防性储蓄、周转现金持有与保险购买决策均产生不同程度的显著作用。由此可知，前述主要研究结论较为稳健。

表 5 - 11　金融素养对农民创业资产配置决策的影响稳健性检验结果

变量	生产性固定资产投资	年存货投资	有无预防性储蓄	预防性储蓄额	周转现金持有量	保险购买
	Tobit	Tobit	Probit	Tobit	Tobit	Probit
金融素养（得分法）	0.081 1***	0.033 6*	0.036 2***	0.023 3***	0.105 5*	0.025 8***
	(0.029 5)	(0.019 6)	(0.006 0)	(0.005 2)	(0.055 5)	(0.005 6)

（续）

变量	生产性固定资产投资	年存货投资	有无预防性储蓄	预防性储蓄额	周转现金持有量	保险购买
	Tobit	Tobit	Probit	Tobit	Tobit	Probit
控制变量	已控制	已控制	已控制	已控制	已控制	控制变量
LR χ^2	120.68***	194.08***	102.09***	120.52***	204.89***	187.90***
Pseudo R^2	0.1325	0.1420	0.0972	0.1683	0.1368	0.1926
样本量			832			

注：工具变量估计的 DWH 内生性检验结果均无法拒绝金融素养为外生变量的原假设，且一阶段 F 值均大于 10，表明不存在弱工具变量问题，限于篇幅，此处只报告基准模型估计结果；*、**、*** 分别表示在 10%、5% 和 1% 的统计水平上显著，表中报告的是估计的边际效应，括号内数值为标准误。

五、本章小结

本章依据计划行为理论深入阐释了金融素养影响农民创业基本决策、劳动力配置决策、资产配置决策的理论逻辑并提出研究假说，采用工具变量法实证探究了金融素养对农民创业基本决策、劳动力配置决策、资产配置决策的差异化影响。研究结果表明：

①金融素养显著影响农民创业基本决策。金融素养及金融知识、金融能力、金融意识三个分维度均显著促进农民选择创业，且金融知识对农民有无创业决策的影响依次大于金融能力和金融意识。无论农民在农业领域、非农领域抑或多行业创业，金融素养均发挥显著的积极作用。金融素养每提升 1 个单位，农民创业概率增加 27.21%，农业创业、非农创业、多行业创业的概率分别增加 44.09%、89.68%、28.42%；金融素养对农民非农创业的影响大于其对农业创业和多行业创业的影响。金融素养整体及分维度均对非创业农民未来创业意向产生显著促进作用。

②金融素养显著影响农民创业劳动力配置决策。金融素养对创业农民短期雇佣劳动力决策、长期雇佣劳动力决策和生产环节外包决策均产生显著的正向影响。金融素养每提升 1 个单位，创业农民实施短期雇佣的概率增加 72.62%，短期雇佣人数增加 10 人；创业农民实施长期雇佣的概率增加

10.13%，长期雇佣人数增加约 7 人；创业农民实施部分或全部生产环节外包的概率增加 14.01%。

③金融素养显著影响农民创业资产配置决策。金融素养对创业农民生产性固定资产投资、年存货资产投资、创业预防性储蓄、周转资金持有量、保险购买决策均产生显著正向影响。金融素养每增加 1 个单位，创业农民生产性固定资产投资额将增加 59.16 万元；年存货资产投资额将增加 44.58 万元；实施预防性储蓄决策的概率增加 27.91%，预防性储蓄额增加 36.46 万元；周转现金持有量增加 37.48 万元；农民购买与创业相关保险的概率增加 23.04%。

④性别、年龄、受教育程度、创业能力等个体特征，家庭劳动力数量、亲友中有无村干部或公务员、有无亲友供职于银行或信用社、房产价值、实际经营耕地面积、创业行业与年限等家庭特征，村庄在乡镇富裕程度、乡镇正规金融机构数目、长期雇佣工资水平、短期雇佣工资水平、区域非农就业和可雇佣劳动力情况等村庄特征对农民创业基本决策、劳动力配置决策、资产配置决策产生差异化的显著影响。

第六章 农地产权交易影响农民创业决策的实证分析

农地产权制度改革和农地金融改革协同推进背景下，我国覆盖县、乡、村三级的农村产权交易体系逐渐形成和完善，农民农地产权交易行为日益多样化。农地流转特别是规模流转现象的日益活跃为农民从事农业适度规模经营、开展涉农创业提供必要的土地资源保障；同时，农地抵押融资特别是流转农地抵押融资政策的实施，为涉农创业主体缓解流动性约束、优化投资结构、提高经营层次和改善创业质量提供重要的资金支持。由此可见，农地流转和农地抵押贷款均以推动农业适度规模经营、促进现代农业发展和农民收入增长为主要目的，并分别通过土地资源和信贷资源的优化配置来实现。尽管学界关于农地"三权分置"后承包权与经营权的性质及法律构建尚存在分歧，但对该制度安排的必然性、功能价值和积极效应基本形成共识（张旭鹏等，2017）。诸多研究指出，农地"三权分置"的产权制度安排极大地提升了农地资源配置效率，对优化各类农业生产要素配置，充分发挥农业经营主体的功能具有重要作用（康涌泉，2014；陈朝兵，2016），但鲜有研究针对性地从农民创业层面进行经济效应的探讨。制度经济学家 Baumol（1990）和 North（1990）指出科学合理的制度安排有助于提高创业者从事生产性创业活动的积极性，进而促进经济增长。农地流转和抵押融资推动的农业适度规模经营与农民涉农创业密切相关，即农业适度规模经营有助于农民跨越创业门槛，积极开展涉农创业；而农民涉农创业行为的实施亦有助于推动农地规模转入和适度规模经营。因此，推进农民创业尤其是涉农创业与现阶段深化农地产权制度改革目标具有逻辑上的一致性，农地产权制度改革与农民创业支持政策之间具有内在政策目标的契合性。

鉴于农地适度规模经营的量化标准尚不统一，本章选取较易量化且使用较为广泛的农民创业概念，以实证检验农民创业决策视角下农地产权制度改革政策执行效果。农地"三权分置"实施以来，我国农地产权交易得以快速发展，但同时农地流转还存在有效需求增长缓慢、流转效率低、政策驱动力度强而市场拉动作用弱等问题，农地抵押融资存在金融机构供给积极性低、实际贷款用途偏离预期、贷款供需难以实现有效匹配等问题，致使农地产权制度改革的预期效果面临被削弱的风险。本章试图从创业决策层面评估农民农地产权交易的经济效果，实证分析农地经营权流转交易和抵押融资交易对农民创业决策的影响效果，并针对性检验农民创业决策视角下农地产权制度改革政策执行效果与政策预期的偏差，以期优化农地流转、农地抵押贷款的相关支持措施，促进农地产权制度改革与农民创业支持两股政策措施的有效对接。

一、农地产权交易影响农民创业决策的研究假说

（一）农地流转交易影响农民创业决策的研究假说

中国农地产权交易实质为产权管制背景下农地经营权的暂时性转让，包括租赁、互换、转让、入股等形式，以实现农地产权结构的优化和农地市场资源配置效率的提高。基于产权经济学理论的研究指出特定的农地产权形式或不同的农地产权结构通过激励约束效应和资源优化配置效应对产权主体的目标和行为产生影响，从而导致不同的经济绩效（陈志刚和曲福田，2006；钱忠好和冀县卿，2010）。其中，激励约束效应指产权关系明晰、利益关系明确有助于强化经济活动当事人的内在动力，提高经济运行效率。资源配置效应指不同的产权安排或产权结构的差异必将引致不同的资源配置效果，即产权安排或产权结构驱动资源配置状态改变或影响资源配置的调节机制。鉴于农地经营权流转交易使农地产权结构在更大范围内得以优化，其对不同产权主体的行为决策应产生差异化的影响。总体来看，一方面，农地流转具有边际产出拉平效应，即促使土地资源由生产效率较低的农户转向生产效率较高的农户，并通过分工引致的规模效应和交易产生的投资效应实现农地资源优化配置（陈志刚等，2007）。农地转入尤其是规模转入产生投资促进效应，激励农民积极扩大经营规模和跨越农业创业门槛；农地转出体现农民对农业

和非农经营比较效益的考量，促使农民生计策略适时调整，增加其非农领域投资创业的倾向性。另一方面，农地流转使农地产权在行为能力和经营决策偏好不同的主体之间重新安排，进而对农地转入和农地转出主体的资源配置状态产生差异化的作用。鉴于农地流转对农民创业决策的影响不仅体现在基本决策阶段，还体现在创业具体实施阶段，劳动力配置和资产配置决策是农民创业实施过程中两大关键环节，本书分别阐释农地流转对农民创业基本决策、劳动力配置和资产配置决策的影响机理，如图 6-1 所示。

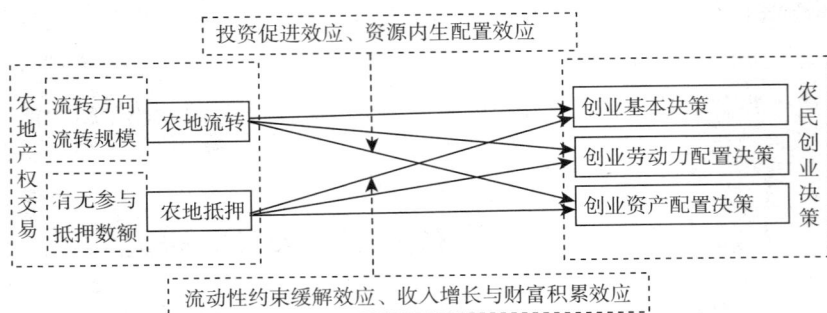

图 6-1 产权经济学研究范式下农地产权交易对农民创业决策的影响机理

1. 农地流转交易影响农民创业基本决策的理论分析

农地流转交易参与使农民农地资源禀赋产生数量和结构性的变化，进而影响农民农业依赖性和对不同行业生计策略的偏好。学者 Jin 和 Deininger（2009）研究指出土地租赁市场的发展不仅提高了农业部门的生产效益，而且促进了非农部门经济的增长。农地流转可通过边际产出拉平效应和投资促进效应优化农地资源配置，助推农民不同行业创业的实施。农地转入和转出交易对农民创业基本决策的影响路径具有差异性，具体表现为：农地转入尤其是规模转入直接影响农业经营的层次，促进规模经营效益的形成，激发新的投资需求，推动有创业激情和创业能力的农民积极跨越农业创业门槛或开展以农业创业为基础的多行业创业。此外，农地转入对农民非农投资形成挤出效应，直接削弱农民非农创业倾向。农地转出获取的短期或长期租金可为农民非农领域创业提供部分资金支持，同时农地转出相较于农地撂荒可在一定程度上保持耕地肥力，有效解除农民非农领域创业型就业的农地牵连。此外，农地转出使农民持有农地资源禀赋减少、农地依赖性降低，可直接降低农民涉农创业和以农业为基础的多行业创业倾向。基于上述分析，本书提出如下假说：

H6-1a：农地转入交易对农民农业创业决策产生正向影响。

H6-1b：农地转入交易对农民非农创业决策产生负向影响。

H6-1c：农地转入交易对农民多行业创业决策产生正向影响。

H6-1d：农地转出交易对农民农业创业决策产生负向影响。

H6-1e：农地转出交易对农民非农创业决策产生正向影响。

H6-1f：农地转出交易对农民多行业创业决策产生负向影响。

2. 农地流转交易影响农民创业劳动力配置决策的理论分析

农地流转方向与规模直接关系农民对劳动力的合理配置决策。已有文献针对农地流转与劳动力转移的关系探讨较多，但鲜有研究关注农地流转对农村劳动力雇佣市场的影响。王颜齐和郭翔宇（2011）指出国家相关产业政策的实施有效调动了专业大户、农民专业合作组织和农业企业等主体参与农地流转尤其是规模流转的积极性，推动了农地规模经营；加之政府优惠政策的激励，农业规模经营主体倾向于以有偿雇佣的方式吸纳农村富余劳动力从事农业生产和经营管理活动，有效促进了农业雇佣生产规模的增长。陈昭玖和胡雯（2016）基于威廉姆森分析范式构建了"产权—交易—分工"的逻辑框架，阐释了农民生产环节外包的决定机理。胡新艳等（2016）进一步认为，农地产权细分及交易显著提升了农业的规模经济和分工效率，促进农业生产性服务体系的形成和外包市场的发育。农地转入的规模越大、流转契约期限越长，农民越倾向于扩大农地投资规模，对劳动力的长短期雇佣需求也随之增加；同时，限于经营能力和客观条件制约，转入农地从事规模经营的农民会适时采取部分或全部生产环节外包，以保障规模经营的有序运转，最大限度地降低生产经营风险并获取最大化的收益。农地转出交易直接推动家庭劳动力非农部门工资雇佣型就业或自主创业等生计选择。其中，非农创业活动对长短期雇佣劳动力表现出不同程度的需求，因此农地转出虽未直接作用于农民长短期劳动力雇佣行为，但可通过影响农民非农创业选择进而影响其长短期劳动力雇佣决策；而对于农地转出后的非农工资雇佣型就业，农地转出将抑制农民长短期雇佣劳动力行为。鉴于此，本研究提出如下假说：

H6-2a：农地转入交易对农民创业短期雇佣决策产生正向影响。

H6-2b：农地转入交易对农民创业长期雇佣决策产生正向影响。

H6-2c：农地转入交易对农民创业生产环节外包决策产生正向影响。

H6-2d：农地转出交易对农民创业短期雇佣决策产生正向或负向影响。

H6-2e：农地转出交易对农民创业长期雇佣决策产生正向或负向影响。

H6-2f：农地转出交易对农民创业生产环节外包产生正向或负向影响。

3. 农地流转交易影响农民创业资产配置决策的理论分析

农地流转方向及规模与农民资产配置决策之间存在内在关联关系，不同方向和规模的农地流转影响农民资产配置的类型和比例结构。姚成胜和万珍（2016）研究指出，农地转入提高了农民储蓄水平，而农地外包降低了农民储蓄额，且引致家庭经营资产比重的上升。农地转入尤其是规模转入直接增加农民生产性固定资产投资，同时经营规模越大，年存货资产投资相应越高。农地转入所带来的规模经营直接增加对周转资金配置的需求以保障生产经营活动有序运转，同时在一定程度上促进农民增加预防性储蓄额，推动农民购买保险，以有效防范生产经营尤其是农地规模经营的风险。农地转出引致农民生计选择的改变，农地转出后从事非农工资雇佣型就业可在较大程度上减少生产性固定资产和存货资产的投资，减少对预防性储蓄和周转资金的需求；而农地转出后从事非农创业则在一定程度上增加非农生产性固定资产投资和存货资产投资，增加对预防性储蓄和周转资金的需求。由此，本研究提出如下假说：

H6-3a：农地转入交易对农民创业生产性固定资产配置决策产生正向影响。

H6-3b：农地转入交易对农民创业年存货资产配置决策产生正向影响。

H6-3c：农地转入交易对农民创业预防性储蓄决策产生正向影响。

H6-3d：农地转入交易对农民创业周转现金持有决策产生正向影响。

H6-3e：农地转入交易对农民创业相关的保险购买决策产生正向影响。

H6-3f：农地转出交易对农民创业生产性固定资产配置决策产生正向或负向影响。

H6-3g：农地转出交易对农民创业年存货资产配置决策产生正向或负向影响。

H6-3h：农地转出交易对农民创业预防性储蓄决策产生正向或负向

影响。

H6-3i：农地转出交易对农民创业周转现金持有决策产生正向或负向影响。

H6-3j：农地转出交易对农民创业相关的保险购买决策产生正向或负向影响。

（二）农地抵押融资交易影响农民创业决策的研究假说

产权抵押融资以农民所拥有产权为抵押标的物，相较于信用、担保等其他融资方式具有节约面子成本和减少对人际关系的依赖等优势，因而在试点地区成为农民获取融资的重要渠道（曾庆芬，2010）。前文机理分析已指出，农地抵押贷款主要通过影响农民创业资源的配置结构，促使生产经营的升级，进而影响农民创业的质量和水平。农地抵押贷款有助于缓解创业初期及发展期的融资约束，促进创业项目的启动实施，同时为创业发展过程中的劳动力配置和资产选择提供必要的周转资金支持。因此，农地抵押贷款对农民创业决策的影响不仅体现在起始阶段的基本决策，还体现在创业实施阶段的劳动力配置决策和资产配置决策等方面。总体上，农地抵押贷款可通过融资约束缓解效应和收入增长效应促进农民创业决策优化，影响机理如图6-1所示。

1. 农地抵押贷款影响农民创业基本决策的理论分析

融资约束是农民实施创业决策面临的关键门槛之一。通过申请农地抵押贷款，为投资生产经营活动筹集资金是诸多农户的重要参与动机。郭忠兴等（2014）分析指出农地抵押贷款作为农地资产资本化的重要形式，可通过降低贷款交易费用割断"利率提升链"，增加农民资本积累、提升其财富水平，进而促进经济增长。农地抵押贷款资金投入到生产经营活动各环节，有助于缓解流动资金约束状况，促进新品种、新技术及新设备采用，推动生产经营规模稳步增长，提升农民经营性收入水平、加速其财富累积。农民可支配的经营性收入的增长为其创业提供更多资本金，促进生产经营活动的升级，激励农民积极跨越创业门槛，实施更高层次的生产经营行为。理论上，农地抵押贷款资金应用于各行业均将促进相应行业生产经营活动的有序开展，但农地抵押贷款主要服务于农业生产经营尤其是农业适度规模经营的政策设计，使农地抵押贷款主要对农业创业产生积极作用。同时，考虑到农地抵押贷款政策实践中贷款用途偏离农业用途的现象频发，农地抵押融资对农民非农创业的作用效果有待实证检验。基于此，本研究提出如下假说：

H6-4：农地抵押融资交易对农民创业基本决策产生正向影响。

H6-4a：农地抵押融资交易对农民有无创业决策产生正向影响。

H6-4b：农地抵押融资交易对农民农业创业决策产生正向影响。

H6-4c：农地抵押融资交易对农民非农创业决策产生正向影响。

H6-4d：农地抵押融资交易对农民多行业创业决策产生正向影响。

2. 农地抵押贷款影响农民创业劳动力配置决策的理论分析

劳动力的合理配置关系创业决策实施需考虑的最重要要素，即人力要素。劳动力投入数量和质量、是否雇佣劳动力、是否采取机械替代劳动力、是否采用部分生产环节外包的形式等决策均是优化创业事业劳动力配置的诸多方面。农地抵押贷款资金的获取在一定程度上缓解了农民流动性约束状况，有助于支付农民创业实践中雇佣长短期劳动力产生的雇佣费用以及生产环节外包产生的外包费用。劳动力数量和质量等方面的合理配置有助于农民突破创业的人力资本约束，增强其生产经营规模、行业及组织形式选择的灵活性，提升家庭抵御生产经营风险的能力，推动农民实现规模经济效益，并保障创业事业健康有序运转。由此，本研究提出如下假说：

H6-5：农地抵押融资交易对农民创业劳动力配置决策产生正向影响。

H6-5a：农地抵押融资交易对农民长期劳动力配置决策产生正向影响。

H6-5b：农地抵押融资交易对农民短期劳动力配置决策产生正向影响。

H6-5c：农地抵押融资交易对农民生产环节外包决策产生正向影响。

3. 农地抵押贷款影响农民创业资产配置决策的理论分析

资产合理配置作为创业决策的重要内容，其主要涉及初始投资额与年新增投资额，机器设备等生产性固定资产投资，生物资产或在产品等非固定资产投资，以及保险、预防性储蓄、周转资金等金融资产配置。农地抵押贷款的获取及其规模在一定程度上影响农户生产经营活动的资产配置结构，农地抵押贷款资金越多，越有助于增强农民长短期资产配置决策的灵活性。短期内较高数额的农地抵押贷款直接促进农民存货资产的投资，增加农户生产经营周转资金持有量。长期来看，农地抵押贷款获批笔数越多、金额越大，农民生产经营活动中越倾向于增加回收期较长的生产性固定资产投资，并积极采用保险购买、预防性储蓄等风险防范措施。农民在生产性固定资产、存货资产、周转资金、预防性储蓄等方面的合理配置直接关系其创业初始资金及后续运营资金供给、生产资料及设施的配备、创业风险防御，因而最终影响创业成败、行业选择及所创事业可持续性。鉴于此，本研究提出如下假说：

H6-6：农地抵押融资交易对农民创业资产配置决策产生正向影响。

H6-6a：农地抵押融资交易对农民创业生产性固定资产配置决策产生正向影响。

H6-6b：农地抵押融资交易对农民创业年存货资产配置决策产生正向影响。

H6-6c：农地抵押融资交易对农民创业预防性储蓄决策产生正向影响。

H6-6d：农地抵押融资交易对农民创业周转现金持有决策产生正向影响。

H6-6e：农地抵押融资交易对农民创业相关的保险购买决策产生正向影响。

（三）农民创业决策视角下农地产权制度改革效果检验的研究假说

1. 农民创业决策视角下农地经营权流转政策效果检验的研究假说

农地"三权"分置改革使农地经营权与承包权实现分离，有效促进了农地流转特别是农地的规模流转。农地经营权流转特别是规模流转现象的日益活跃加速了农村土地要素的流动、重塑了农村人地关系新格局，为农民从事农业适度规模经营提供必要的物质基础，且农业适度规模经营的有序开展有助于农民创业尤其是涉农创业活动的实施。因此，助推农民创业应是农地确权改革基础上，激活农地产权交易、唤醒农村"沉睡"土地资产，顺应农业适度规模经营、发展新型农业经营主体，不断增强农村经济转型发展内生动力的必然趋势和客观要求。2014年11月国务院公布的《关于引导农村土地经营权有序流转发展农业适度规模经营的意见》明确指出，"土地流转和适度规模经营是发展现代农业的必由之路，有利于优化土地资源配置和提高劳动生产率，有利于促进农业技术推广应用和农业增效、农民增收""在稳定完善农村土地承包关系基础上，规范引导农村土地经营权有序流转、加快培育新型农业经营主体等是可行路径"①。由此可见，促进农业适度规模经营是现阶段推动农地经营权流转改革的应有之义。鉴于农业适度规模经营的有序开展有助于农民涉农创业的顺利实施，助推农民涉农创业应是农地经营权流转改革预期目标的合理延伸。与此同时，上述意见还指出"鼓励有条件的地方制定扶持政策，引导农户长期流转承包地并促进其转移就业"，表明推进农地流转改革过程中还应关注农地转出户特别是长期转出户的生计问题，促进农地转出户的非农工资雇佣型或自主创业型就业，以有效强化农地经营权流转改革的政策效果。当前中国农地流转市场发育程度较低、流转中介服务不完善等背景下，农民农地流转整体上存在平均规模小而地块分散、政府主导作用强而市场作用弱、农地流转交易不规范等问题，导致农地流转对农民农业适度规模经营和涉农创业的促进作用存在被削弱的可能，从而导致农地经营权流转改革的政策执行效果面临偏离政策设计初衷的风险。

理论上，农地流转用途严格管控条件下，农地流转尤其是规模流转对促进农民农业适度规模经营发挥积极作用，显著促进了农民农业创业，农地经营权流转改革的政策执行效果符合其政策预期。同时，还需考虑以下情形：农地流转对农民农业创业的推动作用可能因平均流转规模较小且地块较为分散等原因而并不明显，若此则农地经营权流转改革的政策执行效果与其政策预期存在一定偏差。此外，考虑到农地转出户的生计决策，农地流转在显著促进农民农业创业的同时，也可能显著推动农地转出户的非农创业实践，若此则农地经营权流转政策执行效果较好且具有一定的政策溢出效应。基于上述分析，本书提出如下假说：

H6-7a：农地经营权流转改革政策执行效果未偏离政策预期且未产生政策溢出效应，即农地流转显著促进农民农业创业决策，但对农民非农创业未发挥显著作用。

H6-7b：农地经营权流转改革政策执行效果偏离政策预期，即农地流

① 资料来源：新华社．中共中央办公厅、国务院办公厅印发《关于引导农村土地经营权有序流转发展农业适度规模经营的意见》，http：//www. gov. cn/xinwen/2014－11/20/content_2781544. htm.

转对农民农业创业决策的影响不显著。

　　H6 - 7c：农地经营权流转改革政策执行效果未偏离政策预期且产生一定的政策溢出效应，即农地流转既显著促进了农民农业创业，也推动了农民非农创业。

　　2. 农民创业决策视角下农地经营权抵押融资政策效果检验的研究假说

　　当前，我国农地产权交易制度尚不完善、农地经营权抵押处置及风险防范机制尚不健全，农地抵押贷款实施具有政策力度强而市场推动弱的特殊性，参与农地抵押贷款试点的金融机构在保证贷款资金安全及财务可持续性基础上，还需严格执行政策试点要求，以充分发挥农地抵押贷款的支农效益。已有基于多试点地区的调查统计发现，农地抵押贷款实践中诸多农户以生产名义获取贷款，但将贷款用于建房、医疗、婚丧嫁娶等非生产性消费，还有相当一部分农户将农地抵押贷款用于非农投资经营，真正用于农业生产用途的农地抵押贷款比例不高（陈明，2018）。鉴于此，从农户创业决策层面深入评估农地抵押贷款政策执行效果时，还应充分考虑农地抵押贷款政策设计本身意图。2015 年 8 月国务院公布实施的《国务院关于开展农村承包土地的经营权和农民住房财产权抵押贷款试点的指导意见》（国发〔2015〕45 号）在严格试点条件中强调"试点地区应满足农业适度规模经营势头良好、具备规模经济效益"，并在试点任务中突出"支持农业适度规模经营，鼓励对经营规模适度的农业经营主体发放贷款"。2016 年 3 月中国人民银行联合中国银保监会、财政部等多部门出台的《农村承包土地的经营权抵押贷款试点暂行办法》第八条明确规定"借款人获得的承包土地经营权抵押贷款，应主要用于农业生产经营等贷款人认可的合法用途"，第十一条进一步指出"鼓励贷款人在农村承包土地的经营权剩余使用期限内发放中长期贷款，有效增加农业生产的中长期信贷投入"。上述规定直接反映出农地抵押贷款试点政策初衷在于重点支持农户从事农业产业内生产经营尤其是适度规模经营活动，农户因从事非农生产经营或者因建房、购房、家庭日常生活开支、医疗教育费用等消费性支出产生的资金需求并不在农地抵押贷款政策预期的支持范围之内。但如前文所述，限于金融机构监管力度和贷后跟踪检查机制不完善，农地抵押贷款实践中存在诸多农户以农业用途名义申请农地抵押贷款，但获贷成功后，并未将所有贷款悉数投入到农业生产用途，而是部分或全部的用于家庭非农生产经营或消费性支出，导致农地抵押贷款政策执行效果有偏离政策预期的可能。

理论上讲，随着金融机构对农地抵押贷款申请主体贷前资格审查及贷后动态追踪的不断加强，整体上农地抵押贷款用途应未偏离政策预期即主要用于农业生产经营活动，农地抵押贷款的获取有助于农户积极开展农业领域内创业。但鉴于农地抵押贷款政策执行效果尚不明确，检验农地抵押贷款对农户分行业创业决策的影响还需考虑其他两种可能：即当农地抵押贷款用途部分偏离政策预期即部分贷款资金被用于农业生产经营、部分资金被用于非农生产经营或家庭消费，农地抵押贷款既有助于促进农户农业创业，也同时助力农户结合自身主客观条件开展非农创业活动；而当农地抵押贷款用途完全偏离政策预期即贷款资金主要被用于非农生产经营或支付家庭各方面消费，农地抵押贷款将在一定程度上缓解农户非农领域创业所面临的资金约束，提高其非农创业的概率。基于上述分析，本书提出如下研究假说：

H6-8a：农地抵押贷款政策执行效果未偏离政策预期，即农地抵押贷款显著促进农户农业创业决策。

H6-8b：农地抵押贷款政策执行效果完全偏离政策预期，即农地抵押贷款显著促进农户非农创业决策。

H6-8c：农地抵押贷款政策执行效果部分偏离政策预期，即农地抵押贷款既显著促进农户农业创业决策也显著促进其非农创业决策。

二、农地流转交易影响农民创业决策的实证分析

（一）研究设计

1. 变量选取及描述性统计

为优化农地流转参与样本和未参与样本的匹配效果，减少倾向得分匹配的误差，本书尽可能多地引入农地流转决策的诱因变量。具体选取受访者性别、年龄、年龄平方、受教育程度、婚姻状况、务农年限、风险偏好、农地依赖性、创业能力反映受访者个体特征，选取劳动力数量、主要劳动力身体健康状况、有无亲友任职村干部或公务员、有无亲友供职于银行或信用社、经常联系微信好友数、房产价值、农地确权颁证反映受访者家庭特征，选取

村庄在本乡镇富裕程度、村庄到乡镇的距离、乡镇正规金融机构数目、村庄创业氛围、区域非农就业机会、村庄农地流转情况、农地流转政策宣传情况、本地社会保障水平反映受访者所处村庄特征。此外，引入"是否陕西"和"是否宁夏"两个区域虚拟变量。

样本基本情况描述如下：受访样本中创业农民的比例为 42.73%，其中，存在农业创业、非农创业和多行业创业的比例分别为 28.29%、16.64% 和 2.26%。创业样本劳动力配置决策方面，有短期雇佣劳动力和长期雇佣劳动力的比例分别为 53.28% 和 27.98%，且短期和长期雇佣劳动力数量均值分别约为 8 人和 2 人，有生产环节外包的样本占比 10.62%。创业样本资产配置决策方面，生产性固定资产投资、年存货资产投资均值分别为 18.80 万元和 21.90 万元，实施预防性储蓄的样本比例为 35.10%，且预防性储蓄额平均为 3.70 万元，此外，周转现金持有量平均为 3.50 万元，购买创业相关的保险占比为 28.40%。农地流转方面，样本参与农地转入和农地转出交易的比例分别为 28.00% 和 21.26%，且农地转入和农地转出交易规模平均值分别为 17.61 亩和 1.02 亩。受访样本个体特征方面，男性占比 70.88%，平均年龄为 47.11 岁，受教育程度平均为初中水平，已婚占比接近 98.20%，务农年限平均为 25 年，风险厌恶、风险中性和风险偏好的样本比例分别为 24.81%、16.23% 和 58.96%，样本农地依赖性较高和非常高的比例分别为 31.40% 和 39.36%。受访样本家庭特征方面，家庭劳动力数量平均接近 3 人，主要劳动力身体健康状况差、一般和好的比例分别为 12.02%、17.82% 和 70.16%，有亲友任职村干部或公务员的比例为 45.71%，有亲友供职于银行或信用社的比例为 12.27%，经常联系微信好友数平均为 30 人，房产价值均值为 18.56 万元，已完成农地确权颁证工作的比例为 80.57%。受访样本村庄特征方面，村庄在所处乡镇的富裕程度为贫困、一般和富裕的比例分别为 6.89%、41.09% 和 52.02%，村庄到乡镇的距离平均为 4.91 千米，乡镇正规金融机构数目均值为 2 个，区域非农就业机会较少、一般和较多的比例分别为 35.08%、17.57% 和 47.35%，村庄农地流转情况为不频繁、一般和频繁的比例分别为 51.93%、9.91% 和 38.16%，农地流转政策宣传情况为不频繁、一般和频繁的比例分别为 29.33%、9.19% 和 61.48%，当地社会保障水平为差、一般和好的比例分别为 15.62%、22.15% 和 62.23%。上述各变量的定义、赋值及描述性统计如表 6 - 1 所示。

表 6 - 1　变量定义、赋值及描述性统计

变量类别	变量名	变量赋值	均值	标准差	最小值	最大值
创业 基本 决策	创业	未创业＝0；创业＝1	0.42	0.49	0	1
	农业创业	无农业创业＝0；有农业创业＝1	0.28	0.45	0	1
	非农创业	无非农创业＝0；有非农创业＝1	0.17	0.37	0	1
	多行业创业	不同时有农业和非农创业＝0； 同时有农业和非农创业＝1	0.02	0.15	0	1
创业 劳动力 配置 决策	有无短期雇佣	无＝0；有＝1	0.53	0.49	0	1
	短期雇佣数量	实际调查值（人）	7.88	17.04	0	120
	有无长期雇佣	无＝0；有＝1	0.28	0.45	0	1
	长期雇佣数量	实际调查值（人）	1.86	6.88	0	100
	生产环节外包	无＝0；有＝1	0.11	0.31	0	1
创业 资产 配置 决策	生产性固定资产 投资	实际调查值（十万元）	1.88	4.17	0	30
	年存货资产投资	实际调查值（十万元）	2.19	7.14	0	12
	有无预防性储蓄	无＝0；有＝1	0.35	0.48	0	1
	预防性储蓄额	实际调查值（十万元）	0.37	1.19	0	10
	周转现金持有量	实际调查值（十万元）	0.35	0.48	0	1
	创业相关的保险 购买	无＝0；有＝1	0.28	0.45	0	1
农地 流转	有无农地转入	无＝0；有＝1	0.28	0.45	0	1
	农地转入规模	实际调查值（亩）	17.61	94.75	0	1 500
	有无农地转出	无＝0；有＝1	0.21	0.41	0	1
	农地转出面积	实际调查值（亩）	1.02	3.14	0	40
个体 特征	性别	女＝0；男＝1	0.71	0.46	0	1
	年龄	实际调查值（岁）	47.11	10.12	20	68
	年龄平方	计算所得：年龄平方除以100	23.22	9.38	4	46.24
	受教育程度	接受教育具体年限（年）	7.64	3.71	0	25
	婚姻状况	未婚＝0；已婚＝1	0.98	0.15	0	1
	务农年限	实际调查值（年）	25.40	13.22	0	52

（续）

变量类别	变量名	变量赋值	均值	标准差	最小值	最大值
个体特征	风险偏好	无任何风险＝1；略低风险、略低回报＝2；平均风险、平均回报＝3；略高风险、略高回报＝4；高风险、高回报＝5	3.52	1.25	1	5
	农地依赖性	非常不同意＝1；比较不同意＝2；中立＝3；比较同意＝4；非常同意＝5	3.88	1.20	1	5
	创业能力	因子分析所得	−0.01	0.99	−3.14	1.37
家庭特征	劳动力数量	实际调查值（人）	2.60	1.02	0	7
	主要劳动力身体健康状况	非常差＝1；比较差＝2；一般＝3；比较好＝4；非常好＝5	3.79	0.94	1	5
	有无亲友任职村干部或公务员	无＝0；有＝1	0.46	0.50	0	1
	有无亲友供职于银行或信用社	无＝0；有＝1	0.12	0.33	0	1
	经常联系微信好友数	实际调查值（人）	29.94	69.63	0	800
	房产价值	实际调查值（万元）	18.56	24.83	0	200
	农地确权颁证	未完成＝0；已完成＝1	0.81	0.40	0	1
村庄特征	村庄在本乡镇富裕程度	非常贫困＝1；比较贫困＝2；一般＝3；比较富裕＝4；非常富裕＝5	3.58	0.94	1	5
	村庄到乡镇的距离	实际调查值（千米）	4.91	4.05	0	80
	乡镇正规金融机构数目	实际调查值（个）	2.12	1.17	0	7
	村庄创业氛围	因子分析所得	0.00	1.00	−2.88	1.58
	区域非农就业机会	非常少＝1；比较少＝2；一般＝3；比较多＝4；非常多＝5	3.11	1.02	1	5
	村庄农地流转情况	非常不频繁＝1；比较不频繁＝2；一般＝3；比较频繁＝4；非常频繁＝5	2.62	1.27	1	5
	农地流转政策宣传情况	非常少＝1；比较少＝2；一般＝3；比较多＝4；非常多＝5	3.34	1.26	1	5

（续）

变量类别	变量名	变量赋值	均值	标准差	最小值	最大值
村庄特征	本地社会保障水平	非常差＝1；比较差＝2；一般＝3；比较好＝4；非常好＝5	3.63	1.03	1	5
区域	是否陕西	否＝0；是＝1	0.32	0.46	0	1
	是否宁夏	否＝0；是＝1	0.36	0.48	0	1
	是否山东	否＝0；是＝1	0.32	0.46	0	1

注：①风险偏好变量通过询问受访者"您倾向于选择下列哪类投资项目？"进行测量，并认为受访者越倾向于高风险的投资项目，其风险偏好程度越高。②农地依赖性变量通过询问受访者"您是否同意土地是农民的命根子、离开土地心里会不踏实？"获取，并认为受访者越是持同意态度，其农地依赖性越高。③创业能力变量由 8 个测量题项因子分析提取 1 个公共因子所得，测量题项包括：不断追求进步的勇气、实现个人职业梦想的坚强意志、对所从事领域的远见和前瞻性、解决突发问题和事件的应变能力、不断学习和更新知识的进取心、事业发展规划能力、经营管理能力、市场变化适应能力和应对能力。④村庄创业氛围变量由 5 个测量题项进行因子分析所得，测量题项包括：本地做生意的市场机会、市场信息获取便利度、市场销售渠道广泛性、创业农民数量多寡、成功创业农民受关注度。

综合比较农地流转参与农民和未参与农民的各类经济指标可知，不考虑其他控制变量条件下，农地转入组农业创业、非农创业和多行业创业发生率均在 1％的统计水平上显著高于未参与农地转入组农民，农地转入组非农创业发生率在 1％的统计水平上显著低于农地未转入组农民。农地转入组农民短期雇佣发生率、短期雇佣数量、长期雇佣发生率、长期雇佣数量、生产环节外包分别在 1％、1％、1％、10％、10％的统计水平上显著高于未参与农地转入组农民。此外，农地转入组农民生产性固定资产投资额、预防性储蓄、购买创业相关保险的发生率分别在 1％、10％和 1％的统计水平上显著高于未参与农地转入组农民。农地转入参与组农民多为男性、年龄偏低、受教育程度略高、已婚、务农年限稍短、风险偏好与创业能力较强、主要劳动力身体健康状况较好、有亲友任职村干部或公务员、有亲友供职于银行或信用社、经常联系微信好友数较多、房产价值所反映的综合经济条件较好，且农地转入农民所在乡镇正规金融机构数目较多、村庄农地流转较为普遍、农地流转政策宣传较多。表 6-2 还显示，农地转出组农业创业、非农创业、多行业创业发生率分别在 5％、1％和 5％的统计水平上显著低于未参与农地转出组农民，农地转出参与组农民非农创业概率在 1％的统计水平上显著高于未参与农地转出组农民。此外，农地转出参与组农民短期雇佣发生率、短期雇佣数量和创业相关的保险购买分别在 1％、5％和 1％的统计水平上显著低于未参与农地转出农民，其生产性固定资产投资和年存货资产投资均在 10％的统计水平上显著高于农地转出未参与组农民。参与农地转出农民多为年龄和受教育程度较高、务农年限略长、农地依赖性较弱的群体，且这些农民所在村庄到乡镇的距离相对较近、区域非农就业机会相对较多、村庄农地流转较为频繁。鉴于农民农地流转决策是基于内外部条件的自选择结果，农民创业决策指标的差异性可能并非由农地流转参与直接导致，后文采用倾向得分匹配法实证测度农地流转参与对农民创业基本决策、创业劳动力配置和资产配置决策的影响净效应，以期深入揭示农地流转的资源配置效应。

表 6-2 农地流转参与农户与未参与农户主要特征指标描述性统计及差异

变量名	均值				差值	
	农地转入参与组（A）	农地转入未参与组（B）	农地转出参与组（C）	农地转出未参与组（D）	（A-B）	（C-D）
创业	0.62 (0.02)	0.35 (0.01)	0.37 (0.02)	0.43 (0.01)	0.27***	-0.06**
农业创业	0.55 (0.02)	0.18 (0.01)	0.14 (0.02)	0.32 (0.01)	0.38***	-0.18***
非农创业	0.12 (0.01)	0.18 (0.01)	0.24 (0.02)	0.15 (0.01)	-0.06***	0.09***
多行业创业	0.05 (0.01)	0.01 (0.00)	0.01 (0.00)	0.03 (0.00)	0.04***	-0.02**
有无短期雇佣	0.69 (0.03)	0.41 (0.02)	0.43 (0.04)	0.54 (0.02)	0.28***	-0.11***
短期雇佣数量	10.98 (1.11)	5.37 (0.67)	4.94 (0.88)	8.18 (0.71)	5.61***	-3.24**
有无长期雇佣	0.31 (0.03)	0.22 (0.02)	0.31 (0.04)	0.25 (0.02)	0.09***	0.06
长期雇佣数量	1.95 (0.32)	1.25 (0.28)	1.83 (0.51)	1.46 (0.23)	0.70*	0.37
生产环节外包	0.12 (0.02)	0.08 (0.01)	0.09 (0.02)	0.10 (0.01)	0.04*	-0.02
生产性固定资产投资	4.25 (0.61)	1.99 (0.44)	4.10 (1.36)	2.60 (0.31)	2.26***	1.50*

（续）

变量名	均值				差值	
	农地转入参与组 (A)	农地转入未参与组 (B)	农地转出参与组 (C)	农地转出未参与组 (D)	(A - B)	(C - D)
年存货资产投资	2.51 (0.41)	1.96 (0.26)	2.97 (0.73)	1.99 (0.22)	0.55	0.98*
有无预防性储蓄	0.38 (0.03)	0.32 (0.02)	0.36 (0.04)	0.35 (0.02)	0.06*	0.01
预防性储蓄额	0.35 (0.05)	0.32 (0.04)	0.27 (0.06)	0.35 (0.04)	0.03	−0.08
周转现金持有量	1.82 (0.25)	1.54 (0.22)	1.96 (0.46)	1.58 (0.17)	0.28	0.37
创业相关的保险购买	0.33 (0.03)	0.25 (0.02)	0.14 (0.03)	0.31 (0.02)	0.08***	−0.17***
性别	0.78 (0.02)	0.68 (0.01)	0.69 (0.02)	0.71 (0.01)	0.10***	−0.02
年龄	45.81 (0.38)	48.24 (0.30)	49.82 (0.54)	46.95 (0.27)	−2.43***	2.87***
年龄平方	21.75 (0.34)	24.50 (0.28)	25.99 (0.53)	23.13 (0.25)	−2.75***	2.86***
受教育程度	8.45 (0.15)	7.33 (0.10)	8.20 (0.17)	7.49 (0.10)	1.12***	0.71***
婚姻状况	0.99 (0.01)	0.98 (0.00)	0.98 (0.01)	0.99 (0.00)	0.01***	−0.01
务农年限	24.36 (0.51)	26.57 (0.38)	26.93 (0.74)	25.69 (0.34)	−2.21***	1.24*
风险偏好	3.84 (0.05)	3.40 (0.03)	3.45 (0.06)	3.54 (0.03)	0.44***	−0.09
农地依赖性	3.87 (0.05)	3.88 (0.03)	3.63 (0.06)	3.94 (0.03)	−0.01	−0.31***
创业能力	0.28 (0.04)	−0.12 (0.03)	0.02 (0.05)	0.00 (0.03)	0.40***	0.02
劳动力数量	2.62 (0.04)	2.60 (0.03)	2.59 (0.05)	2.60 (0.03)	0.02	−0.01
主要劳动力身体健康状况	3.99 (0.03)	3.71 (0.03)	3.82 (0.05)	3.78 (0.02)	0.28***	0.04

（续）

变量名	均值				差值	
	农地转入参与组（A）	农地转入未参与组（B）	农地转出参与组（C）	农地转出未参与组（D）	（A－B）	（C－D）
有无亲友任职村干部或公务员	0.50 (0.02)	0.44 (0.01)	0.46 (0.02)	0.45 (0.01)	0.06**	0.01
有无亲友供职于银行或信用社	0.15 (0.02)	0.11 (0.01)	0.14 (0.02)	0.11 (0.01)	0.04**	0.03
经常联系微信好友数	39.45 (3.90)	26.30 (1.60)	28.23 (3.28)	30.40 (1.81)	13.15***	2.17
房产价值	21.10 (1.22)	17.58 (0.63)	19.74 (1.34)	18.24 (0.62)	3.52***	1.50
农地确权颁证	0.81 (0.02)	0.80 (0.01)	0.78 (0.02)	0.81 (0.01)	0.01	－0.03
村庄在本乡镇富裕程度	3.55 (0.04)	3.59 (0.02)	3.62 (0.05)	3.57 (0.02)	－0.04	0.05
村庄到乡镇的距离	5.11 (0.29)	4.90 (0.22)	8.60 (0.31)	10.28 (0.22)	0.21	－1.67***
乡镇正规金融机构数目	2.03 (0.04)	2.15 (0.03)	2.10 (0.04)	2.12 (0.03)	0.13**	－0.02
村庄创业氛围	0.01 (0.04)	－0.00 (0.03)	0.01 (0.05)	－0.00 (0.03)	0.01	0.01
区域非农就业机会	3.16 (0.05)	3.09 (0.03)	3.27 (0.05)	3.07 (0.03)	0.07	0.20***
村庄农地流转情况	2.73 (0.05)	2.58 (0.03)	2.93 (0.06)	2.53 (0.03)	0.15**	0.40***
农地流转政策宣传情况	3.45 (0.05)	3.30 (0.03)	3.40 (0.06)	3.33 (0.03)	0.15**	0.07
本地社会保障水平	3.64 (0.04)	3.66 (0.03)	3.67 (0.05)	3.62 (0.03)	－0.02	0.05
是否陕西	0.29 (0.02)	0.32 (0.01)	0.35 (0.02)	0.31 (0.01)	－0.03	0.04*
是否宁夏	0.26 (0.02)	0.40 (0.01)	0.31 (0.02)	0.38 (0.01)	－0.14***	－0.07**

注：*、**、***分别表示在 10%、5% 和 1% 的统计水平上显著，差值比较采用的是 T 检验。

2. 农民农地流转参与反事实研究框架构建

本书首先设定农地流转参与及创业决策方程，在此基础上构建农地流转参与影响农民创业决策的反事实研究框架。

（1）农民农地流转参与方程及创业决策方程

依据 Becerril 和 Abdulai（2010）的随机效用决策模型，农户 i 参与农地转入（或转出）的效用（U_{1i}）和不参与农地转入（或转出）的效用（U_{0i}）之差用 T_i^* 表示，若 $T_i^* = U_{1i} - U_{0i} > 0$，则农户选择参与农地转入（或转出）。本书定义农民农地流转参与方程为：

$$T_i^* = \Phi(Z) + \varepsilon_1 \qquad (6-1)$$

如果 $T_i^* > 0$，则 $T_i = 1$；否则 $T_i = 0$

（6-1）式中，T_i^* 为潜变量，$T_i = 1$ 表示农民 i 参与过农地转入（或转出），$T_i = 0$ 表示农户 i 未参与过农地转入（或转出）；Z 为影响农民农地流转参与行为的外生解释变量向量，包括受访者个体特征、家庭特征及村庄特征，具体变量如表 6-1 所示；ε_1 为随机扰动项。

为测度农地转入（或转出）对农民创业基本决策的影响效应，本书定义农民创业基本决策方程如下：

$$Y_{1ki}^* = \varphi_1(X_i) + \delta_1 T_i + \varepsilon_2 \qquad (6-2)$$

（6-2）式中，因变量 Y_{1ki}^* 为创业基本决策潜变量，$k = 1$，2，3，4，分别反映农民 i 有无创业、农业创业、非农创业和多行业创业情况，如：若农民 i 有创业行为则 $Y_{1i} = 1$，否则 $Y_{1i} = 0$；X_i 为影响农民创业决策的控制变量向量，T_i 为农民 i 农地流转参与变量，ε_2 为随机扰动项。

为测度农地转入（或转出）对农民创业劳动力配置决策的影响效应，本书定义农民创业劳动力配置决策方程如下：

$$Y_{2li}^* = \varphi_2(X_i) + \delta_2 T_i + \varepsilon_3 \qquad (6-3)$$

（6-3）式中，因变量 Y_{2li}^* 为创业劳动力配置决策潜变量，$l = 1$，2，3，4，5，分别反映农民 i 有无短期雇佣劳动力、短期雇佣人数、有无长期雇佣劳动力、长期雇佣人数和生产环节外包决策，其中，Y_{21i}、Y_{23i}、Y_{25i} 为二分类变量，Y_{22i}、Y_{24i} 为非负整数；X_i 为影响农民创业决策的控制变量向量，T_i 为农民 i 农地流转参与变量，ε_3 为随机扰动项。

为测度农地转入（或转出）对农民创业资产配置决策的影响效应，本书定义农民创业资产配置决策方程如下：

$$Y_{3mi}^{*} = \varphi_3(X_i) + \delta_3 T_i + \varepsilon_4 \qquad (6-4)$$

（6-4）式中，因变量 Y_{3mi}^{*} 为创业资产配置决策潜变量，$m=1$，2，3，4，5，分别反映农民 i 生产性固定资产投资、存货资产投资、有无预防性储蓄、预防性储蓄额、周转现金持有量、创业相关的保险购买决策，其中，Y_{33i}、Y_{36i} 为二分类变量，Y_{31i}、Y_{32i}、Y_{34i}、Y_{35i} 具有典型的截断数据特征，且在零处删失。X_i 为影响农民创业决策的控制变量向量，T_i 为农民 i 农地流转参与变量，ε_4 为随机扰动项。

鉴于农民根据自身条件选择是否参与农地流转，农民农地流转参与（T_i）可能受到某些不可观测因素影响，而这些因素又与结果变量（Y_{1ki}、Y_{2li}、Y_{3mi}）相关，导致（6-2）（6-3）（6-4）式中的 T_i 分别与 ε_2、ε_3、ε_4 相关，因而，直接估计上述方程可能会因样本自选择问题而导致估计偏误。鉴于倾向得分匹配法（PSM）对函数形式假定、参数约束、误差项分布及解释变量外生性等方面无严格要求（Heckman and Vytlacil，2007），在处理样本自选择带来的选择偏差和有偏估计问题等方面具有明显优势，本书采用该方法进行实证模型设计。

（2）反事实分析框架与倾向得分匹配法

本书采用倾向得分匹配法进行估计的基本思想是在评估农地流转对农民创业决策的影响效应时，将农民划分为处理组（农地流转参与农民）和控制组（农地流转未参与农民）。因无法直接获取农地流转参与农民在未参与农地流转时其创业决策状态，需构造一个反事实框架：即在给定一组协变量（X）情况下，首先估计农民农地流转参与方程并计算农民 i 选择农地流转的条件概率 $p_i = P(T_i=1|X)$，记为倾向得分。其次为每个农地流转参与农民匹配一个倾向得分近似的农地流转未参与农民，从而构造一个统计对照组。该方法实质是创造一个随机实验条件，在多个协变量维度上将农地流转参与户与农地流转未参与户进行匹配，使得匹配后的两个农民除农地流转参与情况不同外，其他特征均基本相同，此时两样本的结果变量可视为同一农民两次不同实验（参与和未参与农地流转）的结果，其结果变量的差值即为农地流转参与的净效应。

依据 Rosenbaum 和 Rubin（1985）提出的反事实分析框架，定义处理组（农地流转参与组）的平均处理效应（Average Treatment Effect on the Treated，简记为 ATT ）为：

$$ATT = E(Y_{in}\,|\,T_i = 1) - E(Y_{in}\,|\,T_i = 1) = E(Y_{in} - Y_{in}\,|\,T_i = 1)$$

$$(6-5)$$

（6-5）式中，Y_{in} 反映农民 i 参与农地流转时的创业决策，Y_{in} 反映农民 i 未参与农地流转时的创业决策。ATT 衡量的是农地流转参与对农民创业决策的净影响，即测算农地流转参与农民在参与和未参与农地流转条件下的创业决策概率差异。$E(Y_{in}\,|\,T_i = 1)$ 是可直接观测到的结果，而 $E(Y_{in}\,|\,T_i = 1)$ 不可直接观测，即为反事实结果，可由倾向得分匹配法构造其替代结果。

上述倾向得分匹配估计的缺陷在于虽考虑了可观测因素对农民农地流转参与的影响，但未充分考虑影响该参与行为的不可观测因素。若协变量选取太少或选择不当，可能会导致可忽略性假设难以满足，进而影响依据倾向得分进行样本匹配的准确性（Heckman and Vytlacil，2007）。鉴于倾向得分匹配第一阶段估计倾向得分时存在不确定性，且在进行倾向得分匹配时存在不同的匹配方法，且各种方法对估计偏差和效率间的权衡存在差异，导致不同匹配方法的结果可能不同；若不同匹配方法的估计结果相似，则说明估计结果较为稳健（陈强，2014）。鉴于此，本书在尽可能引入更多协变量的同时，尝试采用最近邻匹配、卡尺匹配、卡尺内最近邻匹配、核匹配、样条匹配、偏差校正匹配六种不同的匹配方法，并将匹配结果进行比较；若不同方法所得结果差异较小，最终采用不同估计结果的算术平均值进行结果解释。

3. 农地流转交易规模影响农民创业决策的工具变量估计模型

鉴于倾向得分匹配估计无法评估农地流转规模的不同对农民创业决策的影响差异性，本书进一步检验农地流转规模对农民创业决策的影响效应。

（1）IV-Probit 模型

为考察农地流转规模对创业基本决策的影响，设定模型如下：

$$Prob(Y_{1ki} = 1\,|\,X_i) = Prob(\alpha_1 TS_i + \beta_1 X_i + \mu_{1i}) \quad (6-6)$$

（6-6）式中，Y_{1ki} 为虚拟变量，$Y_{1ki} = 1$ 表示农民当前有创业行为或某种类型的创业行为，$k=1，2，3，4$ 分别表示有无创业、有无农业创业、有无非农创业、有无多行业创业。TS_i 表示第 i 个样本的农地流转规模；X_i 为影响农民创业基本决策的控制变量；α_1、β_1 为估计系数；μ_{1i} 表示服从标准正态分布的随机误差项。上述模型可能因农地流转规模与创业决策之间的反向因果关系、遗漏变量或变量测量偏差等原因导致内生性问题。因此，本书选取"农地流转政策宣传情况"作为受访样本农地流转规模的工具变量，采用工具变量法对上述模型进行估计。

（2）IV-Poisson 模型

鉴于创业农民短期雇佣劳动力数量和长期雇佣劳动力数量具有计数数据特征，本书构建泊松回归模型实证检验农地流转规模对农民短期和长期雇佣劳动力数量的影响。农地流转规模对创业农民有无短期雇佣、有无长期雇佣、生产环节外包决策的影响均使用 IV-Probit 模型，不再详细展开。

$$P(Y_{2i} = y_i \,|\, x_i) = \frac{e^{-\lambda_i} \lambda_i{}^{y_{2i}}}{y_{2i}!} , \ y_{2i} = 0,1,2,\cdots \qquad (6-7)$$

$$\lambda_i = \exp(x_i \beta) = \exp(\beta_2 + \beta_3 TS_i + \beta_4 X_i) \qquad (6-8)$$

（6-7）式（6-8）式中，Y_{2i} 表示短期或长期雇佣劳动力数量，X_i 表示影响农民长短期雇佣劳动力数量决策的因素，λ_i 为泊松到达率，即表示事件发生的平均次数。泊松分布的期望与方差都等于泊松到达率。

（3）IV-Tobit 模型

鉴于生产性固定资产投资、年存货资产投资、预防性储蓄额、周转现金持有量近似连续型变量，但其数据从零点处删失，属于归并数据，本书采用 Tobit 模型检验农地流转规模对上述创业资产配置决策的影响，并设定方程如下：

$$\begin{cases} Y_{3i}^* = \alpha_0 + \beta_5 TS_i + \beta_6 X_i + \mu_{2i} \\ Y_{3i} = \max(0, Y_{3i}^*) \end{cases} \qquad (6-9)$$

（6-9）式中，Y_{3i}^* 为潜变量；Y_{3i} 表示第 i 个农民创业资产（生产性固定资产投资、年存货资产投资、预防性储蓄、周转现金）配置量；TS_i 表示农地流转规模；X_i 表示控制变量，如表 6-1 所示；μ_{2i} 为随机误差项。同理，本书采取工具变量法（IV-Tobit）进行估计，以尽量纠正（6-9）式模型可能存在的内生性问题带来的估计偏误。

（二）共同支撑域与平衡性检验

基于农地流转参与方程估计结果计算农民参与农地流转的条件概率拟合

值，即为农民 i 的倾向得分。本书采用农地流转参与农民与农地流转未参与
农民倾向得分的密度函数反映匹配前后两组样本的共同支撑域条件，分别如
图 6-2、图 6-3 所示。农地转入参与和农地转出参与农民匹配后倾向得分
均有较大范围的重叠。倾向得分计算结果显示，参与农地转入农民的倾向得
分区间为 [0.051 0，0.742 1]，未参与农地转入农民的倾向得分区间为
[0.000 1，0.707 8]，因此，两者共同支撑域为 [0.051 0，0.707 8]。参与
农地转出农民的倾向得分区间为 [0.049 4，0.941 4]，未参与农地转出农
民的倾向得分区间为 [0.000 1，0.631 5]，因此，两者共同支撑域为
[0.049 4，0.631 5]。前述六种匹配方法产生的农地转入处理组和农地转出

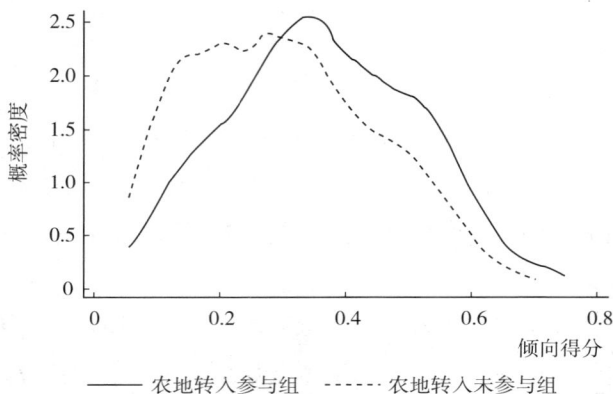

图 6-2　农地转入参与农民与未参与农民倾向得分的经验密度

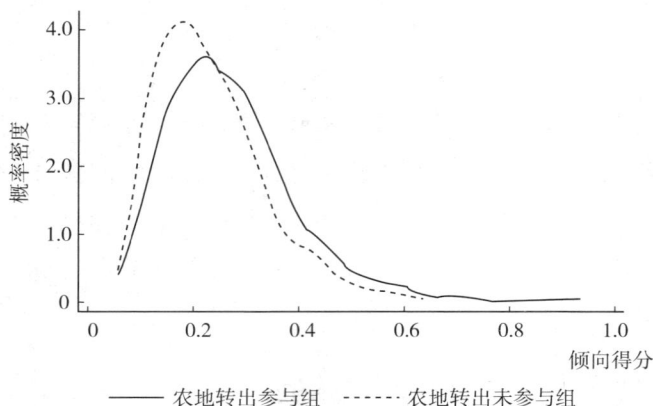

图 6-3　农地转出参与农民与未参与农民倾向得分的经验密度

处理组最大样本损失量分别为 7、4，控制组最大样本损失量分别为 92、101，相较于本书处理组样本量 414，控制组样本量 1 520，损失样本比例较小。因此，本书倾向得分匹配效果较好。

匹配后解释变量的平衡性检验结果表明，匹配后处理组和控制组样本在所有解释变量上均无显著差异。由表 6 - 3 可知，分别以农地转入和农地转出为处理变量的匹配后，Pseudo R^2 分别由 0.107、0.072 显著下降至 0.001～0.022、0.002～0.040，LR 统计量分别由 245.69、144.58 显著下降至 1.62～33.33、2.03～36.28，解释变量的联合显著性检验由匹配前的 1% 水平上显著变成在 10% 的水平上不显著；解释变量的均值偏差由 16.2%、10.8% 均下降至 10% 以内，中位数偏差由 13.0%、6.6% 也均下降至 10% 以内，总偏误明显降低。上述结果表明，农地转入和转出交易的样本匹配均有效平衡了处理组与控制组之间解释变量分布的差异，最大限度降低了样本选择偏误问题。

表 6 - 3　匹配前后解释变量的平衡性检验结果

匹配方法	农地转入				农地转出			
	Pseudo R^2	LR 值	P 值	均值偏差（%）	Pseudo R^2	LR 值	P 值	均值偏差（%）
匹配前	0.107	245.69	0.00	16.2	0.072	144.58	0.00	10.8
最近邻匹配	0.002	2.81	1.00	1.6	0.004	4.35	1.00	2.2
卡尺匹配	0.001	2.02	1.00	1.5	0.003	2.97	1.00	1.8
卡尺内最近邻匹配	0.002	3.29	1.00	1.9	0.004	4.75	1.00	2.2
核匹配	0.001	1.62	1.00	1.1	0.002	2.03	1.00	1.5
样条匹配	0.011	16.38	0.93	3.6	0.013	14.61	0.96	3.4
偏差校正匹配	0.022	33.33	0.15	6.8	0.040	36.28	0.16	6.2

注：本书对各匹配方法的具体设置说明如下：①最近邻匹配采用 1～10 匹配，即为每个参与农地流转农民寻找倾向得分与之最接近的 10 个未参与农地流转样本，并将该 10 个未参与农地流转样本的有关变量进行简单算术平均得到 1 个样本，将该样本作为参与农民的匹配对象。②卡尺匹配通过限制倾向得分的绝对距离，以增强其可比性，卡尺范围限定为 0.01，即对倾向得分相差 1% 的观测值进行匹配。③卡尺内最近邻匹配结合了最近邻匹配和卡尺匹配，即在给定的卡尺范围内寻找最近匹配，将卡尺范围限定为 0.01，对倾向得分相差 1% 的观测值进行 1～10 匹配。④核匹配设定带宽为 0.06，即将倾向得分在带宽内的所有控制组样本加权平均后将之与参与农地流转样本进行匹配。⑤样条匹配采用下载的非官方命令 spline 进行默认回归。⑥偏差校正匹配估计采用样本协方差矩阵的逆矩阵为权重矩阵，进行马氏距离匹配，匹配标准为一对四匹配，所有解释变量用于偏差校正，并使用异方差稳健标准误。

（三）农地流转交易影响农民创业基本决策的实证分析

1. 有无农地流转交易对农民创业基本决策的平均影响效应测算

表 6 - 4 报告了六种不同匹配方法的估计结果。综合来看，有无农地转入对农民创业决策的影响在 1% 的统计水平上正向显著，且影响的净效应为 0.188 9。有无农地转出对农民创业决策的影响在 10% 的统计水平上负向显著，且影响的净效应为 0.057 2。这表明，整体上农地转入交易通过土地资源重新配置为农业规模化生产经营提供了必要条件，激发了农民创业潜力和创业热情，助推农民积极跨越创业门槛；农地转出交易通过土地经营权转出，使得农民丧失了依托土地进行创业尤其是农业创业的资源基础，且非农创业的门槛整体高于农业创业，因而农地转出显著减少了农民创业机会和创业倾向性。分行业来看，有无农地转入交易对农民农业创业的影响在 1% 的统计水平上正向显著，对非农创业的影响在 1% 的统计水平上负向显著，对多行业创业决策的影响至少在 10% 的统计水平上正向显著，影响的边际效应分别为 0.345 5、−0.134 2、0.024 1。这表明，农地转入交易所提供的土地资源保障，显著增强了农民农业创业和以农业为基础的多行业创业倾向。此外，有无农地转出交易对农民农业创业的影响在 1% 的统计水平上负向显著，对农民非农创业的影响在 1% 的统计水平上正向显著，对多行业创业决策的影响至少在 10% 的统计水平上负向显著，影响的边际效应分别为 −0.169 4、0.098 8、−0.014 8。这表明，农地转出交易所引致的农民生计策略调整，一定程度上增强了农民非农就业的依赖性和非农创业倾向。

表 6 - 4　有无农地流转交易对农民创业基本决策的影响效应测算结果

匹配方法	有无农地转入的影响效应			
	创业	农业创业	非农创业	多行业创业
最近邻匹配	0.176 1 ***	0.340 7 ***	−0.143 6 ***	0.023 2 **
	(0.027 9)	(0.026 2)	(0.020 6)	(0.010 1)
卡尺匹配	0.176 3 ***	0.339 8 ***	−0.144 7 ***	0.019 8 **
	(0.027 4)	(0.025 8)	(0.019 9)	(0.009 9)
卡尺内最近邻匹配	0.175 3 ***	0.337 9 ***	−0.147 4 ***	0.017 2 *
	(0.028 1)	(0.026 4)	(0.020 7)	(0.010 2)

（续）

匹配方法	有无农地转入的影响效应			
	创业	农业创业	非农创业	多行业创业
核匹配	0.176 3***	0.343 1***	−0.143 4***	0.024 6**
	(0.026 7)	(0.025 3)	(0.019 3)	(0.009 8)
样条匹配	0.176 8***	0.347 9***	−0.146 0***	0.026 2**
	(0.026 6)	(0.021 0)	(0.020 0)	(0.011 2)
偏差校正匹配	0.252 3***	0.363 6***	−0.080 0***	0.033 4***
	(0.030 3)	(0.029 9)	(0.026 3)	(0.011 4)
平均值	0.188 9	0.345 5	−0.134 2	0.024 1

匹配方法	有无农地转出的影响效应			
	创业	农业创业	非农创业	多行业创业
最近邻匹配	−0.056 6*	−0.166 8***	0.096 6***	−0.012 9*
	(0.029 3)	(0.023 6)	(0.024 4)	(0.007 3)
卡尺匹配	−0.060 2**	−0.167 6***	0.092 5***	−0.014 6**
	(0.028 9)	(0.023 1)	(0.024 1)	(0.007 1)
卡尺内最近邻匹配	−0.055 5*	−0.166 2***	0.096 6***	−0.012 9*
	(0.029 6)	(0.023 9)	(0.024 5)	(0.007 5)
核匹配	−0.062 5**	−0.172 2***	0.095 2***	−0.014 7**
	(0.028 3)	(0.022 5)	(0.023 7)	(0.006 8)
样条匹配	−0.060 0**	−0.172 2***	0.098 1***	−0.014 2**
	(0.028 1)	(0.022 3)	(0.032 1)	(0.007 1)
偏差校正匹配	−0.048 3*	−0.171 5***	0.113 5***	−0.019 7*
	(0.029 1)	(0.031 2)	(0.027 1)	(0.011 2)
平均值	−0.057 2	−0.169 4	0.098 8	−0.014 8

注：*、**、***分别表示在10%、5%和1%的统计水平上显著，括号内数值为标准误。

2. 农地流转交易规模对农民创业基本决策的影响估计

因倾向得分匹配法难以体现农地流转交易规模差异对农民创业基本决策的影响效果，本书以农地流转规模（农地转入规模和农地转出规模）为核心自变量做进一步检验。选取村庄"农地流转政策宣传情况"为工具变量，该变量与村庄农民农地流转参与程度高度相关，但与农民创业基本决策不相关，因此，符合工具变量选取要求。表6-5、表6-6分别报告了农地转入

表 6 - 5 农地转入规模影响农民创业基本决策的估计结果

变 量	创业基本决策							
	创业		农业创业		非农创业		多行业创业	
	Probit	IV - Probit	Probit	IV - Probit	Probit	IV - Probit	Probit	IV - Probit
	(1)	(2)	(3)	(4)	(5)	(6)	(7)	(8)
农地转入规模	0.015 9*** (0.001 9)	0.013 9*** (0.004 4)	0.005 2*** (0.000 5)	0.004 7*** (0.001 3)	-0.000 6*** (0.000 1)	-0.000 6 (0.000 7)	0.000 1 (0.000 1)	0.000 6 (0.001 0)
控制变量	已控制	已控制	已控制	已控制	已控制	已控制	已控制	已控制
LR χ^2/Wald χ^2	871.26***	161.48***	577.68***	283.08***	345.05***	234.75***	56.86***	237.28***
一阶段 F 值		10.75**		10.75**		10.75**		10.75**
DWH 内生性检验		1.20		0.28		0.01		1.41
Pesudo R^2	0.33		0.25		0.20		0.14	
样本量	1 947							

注:控制变量包括表 6 - 1 中除"农地流转政策宣传情况"外的所有控制变量;*、**、***分别表示在 10%、5% 和 1% 的统计水平上显著;表中输出的是估计的边际效应,括号内数值为标准误。

表 6 – 6　农地转出规模影响农民创业基本决策的估计结果

变　量	创业		创业基本决策					
			农业创业		非农创业		多行业创业	
	Probit	IV – Probit	Probit	IV – Probit	Probit	IV – Probit	Probit	IV – Probit
	(1)	(2)	(3)	(4)	(5)	(6)	(7)	(8)
农地转出规模	0.000 3	0.013 4	–0.000 7	0.001 7	0.003 1*	0.005 3	–0.001 7	–0.003 8
	(0.001 3)	(0.094 4)	(0.001 0)	(0.002 7)	(0.001 8)	(0.014 5)	(0.001 6)	(0.012 4)
控制变量	已控制	已控制	已控制	已控制	已控制	已控制	已控制	已控制
LR χ^2/Wald χ^2	709.46***	464.49***	362.23***	273.33***	300.97***	214.78***	58.46***	89.98***
一阶段 F 值		10.75**		10.75**		10.75**		10.75***
DWH 内生性检验		0.02		0.28		0.43		0.64
Pesudo R^2	0.27		0.16		0.17		0.14	
样本量	1 947							

注：控制变量包括表 6 – 1 中除"农地流转政策宣传情况"外的所有控制变量；*、**、*** 分别表示在 10%、5% 和 1% 的统计水平上显著；表中输出的是估计的边际效应，括号内数值为标准误。

规模和农地转出规模对农民创业基本决策的影响估计结果。Durbin – Wu – Hausman（以下简称 DWH）内生性检验结果表明，均无法拒绝农地转入规模和农地转出规模外生的原假设，一阶段 F 值在 5% 的统计水平上显著，表明不存在弱工具变量问题。因此，均采用基准模型估计结果进行汇报。表 6 – 5 第（1）（3）（5）（7）列结果显示，农地转入规模在 1% 的统计水平上显著促进农民创业尤其是农业创业，同时在 1% 的统计水平上显著减少农民非农创业的概率；但农地转入规模对农民多行业创业的影响不显著，农地转入规模越大，农民从事农业生产专业化经营的程度越高，兼业化经营可能性越低。表 6 – 6 第（1）（3）（5）（7）列结果显示，农地转出规模在 10% 的统计水平上显著正向促进农民非农创业，但对农民农业创业和多行业创业的影响均不显著。农民农地转出规模越高，获得总体租金水平越高，为转向非农领域开展创业活动增加创业初始资本金，同时农地流转经营有利于维持地力，并解除农民非农创业的农地牵连。综上，H6 – 1a、H6 – 1b、H6 – 1c、H6 – 1d、H6 – 1e 得到证实，H6 – 1f 得到部分证实。

3. 农民分行业创业决策视角下农地流转政策预期与执行效果的偏差检验

综合表 6 – 4 和表 6 – 5 的估计结果可知，农地转入交易参与及交易规模显著促进农民农业创业和多行业创业，并显著抑制农民非农创业；而农地转出交易参与显著降低农民农业创业和以农业为基础的多行业创业发生率，同时农地转出参与及其规模提高了农民非农就业依赖性，显著增加其非农创业概率。因此，整体上农地转入交易促进了农民农业创业和以农业为基础的多行业创业。上述分析结果表明，当前农地经营权流转改革显著提升了农民创业尤其是农业创业的发生率，促进专业大户、家庭农场等新型农业经营主体的成长。虽然近些年农村农地流转过程中存在农地用途非农化等问题，但整体上农地经营权流转之后主要用于农业生产①，因此，农民创业决策视角下农地经营权流转改革基本达到了政策预期。此外，研究结果还显示，农户间的农地流转使农地经营权集中于少数农民手中，推动部分农民从事农业规模

---

① 调查问卷详细询问了转入农地和转出农地的用途，结果显示，样本转入农地从事粮食作物种植、经济作物种植和养殖业的比例分别为 36.70%、59.40% 和 3.90%，样本转出农地从事粮食作物种植、经济作物种植和养殖业的比例分别为 43.10%、46.10% 和 10.90%，综合表明，农地经营权流转主要服务于农业生产的用途并未发生偏离。

经营的同时，也促使部分农地转出农民解除了农地牵连，积极转向非农领域开展创业活动和谋求生计发展。因此，农地经营权流转改革推动农民农业创业的同时，也促使部分农地转出户实施非农创业活动，体现了农地经营权流转政策实施对农民福利的溢出效应。综上，研究假说 H6-7c 得到证实。

（四）农地流转交易影响农民创业劳动力配置决策的实证分析

1. 有无农地流转交易对农民创业劳动力配置决策的影响效应分析

表 6-7、表 6-8 分别报告了农地转入交易和转出交易对农民创业劳动力配置决策的影响效应测算结果。表 6-7 中六种匹配方法的估计结果显示，农地转入交易分别在 1% 和 10% 的统计水平上显著促进农民短期雇佣决策和长期雇佣决策（长期雇佣人数），使创业农民短期雇佣劳动力和长期雇佣劳动力分别增加约 6 人和 1 人。此外，农地转入交易在 10% 的统计水平上显著促进创业农民生产环节外包决策。这表明，农地转入交易参与使创业农民农地经营规模扩大化，一定程度上增强了农民雇佣劳动力需求以及部分或全部生产环节外包需求，通过合理的劳动力投入使生产经营风险最小化、收益最大化成为创业农民的重要选择。表 6-8 中农地转出交易分别在 1% 和 10% 的统计水平上显著负向影响创业农民短期雇佣及其规模，但对农民长期雇佣决策和生产环节外包决策的影响不显著。农地转出实施后，农民倾向于非农领域工资雇佣型就业和创业型就业，因而，其农业创业的概率显著下降，对短期雇佣劳动力的季节性和阶段性需求亦显著降低。

表 6-7　有无农地转入对农民创业劳动力配置决策的影响效应测算结果

匹配方法	创业劳动力配置				
	有无短期雇佣	短期雇佣人数	有无长期雇佣	长期雇佣人数	生产环节外包
最近邻匹配	0.215 7***	6.283 4***	0.053 5	1.015 7*	0.043 5*
	(0.039 8)	(1.498 0)	(0.037 3)	(0.584 3)	(0.025 4)
卡尺匹配	0.224 3***	6.441 2***	0.054 2	1.062 3*	0.043 4*
	(0.040 4)	(1.540 0)	(0.037 9)	(0.589 8)	(0.026 1)
卡尺内最近邻匹配	0.223 5***	6.148 8***	0.052 6	0.947 7*	0.042 2*
	(0.040 7)	(1.546 6)	(0.038 2)	(0.497 6)	(0.023 0)

（续）

匹配方法	创业劳动力配置				
	有无短期雇佣	短期雇佣人数	有无长期雇佣	长期雇佣人数	生产环节外包
核匹配	0.223 0***	6.034 1***	0.066 9*	1.156 6**	0.045 3*
	(0.037 8)	(1.459 3)	(0.035 7)	(0.563 1)	(0.024 7)
样条匹配	0.230 1***	6.198 4***	0.074 9	1.205 2**	0.045 5*
	(0.032 2)	(1.556 3)	(0.057 3)	(0.563 2)	(0.026 5)
偏差校正匹配	0.258 5***	7.721 0***	0.058 5	1.580 2***	0.055 6*
	(0.050 9)	(1.396 7)	(0.047 2)	(0.538 8)	(0.028 5)
平均值	0.229 2	6.471 2	—	1.161 3	0.045 9

注：*、**、***分别表示在10%、5%和1%的统计水平上显著，括号内数值为标准误。

表6-8　有无农地转出对农民创业劳动力配置决策的影响效应测算结果

匹配方法	创业劳动力配置				
	有无短期雇佣	短期雇佣人数	有无长期雇佣	长期雇佣人数	生产环节外包
最近邻匹配	−0.110 3***	−3.738 3***	0.040 3	−0.138 5	−0.000 6
	(0.048 7)	(1.375 2)	(0.045 0)	(0.594 6)	(0.029 2)
卡尺匹配	−0.115 1***	−5.198 8***	0.042 1	−0.475 0	−0.009 2
	(0.049 6)	(1.374 0)	(0.045 6)	(0.625 4)	(0.028 8)
卡尺内最近邻匹配	−0.119 9***	−5.128 2***	0.034 3	−0.422 2	−0.010 4
	(0.050 5)	(1.467 1)	(0.046 4)	(0.607 7)	(0.029 1)
核匹配	−0.112 8***	−4.369 3***	0.049 1	−0.168 1	0.007 9
	(0.047 3)	(1.263 0)	(0.043 7)	(0.605 7)	(0.028 6)
样条匹配	−0.114 6***	−4.046 4***	0.041 9	−0.118 7	0.010 3
	(0.046 5)	(1.234 3)	(0.037 8)	(0.576 4)	(0.023 4)
偏差校正匹配	−0.147 4***	−3.535 5*	0.083 3	0.064 9	0.006 5
	(0.058 2)	(2.003 6)	(0.052 1)	(0.819 3)	(0.033 6)
平均值	−0.120 0	−4.336 1	—	—	—

注：*、**、***分别表示在10%、5%和1%的统计水平上显著，括号内数值为标准误。

2. 农地流转交易规模对农民创业劳动力配置决策的影响结果分析

因上述倾向得分匹配估计难以体现农地流转交易规模差异对农民创业基本决策的影响效果，本书以农地流转规模（农地转入规模和农地转出规模）为核心自变量做进一步检验。选取"农地流转政策宣传情况"为工具变量，该变量与村庄农民农地流转参与程度高度相关，但与农民创业劳动力配置决策不相关，因此，符合工具变量选取要求。表6-9、表6-10分别报告了农地转入规模和农地转出规模对农民创业基本决策的影响估计结果，DWH内生性检验结果表明，均无法拒绝农地转入规模和农地转出规模外生的原假设，一阶段F值在5%的统计水平上显著，表明不存在弱工具变量问题。因此，均采用基准模型估计结果进行汇报。表6-9结果显示，农地转入规模对创业农民有无短期雇佣、短期雇佣人数、有无长期雇佣、长期雇佣人数的影响分别在10%、1%、1%和1%的统计水平上正向显著，但对农民生产环节外包决策的影响不显著。农地转入规模越大，农民农地规模经营对劳动力配置提出更高要求，农地转入刺激了农民长短期劳动力需求的增加，充足的劳动力配置有效保障创业农民生产经营活动的有序运行；同时，农地转入规模越大，农民购买农业机械以实现自有机械服务的可能性越高，一定程度上削弱生产环节外包需求。此外，由表6-10可知，农地转出规模对创业农民长短期雇佣决策和生产环节外包决策的影响均不显著，这与农地转出后农民生计选择的不确定性有关，不同生计选择对劳动力配置的需求不同。综上，研究假说H6-2a、H6-2b、H6-2c、H6-2d得到证实，H6-2e、H6-2f未得到证实。

（五）农地流转交易影响农民创业资产配置决策的实证分析

1. 有无农地流转交易对农民创业资产配置决策的影响效应分析

表6-11、表6-12分别报告了有无农地转入交易和农地转出交易对农民创业资产配置决策的影响效应。估计结果显示，农地转入交易对农民生产性固定资产投资的影响在5%的统计水平上正向显著，但对年流动资投资的影响不显著。这表明农地转入交易激发了农民与农地经营规模相配套的生产性固定资产投资。此外，农地转入交易在10%的统计水平上显著增加农民创业过程中的预防性储蓄额和创业相关的保险购买。这表明，农地转入交易所带来的农地经营规模改变在一定程度上提高了农地规模经营风险，增加了农民对创业风险的感知，促使创业农民积极采取增加预防性储蓄、购买农业保险等措施将生产经营风险降低到最小程度。此外，农地转出交易仅在1%的统计水平上显著降低创业农民保险购买概率，对创业农民生产性固定资产

表6-9 农地转入规模影响农民创业劳动力配置决策的估计结果

变量	有无短期雇佣		短期雇佣人数		有无长期雇佣		长期雇佣人数		生产环节外包	
	Probit	IV-Probit	Poisson	IV-Poisson	Probit	IV-Probit	Poisson	IV-Poisson	Probit	IV-Probit
	(1)	(2)	(3)	(4)	(5)	(6)	(7)	(8)	(9)	(10)
农地转入规模	0.000 2*	0.013 8***	0.004 9***	0.004 7	0.000 5	0.000 4	0.001 0***	0.015 8	0.000 1	0.000 5
	(0.000 1)	(0.004 4)	(0.001 8)	(0.119 9)	(0.000 1)	(0.000 5)	(0.000 4)	(0.020 4)	(0.000 1)	(0.000 4)
控制变量	已控制	已控制	已控制	已控制	已控制	已控制	已控制	已控制	已控制	已控制
LR χ^2 /Wald χ^2	103.23***	161.48***	263.95***	356.54***	248.29***	160.79***	204.45***	321.76***	79.01***	145.82***
一阶段 F 值		10.75**		10.75**		10.75**		10.75**		10.75**
DWH内生性检验		1.20		0.15		0.06		2.49		1.98
Pesudo R^2	0.09		0.26		0.26		0.50		0.14	
样本量					832					

注：控制变量包括表6-1中除"农地流转政策宣传情况"外的所有控制变量；*、**、***分别表示在10%、5%和1%的统计水平上显著；表中输出的是估计的边际效应。

表6-10　农地转出规模影响农民创业劳动力配置决策的估计结果

变　量	有无短期雇佣		短期雇佣人数		有无长期雇佣		长期雇佣人数		生产环节外包	
	Probit	IV-Probit	Poisson	IV-Poisson	Probit	IV-Probit	Poisson	IV-Poisson	Probit	IV-Probit
	(1)	(2)	(3)	(4)	(5)	(6)	(7)	(8)	(9)	(10)
农地转出规模	0.0024	0.0032	-0.0955	0.0503	-0.0001	0.0012	0.0123	0.0323	0.0004	0.0003
	(0.0022)	(0.0045)	(0.1767)	(0.4715)	(0.0011)	(0.0034)	(0.0117)	(0.0417)	(0.0007)	(0.0023)
控制变量	已控制	已控制	已控制	已控制	已控制	已控制	已控制	已控制	已控制	已控制
LR χ^2/Wald χ^2	102.18***	154.34***	211.61***	311.67***	222.93***	267.89***	207.91***	289.83***	78.76***	121.56***
一阶段F值		10.75**		10.75**		10.75**		10.75**		10.75**
DWH内生性检验		2.32		0.04		0.11		0.34		1.68
Pesudo R^2	0.09		0.23		0.23		0.49		0.14	
样本量					832					

注:控制变量包括表6-1中除"农地流转政策宣传情况"外的所有控制变量;*、**、***分别表示在10%、5%和1%的统计水平上显著;表中输出的是估计的边际效应。

投资、年存货资产投资、预防性储蓄决策、周转现金持有量的影响不显著。

表 6-11　有无农地转入对农民创业资产配置决策的影响效应测算结果

匹配方法	创业资产配置					
	生产性固定资产投资	年存货资产投资	有无预防性储蓄	预防性储蓄额	周转现金持有量	保险购买
最近邻匹配	2.822 8***	−0.061 5	0.043 6	0.184 2*	0.186 0	0.089 3**
	(1.069 1)	(0.711 9)	(0.039 2)	(0.107 3)	(0.839 4)	(0.037 5)
卡尺匹配	2.360 5**	0.048 0	0.028 6	0.170 6*	0.118 4	0.090 2**
	(1.089 0)	(0.721 9)	(0.039 6)	(0.098 3)	(0.850 2)	(0.038 0)
卡尺内最近邻匹配	2.568 8**	0.131 7	0.032 4	0.178 8*	0.282 2	0.092 6**
	(1.086 4)	(0.727 7)	(0.040 0)	(0.108 3)	(0.861 6)	(0.038 4)
核匹配	2.662 8***	0.158 7	0.039 0	0.156 0*	−0.186 2	0.082 3**
	(1.040 9)	(0.687 8)	(0.037 5)	(0.092 3)	(0.797 6)	(0.036 0)
样条匹配	2.825 0**	0.401 9	0.032 0	0.151 4*	−0.179 2	0.082 1**
	(1.122 4)	(0.515 4)	(0.038 7)	(0.091 3)	(0.877 6)	(0.033 3)
偏差校正匹配	3.934 9***	1.165 6	0.012 2	0.163 6*	0.302 4	0.067 5*
	(0.891 0)	(0.814 3)	(0.049 0)	(0.091 2)	(0.945 3)	(0.036 7)
平均值	2.862 5	—	—	0.167 4	—	0.084 0

注：*、**、***分别表示在10%、5%和1%的统计水平上显著，括号内数值为标准误。

表 6-12　有无农地转出对农民创业资产配置决策的影响效应测算结果

匹配方法	创业资产配置					
	生产性固定资产投资	年存货资产投资	有无预防性储蓄	预防性储蓄额	周转现金持有量	保险购买
最近邻匹配	1.404 6	1.228 7	−0.030 3	−0.151 9	1.058 4	−0.120 8***
	(1.526 5)	(0.985 2)	(0.045 8)	(0.096 7)	(1.169 6)	(0.038 0)
卡尺匹配	1.613 9	0.782 3	−0.027 0	−0.133 7	1.072 8	−0.128 4***
	(1.534 0)	(0.939 3)	(0.046 7)	(0.099 8)	(1.213 0)	(0.039 0)
卡尺内最近邻匹配	1.883 5	0.918 2	−0.029 4	−0.136 2	1.195 3	−0.107 5***
	(1.558 6)	(0.940 3)	(0.047 4)	(0.103 5)	(1.201 9)	(0.039 9)
核匹配	1.526 4	0.972 1	−0.022 6	−0.143 4	0.705 7	−0.139 7***
	(1.505 4)	(0.978 7)	(0.044 8)	(0.091 2)	(1.172 0)	(0.036 3)

（续）

匹配方法	创业资产配置					
	生产性固定资产投资	年存货资产投资	有无预防性储蓄	预防性储蓄额	周转现金持有量	保险购买
样条匹配	0.878 5 (1.231 3)	1.016 4 (0.956 3)	−0.025 4 (0.048 4)	−0.143 0 (0.096 5)	0.962 0 (1.124 5)	−0.143 5*** (0.034 5)
偏差校正匹配	2.574 9 (1.548 2)	1.771 8 (1.074 5)	0.006 4 (0.058 4)	−0.196 7 (0.145 4)	1.606 4 (1.203 8)	−0.135 5*** (0.044 4)
平均值	—	—	—	—	—	−0.129 2

注：＊、＊＊、＊＊＊分别表示在10%、5%和1%的统计水平上显著，括号内数值为标准误。

2. 农地流转交易规模对农民创业资产配置决策的影响效应分析

如前文所述，上述倾向得分匹配估计难以体现农地流转交易规模差异对农民创业资产配置决策的影响效果，本书以农地流转规模（农地转入规模和农地转出规模）为核心自变量做进一步检验。选取"农地流转政策宣传情况"作为农地流转规模的工具变量，该变量与村庄农民农地流转参与程度高度相关，但与农民创业资产配置决策不相关，因此，符合工具变量选取要求。表6-11、表6-12分别报告了农地转入规模和农地转出规模对农民创业资产配置决策的影响估计结果，DWH内生性检验结果表明，均无法拒绝农地转入规模和农地转出规模外生的原假设，一阶段 F 值在5%的统计水平上显著，表明不存在弱工具变量问题。因此，均采用基准模型估计结果进行汇报。表6-13结果显示，农地转入规模对创业农民生产性固定资产投资、年存货资产投资、周转现金持有量和保险购买的影响均在1%的统计水平上正向显著，但对农民预防性储蓄决策的影响不显著。农地转入规模越大，农民农地规模经营对生产性固定资产和年存货资产投资的要求越高，且农地规模经营风险性的增加推动农民积极参与创业相关的保险购买；同时，农地规模经营显著增加对周转资金的需求，一定程度上降低预防性储蓄水平。此外，由表6-14可知，农地转出规模对农民创业资产配置决策的影响均不显著，农地转出后农民生计选择不确定性较高，非农工资雇佣型就业直接降低农民对创业资产配置的依赖。综上，研究假说H6-3a、H6-3b、H6-3c、H6-3d、H6-3e、H6-3j得到证实。

表 6 - 13　农地转入规模影响农民创业资产配置决策的估计结果

变量	生产性固定资产投资		年存货资产投资		有无预防性储蓄		预防性储蓄额		周转现金持有量		保险购买	
	Tobit	IV - Tobit	Tobit	IV - Tobit	Probit	IV - Probit	Tobit	IV - Tobit	Tobit	IV - Tobit	Probit	IV - Probit
	(1)	(2)	(3)	(4)	(5)	(6)	(7)	(8)	(9)	(10)	(11)	(12)
农地转入规模	0.059 1***	0.028 6*	0.012 7***	0.015 6*	-0.000 1	-0.000 5	-0.000 3	-0.002 4	0.007 2***	0.003 8*	0.000 2***	0.000 6
	(0.003 3)	(0.015 6)	(0.001 0)	(0.008 9)	(0.000 2)	(0.000 6)	(0.000 4)	(0.001 7)	(0.001 1)	(0.002 1)	(0.000 1)	(0.000 4)
LR χ^2 /Wald χ^2	386.31***	576.45***	324.65***	534.27***	57.13***	124.28***	75.29***	48.13***	176.93***	198.32***	145.77***	170.59***
一阶段 F 值		10.11**		10.11**		10.11**		10.11**		10.11**		10.11**
DWH 内生性检验		1.56		2.14		2.49		2.06				0.63
Pesudo R^2	0.06		0.06		0.05		0.04		0.03		0.15	

注：控制变量包括表 6 - 1 中除"农地流转政策宣传情况"外的所有控制变量；*、**、*** 分别表示在 10%、5% 和 1% 的统计水平上显著；表中输出的是估计的边际效应。

表 6 - 14　农地转出规模影响农民创业资产配置决策的估计结果

变量	生产性固定资产投资		年存货资产投资		有无预防性储蓄		预防性储蓄额		周转现金持有量		保险购买	
	Tobit	IV - Tobit	Tobit	IV - Tobit	Probit	IV - Probit	Tobit	IV - Tobit	Tobit	IV - Tobit	Probit	IV - Probit
	(1)	(2)	(3)	(4)	(5)	(6)	(7)	(8)	(9)	(10)	(11)	(12)
农地转出规模	-0.012 5	0.031 8	-0.015 2	-0.428 9	-0.002 4	0.023 4	-0.031 3	0.090 1	-0.049 7	-0.345 7	-0.005 1	-0.032 4
	(0.115 2)	(0.951 6)	(0.030 5)	(0.352 1)	(0.003 4)	(0.033 4)	(0.032 3)	(0.082 2)	(0.047 3)	(0.313 5)	(0.003 9)	(0.104 6)
LR χ^2 /Wald χ^2	121.06***	120.28***	170.47***	79.21***	56.52***	89.67***	76.49***	62.93***	137.27***	82.87***	134.07***	95.35***
一阶段 F 值		8.98*		8.98*		8.98*		8.98*		8.98*		8.98*
DWH 内生性检验		1.12		1.54		2.13		1.48		1.14		2.13
Pesudo R^2	0.02		0.03		0.05		0.04		0.01		0.14	

注：控制变量包括表 6 - 1 中除"农地流转政策宣传情况"外的所有控制变量；*、**、*** 分别表示在 10%、5% 和 1% 的统计水平上显著；表中输出的是估计的边际效应。

（六）稳健性检验

本书分别采用敏感性分析法对前述倾向得分匹配估计结果进行稳健性检验，并通过替换工具变量对前述工具变量估计结果进行稳健性检验。具体如下：

1. 倾向得分匹配估计的稳健性检验

如前文所述，本书综合采用了六种匹配方法对农地流转交易参与影响农民创业决策的净效应进行估计，以增强估计结果的稳健性。从表6-4、表6-7、表6-8、表6-11、表6-12估计结果看，整体上使用不同匹配方法的处理效应估计结果不存在明显差异，表明本书倾向得分匹配估计结果较为稳健。此外，鉴于倾向得分匹配估计未考虑不可观测因素的影响，可能导致隐藏性偏差的存在及估计结果的不稳健。依据 Rosenbaum and Rubin (1983) 提出的敏感性分析方法，本书通过考察所设定不可观测因素对是否接受处理的概率的作用幅度变化，来判断估计结果对不可观测变量的敏感性，以检验处理效应估计结果的稳定性。该方法指出，若反映不可观测因素影响的 Gamma 系数接近1时，已有研究结论不再显著，则 PSM 估计结果不稳健；若 Gamma 系数取值较大（通常接近2）时，已有研究结论才变得不再显著，则 PSM 估计结果较为可靠。鉴于六种匹配方法所得估计结果不存在明显差异，本书选取最近邻匹配结果进行敏感性分析。由表6-15处理效应的敏感性分析结果可知，当 Gamma 系数至少大于2时，表6-4、表6-7、表6-8、表6-11、表6-12中处理效应的估计结果开始在10%的水平上变得不再显著。因此，前文处理效应的估计结果对潜在因素并不十分敏感，进一步证实了本书处理效应估计的研究结论较为稳健。

表6-15 处理效应的敏感性分析——以农地转入对农民创业基本决策的影响效应为例

Gamma	创业		农业创业		非农创业		多行业创业	
	Sig^+	Sig^-	Sig^+	Sig^-	Sig^+	Sig^-	Sig^+	Sig^-
1.0	1.2e-15	1.2e-15	0	0	0	0	0	1.1e-8
1.2	5.0e-10	0	0	0	0	0	0	0.000 3
1.4	1.9e-06	0	0	0	0	1.1e-16	0	0

（续）

Gamma	创业		农业创业		非农创业		多行业创业	
	Sig^+	Sig^-	Sig^+	Sig^-	Sig^+	Sig^-	Sig^+	Sig^-
1.6	0.000 4	0	7.8e-15	0	0	7.5e-13	1.3e-13	0
1.8	0.011 8	0	1.5e-11	0	0	7.9e-10	2.0e-10	0
2.0	0.099 5	0	4.6e-09	0	0	1.5e-07	1.6e-08	0
2.2	0.343 6	0	3.9e-07	0	0	8.0e-06	0.000 5	0
2.4	0.656 0	0	0.000 1	0	0	0.000 2	0.025 4	0
2.6	0.873 3	0	0.000 2	0	0	0.001 8	0.316 7	0
2.8	0.966 3	0	0.001 6	0	0	0.010 7	0.521 6	0
3.0	0.993 3	0	0.008 4	0	0	0.041 6	0.675 8	0
3.2	0.998 9	0	0.030 6	0	0	0.114 7	0.775 6	0
3.4	0.999 8	0	0.083 2	0	0	0.240 3	0.843 2	0
3.6	0.999 9	0	0.177 3	0	0	0.406 1	0.901 2	0
3.8	1	0	0.311 2	0	0	0.581 1	0.987 6	0
4.0	1	0	0.467 4	0	0	0.733 8	0.999 8	0

注：Gamma 表示由不可观测因素导致的不同安排的对数发生比，Sig^+ 表示显著性水平上界，Sig^- 表示显著性水平下界。此处仅报告农地流转交易参与对农民创业基本决策影响效应的敏感性分析结果，农地流转交易对农民创业劳动力配置和资产配置决策的影响效应的敏感性分析结果具有类似结论，不再详细汇报。

2. 工具变量估计的稳健性检验

鉴于同一村庄内部不同群体在生计偏好、社会习俗等方面具有相似性，农民农地流转行为易受同村其他农民农地流转行为的影响，但个体创业决策与其他农民农地流转行为不相关，本书参照何安华和孔祥智（2014）选取"除受访者自身外同一村庄其他样本的平均农地流转规模"作为受访样本农地流转规模的工具变量，对表6-5、表6-6、表6-9、表6-10、表6-13、表6-14估计结果进行稳健性检验。表6-16、表6-17、表6-18回归结果显示，一阶段 F 值为45.88，表明前述工具变量非弱工具变量。进一步分析可知，以"除受访者自身外同一村庄其他样本的平均农地流转规模"作为工具变量的估计结果与前文以"农地流转政策宣传情况"作为工具变量的估计结果基本一致，即农地转入规模显著正向影响农民创业尤其是农业创业，并显著抑制农民非农创业决策；农地转入规模显著促进农民长短期劳动

表 6-16　农地转入规模影响农民创业基本决策的估计结果

变量	创业		农业创业		非农创业		多行业创业	
	Probit	IV-Probit	Probit	IV-Probit	Probit	IV-Probit	Probit	IV-Probit
农地转入规模	0.015 9***	0.012 6***	0.005 2***	0.002 5**	-0.000 6***	-0.000 2	0.000 1	0.000 6
	(0.001 9)	(0.002 5)	(0.000 5)	(0.001 2)	(0.000 1)	(0.000 7)	(0.000 1)	(0.000 5)
控制变量	已控制	已控制	已控制	已控制	已控制	已控制	已控制	已控制
LR χ^2/Wald χ^2	871.26***	228.68***	577.68***	243.76***	345.05***	192.29***	56.86***	79.32***
一阶段 F 值		45.88***		45.88***		45.88***		45.88***
DWH 内生性检验		10.59***		8.83***		1.63		3.35*
Pesudo R^2	0.33		0.25		0.20		0.14	
样本量	1 947							

注：控制变量包括表 6-1 中的所有控制变量；*、**、***分别表示在 10%、5% 和 1% 的统计水平上显著；表中输出的是估计的边际效应，括号内数值为标准误。

表 6-17　农地转入规模影响农民创业劳动力配置决策的估计结果

变量	有无短期雇佣		短期雇佣人数		有无长期雇佣		长期雇佣人数		生产环节外包	
	Probit	IV-Probit	Poisson	IV-Poisson	Probit	IV-Probit	Poisson	IV-Poisson	Probit	IV-Probit
农地转入规模	0.000 2*	0.001 3	0.004 9***	0.008 0	0.000 5***	0.001 6***	0.001 0***	0.049 7	0.000 1	0.000 5
	(0.000 1)	(0.000 9)	(0.001 8)	(0.025 1)	(0.000 1)	(0.000 5)	(0.000 4)	(0.192 3)	(0.000 1)	(0.000 4)
控制变量	已控制	已控制	已控制	已控制	已控制	已控制	已控制	已控制	已控制	已控制
LR χ^2/Wald χ^2	103.23***	94.56***	263.95***	356.54***	248.29***	203.72***	204.45***	321.76***	79.01***	145.82***
一阶段 F 值		32.86***		32.86***		32.86***		32.86***		32.86***
DWH 内生性检验		0.01		0.53		2.71*		2.49		1.94
Pesudo R^2	0.19		0.26		0.26		0.50		0.14	
样本量	832									

注：控制变量包括表 6-1 中的所有控制变量；*、**、***分别表示在 10%、5% 和 1% 的统计水平上显著；表中输出的是估计的边际效应，括号内数值为标准误。

力雇佣决策，增加农民生产性固定资产、年存货资产投资、周转现金持有量、创业相关的保险购买。此外，农地转出及其规模显著减少农民农业创业概率但增加农民非农创业概率，农地转出交易显著减少了创业农民短期雇佣概率和雇佣数量以及保险参与概率，表明本书工具变量估计所得核心结论较为稳健。考虑到行文简练性的要求，本书仅报告了农地转入规模对农民创业决策的影响工具变量估计结果。

表 6 - 18　农地转入规模影响农民创业资产配置决策的估计结果

变量	生产性固定资产投资		年存货资产投资		有无预防性储蓄	
	Tobit	IV - Tobit	Tobit	IV - Tobit	Probit	IV - Probit
农地转入规模	0.059 1***	0.036 5**	0.012 7***	0.027 7***	−0.000 1	−0.000 8
	(0.003 3)	(0.015 9)	(0.001 0)	(0.006 4)	(0.000 2)	(0.000 7)
控制变量	已控制	已控制	已控制	已控制	已控制	已控制
LR χ^2 /Wald χ^2	386.31***	94.88***	324.65***	139.58***	57.13***	65.31***
一阶段 F 值		36.98**		36.98**		36.98**
DWH 内生性检验		4.51**		17.12***		3.44*
Pesudo R^2	0.26		0.26		0.15	

变量	预防性储蓄额		周转现金持有量		保险购买	
	Tobit	IV - Tobit	Tobit	IV - Tobit	Probit	IV - Probit
农地转入规模	−0.000 3	−0.007 7	0.007 2***	0.033 3***	0.000 2***	0.001 0*
	(0.000 4)	(0.005 6)	(0.001 1)	(0.008 4)	(0.000 1)	(0.000 6)
控制变量	已控制	已控制	已控制	已控制	已控制	已控制
LR χ^2 /Wald χ^2	75.29***	65.53***	176.93***	89.07***	145.77***	133.40***
一阶段 F 值		36.98**		36.98**		36.98**
DWH 内生性检验		2.65*		16.40***		1.05
Pesudo R^2	0.14		0.13		0.15	

注：控制变量包括表 6 - 1 中的所有控制变量；*、**、*** 分别表示在 10%、5% 和 1% 的统计水平上显著；表中输出的是估计的边际效应，括号内数值为标准误。

三、农地抵押融资交易影响农民创业决策的实证分析

(一) 研究设计

1. 变量选取及描述性统计

为优化农地抵押贷款参与样本和未参与样本的匹配效果，降低倾向得分

匹配法的估计误差，本书尽可能多地引入农地抵押贷款决策的诱因变量。具体选取受访者性别、年龄、年龄平方、受教育程度、婚姻状况、务农年限、风险偏好、农地依赖性、创业能力、农地抵押政策认知、农地抵押信任水平反映受访者个体特征，选取劳动力数量、主要劳动力身体健康状况、有无亲友任职村干部或公务员、有无亲友供职于银行或信用社、经常联系微信好友数、房产价值、农地确权颁证反映受访者家庭特征，选取村庄在本乡镇富裕程度、村庄到乡镇的距离、乡镇正规金融机构数目、村庄创业氛围、区域非农就业机会、村庄农地抵押贷款参与情况、农地抵押贷款政策宣传情况、本地社会保障水平反映受访者所处村庄特征。此外，引入"是否陕西"和"是否宁夏"两个区域虚拟变量。

样本基本情况描述如下：从个体基本特征看，受访样本中，男性和女性受访者的比例分别为71.00%和29.00%；平均年龄为47.55岁；受教育程度集中为初中水平，占比43.57%，初中以下、高中及以上的比例分别为38.32%和18.11%；98.20%的样本为已婚；务农年限平均为25年；风险厌恶、风险中性和风险偏好的样本比例分别为24.81%、16.23%和58.96%；样本农地依赖性较高和非常高的比例分别为31.40%和39.36%；样本对农地抵押贷款政策知晓度非常低、比较低、一般、比较高和非常高的比例分别为31.91%、33.09%、10.95%、15.93%和8.12%；样本对农地抵押政策信任状况为完全不信任、比较不信任、中立、比较信任和非常信任的比例分别为1.75%、6.38%、14.19%、38.25%和39.43%。家庭特征方面，家庭劳动力数量均值为3人，主要劳动力身体健康状况差、一般和好的比例为12.02%、17.82%和70.16%，样本有亲友任职村干部或公务员的比例和有亲友供职于银行或信用社比例分别为46.00%和12.00%；经常联系微信好友数平均约为30人；房产价值平均值为18.56万元；已完成农地确权颁证的样本占比为80.57%。村庄特征方面，村庄在所处乡镇的富裕程度为非常贫困、比较贫困、一般、比较富裕和非常富裕的比例分别为4.01%、2.88%、41.09%、35.64%和16.38%；村庄到乡镇的距离平均为4.91千米；乡镇正规金融机构平均数目约为2个，区域非农就业机会非常少、比较少、一般、比较多和非常多的比例分别为4.16%、30.92%、17.57%、43.86%和3.49%，村庄农地抵押贷款参与非常不频繁、较不频繁、一般、比较频繁和非常频繁的比例分别为 34.46％、31.48％、8.89％、17.72％和 7.45％，政府或金融机构农地抵押贷款政策宣传频率非常低、比较低、一般、比较高和非常高的比例分别为 16.13％、18.34％、13.35％、40.52％和 11.66％，本地社会保障水平为非常差、比较差、一般、比较好和非常好的比例分别为 3.19％、12.44％、22.15％、42.86％和 19.37％。此外，样本中参与过（申请且获得）农地抵押贷款农户为 476 户，农地抵押贷款参与率为 24.45％，获批农地抵押贷款总额均值为 3.26 万元，且获批农地抵押贷款样本中总额为 5 万元及以下、高于 5 万元且不超过 10 万元、10 万元以上的比例分别为 46.64％、30.14％和 23.22％。

上述各变量定义、赋值与描述性统计如表 6-19 所示。

表 6-19 变量定义、赋值及描述性统计

变量类别	变量名	变量赋值	均值	标准差	最小值	最大值
创业基本决策	创业	未创业=0；创业=1	0.42	0.49	0	1
	农业创业	无农业创业=0；有农业创业=1	0.28	0.45	0	1
	非农创业	无非农创业=0；有非农创业=1	0.17	0.37	0	1
	多行业创业	不同时有农业和非农创业=0；同时有农业和非农创业=1	0.02	0.15	0	1
创业劳动力配置决策	有无短期雇佣	无=0；有=1	0.53	0.49	0	1
	短期雇佣数量	实际调查值（人）	7.88	17.04	0	120
	有无长期雇佣	无=0；有=1	0.28	0.45	0	1
	长期雇佣数量	实际调查值（人）	1.86	6.88	0	100
	生产环节外包	无=0；有=1	0.11	0.31	0	1
创业资产配置决策	生产性固定资产投资	实际调查值（十万元）	1.88	4.17	0	30
	年存货资产投资	实际调查值（十万元）	2.19	7.14	0	12
	有无预防性储蓄	无=0；有=1	0.35	0.48	0	1
	预防性储蓄额	实际调查值（十万元）	0.37	1.19	0	10
	周转现金持有量	实际调查值（十万元）	0.35	0.48	0	1
	创业相关的保险购买	无=0；有=1	0.28	0.45	0	1
农地抵押融资交易	有无农地抵押贷款	无=0；有=1	0.24	0.43	0	1
	农地抵押贷款金额	实际调查值（万元）	3.26	13.63	0	200

（续）

变量类别	变量名	变量赋值	均值	标准差	最小值	最大值
个体特征	性别	女＝0；男＝1	0.71	0.46	0	1
	年龄	实际调查值（岁）	47.11	10.12	20	68
	年龄平方	计算所得：年龄平方除以100	23.22	9.38	4	46.24
	受教育程度	接受教育具体年限（年）	7.64	3.71	0	25
	婚姻状况	未婚＝0；已婚＝1	0.98	0.15	0	1
	务农年限	实际调查值（年）	25.40	13.22	0	52
	风险偏好	无任何风险＝1；略低风险、略低回报＝2；平均风险、平均回报＝3；略高风险、略高回报＝4；高风险、高回报＝5	3.52	1.25	1	5
	农地依赖性	非常不同意＝1；比较不同意＝2；中立＝3；比较同意＝4；非常同意＝5	3.88	1.20	1	5
	创业能力	因子分析所得	−0.01	0.99	−3.14	1.37
	农地抵押政策认知	完全不了解＝1；不太了解＝2；中立＝3；比较了解＝4；非常了解＝5	2.35	1.29	1	5
	农地抵押信任水平	非常不信任＝1；不太信任＝2；中立＝3；比较信任＝4；非常信任＝5	4.07	0.97	1	5
家庭特征	劳动力数量	实际调查值（人）	2.60	1.02	0	7
	主要劳动力身体健康状况	非常差＝1；比较差＝2；一般＝3；比较好＝4；非常好＝5	3.79	0.94	1	5
	有无亲友任职村干部或公务员	无＝0；有＝1	0.46	0.50	0	1
	有无亲友供职于银行或信用社	无＝0；有＝1	0.12	0.33	0	1
	经常联系微信好友数	实际调查值（人）	29.94	69.63	0	800
	房产价值	实际调查值（万元）	18.56	24.83	0	200
	农地确权颁证	未完成＝0；已完成＝1	0.81	0.40	0	1
村庄特征	村庄在本乡镇富裕程度	非常贫困＝1；比较贫困＝2；一般＝3；比较富裕＝4；非常富裕＝5	3.58	0.94	1	5

（续）

变量类别	变量名	变量赋值	均值	标准差	最小值	最大值
村庄特征	村庄到乡镇的距离	实际调查值（千米）	4.91	4.05	0	80
	乡镇正规金融机构数目	实际调查值（个）	2.12	1.17	0	7
	村庄创业氛围	因子分析所得	0.00	1.00	−2.88	1.58
	区域非农就业机会	非常少＝1；比较少＝2；一般＝3；比较多＝4；非常多＝5	3.11	1.02	1	5
	村庄农地抵押贷款参与情况	非常不频繁＝1；比较不频繁＝2；一般＝3；比较频繁＝4；非常频繁＝5	2.62	1.27	1	5
	农地抵押贷款政策宣传情况	非常少＝1；比较少＝2；一般＝3；比较多＝4；非常多＝5	3.34	1.26	1	5
	本地社会保障水平	非常差＝1；比较差＝2；一般＝3；比较好＝4；非常好＝5	3.63	1.03	1	5
区域	是否陕西	否＝0；是＝1	0.32	0.46	0	1
	是否宁夏	否＝0；是＝1	0.36	0.48	0	1
	是否山东	否＝0；是＝1	0.32	0.46	0	1

注：①风险偏好变量通过询问受访者"您倾向于选择下列哪类投资项目？"进行测量，并认为受访者越倾向于高风险的投资项目，其风险偏好程度越高。②农地依赖性变量通过询问受访者"您是否同意土地是农民的命根子、离开土地心里会不踏实？"获取，并认为受访者越是持同意态度，其农地依赖性越高。③创业能力变量由 8 个测量题项因子分析提取 1 个公共因子所得，测量题项包括：不断追求进步的勇气、实现个人职业梦想的坚强意志、对所从事领域的远见和前瞻性、解决突发问题和事件的应变能力、不断学习和更新知识的进取心、事业发展规划能力、经营管理能力、市场变化适应能力和应对能力。④村庄创业氛围变量由 5 个测量题项进行因子分析所得，测量题项包括：本地做生意的市场机会、市场信息获取便利度、市场销售渠道广泛性、创业农民数量多寡、成功创业农民受关注度。

综合比较农地抵押贷款参与农民和未参与农民的各类经济指标可知（表 6 - 20），不考虑其他控制变量条件下，农地抵押贷款组农民创业、农业创业的发生率均在 1％的统计水平上显著高于未参与农地抵押贷款组农民，农地抵押贷款组农民非农创业发生率在 1％的统计水平上显著低于未参与农地抵押贷款组农民。农地抵押贷款参与组和未参与组农民多行业创业发生率不存在显著差异。农地抵押贷款参与组和未参与组农民短期雇佣决策、长期雇佣决策、生产环节外包决策、生产性固定资产投资、年存货资产投资、预防性储蓄决策、周转现金持有决策并无显著差异，农地抵押贷款参与组农民创业相关的保险购买在 1% 的统计水平上显著高于农地抵押贷款未参与组农民。农地抵押贷款参与组农民多为男性、年龄偏低、受教育程度偏低、风险偏好与创业能力较强、农地依赖性较高，在家庭特征方面多表现为家庭劳动力数量较少、主要劳动力身体健康状况较差、农地已完成确权颁证，且农地抵押贷款参与组农民所在乡镇经济水平偏低、村庄到所在乡镇距离较远、乡镇正规金融机构数目较多、村庄农地抵押贷款参与和农地抵押贷款政策宣传较频繁。鉴于农民农地抵押贷款参与决策是基于内外部条件的自选择结果，农民创业决策指标的差异性可能并非由农地抵押贷款参与直接导致，后文采用倾向得分匹配法实证测度农地抵押贷款参与对农民创业基本决策、创业劳动力配置决策、创业资产配置决策的影响净效应，以深入揭示农地抵押贷款的资源配置效应。

表 6 - 20　农地抵押贷款参与农民与未参与农民主要特征指标描述性统计及差异

变　　量	农地抵押贷款参与组 （A）	农地抵押贷款未参与组 （B）	差值 （A - B）
创业	0.54 (0.02)	0.39 (0.01)	0.15***
农业创业	0.78 (0.03)	0.60 (0.02)	0.18***
非农创业	0.25 (0.03)	0.45 (0.02)	- 0.20***
多行业创业	0.03 (0.01)	0.05 (0.01)	0.02
有无短期雇佣	0.48 (0.03)	0.54 (0.02)	0.06*
短期雇佣数量	6.14 (0.83)	8.17 (0.78)	- 2.03
有无长期雇佣	0.22 (0.03)	0.27 (0.02)	- 0.05
长期雇佣数量	1.59 (0.39)	1.50 (0.25)	0.09
生产环节外包	0.08 (0.02)	0.10 (0.01)	0.03
生产性固定资产投资	2.41 (0.48)	3.07 (0.47)	- 0.67
年存货资产投资	1.83 (0.26)	2.32 (0.30)	0.49
有无预防性储蓄	0.34 (0.03)	0.35 (0.02)	- 0.01
预防性储蓄额	0.31 (0.05)	0.34 (0.04)	0.03
周转现金持有量	1.84 (0.29)	1.57 (0.20)	0.27
创业相关的保险购买	0.39 (0.03)	0.23 (0.02)	0.16***
性别	0.75 (0.02)	0.70 (0.01)	0.05*

（续）

变　量	农地抵押贷款参与组 （A）	农地抵押贷款未参与组 （B）	差值 （A－B）
年龄	45.34（0.44）	48.26（0.28）	－2.92***
年龄平方	21.43（0.38）	24.46（0.27）	－3.03***
受教育程度	6.97（0.18）	7.87（0.09）	－0.90***
婚姻状况	0.97（0.01）	0.98（0.01）	－0.01
务农年限	25.42（0.52）	26.05（0.37）	－0.63
风险偏好	3.80（0.05）	3.44（0.03）	0.36***
农地依赖性	4.11（0.05）	3.80（0.03）	0.31***
创业能力	0.15（0.04）	0.05（0.03）	0.10***
劳动力数量	2.49（0.04）	2.64（0.03）	－0.15***
主要劳动力身体健康状况	3.72（0.05）	3.81（0.02）	－0.09*
有无亲友任职村干部或公务员	0.47（0.02）	0.45（0.01）	0.02
有无亲友供职于银行或信用社	0.14（0.02）	0.11（0.01）	0.03
经常联系微信好友数	33.20（3.46）	29.04（1.77）	4.16
房产价值	18.52（1.21）	19.15（0.68）	－0.63
农地确权颁证	0.94（0.01）	0.76（0.01）	0.18***
村庄在本乡镇富裕程度	3.37（0.04）	3.64（0.02）	－0.27***
村庄到乡镇的距离	5.78（0.20）	4.71（0.10）	1.07***
乡镇正规金融机构数目	2.41（0.08）	2.03（0.02）	0.38***
村庄创业氛围	－0.21（0.05）	0.07（0.02）	－0.28***
区域非农就业机会	3.05（0.05）	3.13（0.03）	－0.08
村庄农地抵押贷款参与情况	2.75（0.06）	2.19（0.03）	0.56***
农地抵押贷款政策宣传情况	3.50（0.06）	3.29（0.03）	0.21***
本地社会保障水平	3.61（0.05）	3.63（0.03）	－0.02
是否陕西	0.08（0.01）	0.39（0.01）	－0.31***
是否宁夏	0.74（0.02）	0.24（0.01）	0.50***

　　注：*、**、***分别表示在10%、5%和1%的统计水平上显著；括号外数值为均值，括号内数值为相应的标准差；差值比较采用的是T检验。

2. 农民农地抵押融资交易参与反事实研究框架构建

　　本书首先设定农地抵押融资参与及创业决策方程，在此基础上构建农地抵押融资参与影响农民创业决策的反事实框架。

（1）农民农地抵押贷款参与方程及创业决策方程

依据 Becerril and Abdulai（2010）的随机效用决策模型，农民 i 参与农地抵押贷款交易的效用（U_{1i}）和不参与农地抵押贷款交易的效用（U_{0i}）之差用 M_i^* 表示，若 $M_i^* = U_{1i} - U_{0i} > 0$，则农民选择参与农地抵押贷款。本书定义农民农地抵押贷款参与方程为：

$$M_i^* = \Phi(Z) + \varepsilon_1 \qquad (6-10)$$

$$如果 M_i^* > 0，则 M_i = 1；否则 M_i = 0$$

（6-10）式中，M_i^* 为潜变量，$M_i = 1$ 表示农民 i 参与过农地抵押贷款，$M_i = 0$ 表示农民 i 未参与过农地抵押贷款；Z 为影响农民农地抵押贷款参与行为的外生解释变量向量，包括受访者个体特征、家庭特征及村庄特征，具体变量如表 6-19 所示；ε_1 为随机扰动项。

为测度农地抵押融资交易对农民创业基本决策的影响效应，本书定义农民创业基本决策方程如下：

$$Y_{1ki}^* = \phi_1(X_i) + \eta_1 M_i + \varepsilon_2 \qquad (6-11)$$

（6-11）式中，因变量 Y_{1ki}^* 为创业基本决策潜变量，$k=1，2，3，4$，分别反映农民 i 有无创业、农业创业、非农创业和多行业创业情况，如：若农民 i 有创业行为则 $Y_{1i} = 1$，否则 $Y_{1i} = 0$；X_i 为影响农民创业决策的控制变量向量，M_i 为农民 i 农地抵押融资交易参与变量，ε_2 为随机扰动项。

为测度农地抵押融资交易对农民创业劳动力配置决策的影响效应，本书定义农民创业劳动力配置决策方程如下：

$$Y_{2li}^* = \phi_2(X_i) + \eta_2 M_i + \varepsilon_3 \qquad (6-12)$$

（6-12）式中，因变量 Y_{2li}^* 为创业劳动力配置决策潜变量，$l=1，2，3，4，5$，分别反映农民 i 有无短期雇佣劳动力、短期雇佣人数、有无长期雇佣劳动力、长期雇佣人数和生产环节外包决策，其中，Y_{21i}、Y_{23i}、Y_{25i} 为二分类变量，Y_{22i}、Y_{24i} 为非负整数；X_i 为影响农民创业决策的控制变量向量，M_i 为农民 i 农地抵押融资交易参与变量，ε_3 为随机扰动项。

为测度农地抵押融资交易对农民创业资产配置决策的影响效应，本书定义农民创业资产配置决策方程如下：

$$Y_{3mi}^* = \phi_3(X_i) + \eta_3 M_i + \varepsilon_4 \qquad (6-13)$$

（6-13）式中，因变量 Y_{3mi}^* 为创业资产配置决策潜变量，$m=1$，2，3，4，5，分别反映农民 i 生产性固定资产投资、存货资产投资、有无预防性储蓄、预防性储蓄额、周转现金持有量、创业相关的保险购买决策。其中，Y_{33i}、Y_{36i} 为二分类变量，Y_{31i}、Y_{32i}、Y_{34i}、Y_{35i} 具有典型的截断数据特征，且在零处删失；X_i 为影响农民创业决策的控制变量向量，M_i 为农民 i 农地抵押融资交易参与变量，ε_4 为随机扰动项。

鉴于农民根据自身条件选择是否参与农地抵押贷款，农民农地抵押贷款参与（M_i）可能受到某些不可观测因素影响，而这些因素又与结果变量（Y_{1ki}、Y_{2li}、Y_{3mi}）相关，导致（6-2）式中的 M_i 分别与 ε_2、ε_3、ε_4 相关，因而，直接估计方程（6-2）、（6-3）、（6-4）可能会因样本自选择问题而导致估计偏误。鉴于倾向得分匹配法（PSM）对函数形式假定、参数约束、误差项分布及解释变量外生性等方面无严格要求（Heckman and Vytlacil，2007），在处理样本自选择带来的选择偏差和有偏估计问题等方面具有明显优势，本书采用该方法进行实证模型设计。

（2）反事实分析框架与倾向得分匹配法

依据 Rosenbaum and Rubin（1985）提出的反事实分析框架，本书定义处理组（农地抵押贷款参与组）的平均处理效应（Average Treatment Effect on the Treated，简记为 ATT）为：

$$ATT = E(Y_{in} \mid M_i = 1) - E(Y_{in} \mid M_i = 1)$$
$$= E(Y_{in} - Y_{in} \mid M_i = 1) \qquad (6-14)$$

（6-14）式中，Y_{in} 反映农民 i 参与农地抵押贷款时的创业决策，Y_{in} 反映农民 i 未参与农地抵押贷款时的创业决策。ATT 衡量的是农地抵押贷款参与对农民创业决策的净影响，即测算农地抵押贷款参与农民在参与和未参与农地抵押贷款条件下的创业决策概率差异。$E(Y_{in} \mid M_i = 1)$ 是可直接观测到的结果，而 $E(Y_{in} \mid M_i = 1)$ 不可直接观测，即为反事实结果，可由倾向得分匹配法构造其替代结果。

上述倾向得分匹配估计的缺陷在于虽考虑了可观测因素对农民农地抵押贷款参与的影响，但未充分考虑影响该参与行为的不可观测因素。若协变量选取太少或选择不当，可能会导致可忽略性假设难以满足，进而影响依据倾向得分进行样本匹配的准确性（Heckman and Vytlacil，2007）。鉴于倾向得分匹配第一阶段估计倾向得分时存在不确定性，且在进行倾向得分匹配时存在不同的匹配方法，且各种方法对估计偏差和效率间的权衡存在差异，导致不同匹配方法的结果可能不同；若不同匹配方法的估计结果相似，则说明估计结果较为稳健（陈强，2014）。鉴于此，本书在尽可能引入更多协变量的同时，尝试采用最近邻匹配、卡尺匹配、卡尺内最近邻匹配、核匹配、样条匹配、偏差校正匹配六种不同的匹配方法，并将匹配结果进行比较；若不同方法所得结果差异较小，最终采用不同估计结果的算术平均值进行结果解释。

3. 农地抵押融资交易规模影响农民创业决策的工具变量估计模型

鉴于倾向得分匹配估计无法评估农地抵押融资交易规模的不同对农民创业决策的影响差异性，本书进一步检验农地抵押融资交易规模对农民创业决策的影响效应。

（1）IV‐Probit 模型

为考察农地抵押融资交易规模对农民创业基本决策的影响，设定模型如下：

$$Prob(Y_{1ki}=1\,|\,X_i)=Prob(\alpha_1 MS_i+\beta_1 X_i+\mu_{1i})\quad(6\text{-}15)$$

（6‐15）式中，Y_{1ki} 为虚拟变量，$Y_{1ki}=1$ 表示农民当前有创业行为或某种类型的创业行为，k=1，2，3，4 分别表示有无创业、有无农业创业、有无非农创业、有无多行业创业。MS_i 表示第 i 个样本的农地抵押融资交易规模；X_i 为影响农民创业基本决策的控制变量；α_1、β_1 为估计系数；μ_i 表示服从标准正态分布的随机误差项。上述模型可能因农地抵押融资交易规模与创业决策之间的反向因果关系、遗漏变量或变量测量偏差等原因导致内生性问题。农地经营权确权有效提高了土地使用权的稳定性，激发了农户长期投资意愿（黄季焜和冀县卿，2012），与农民农地抵押融资参与决策高度相关；而农地经营权确权与农民创业决策并不相关。因此，本书选取"农地确权颁证情况"作为受访样本农地抵押融资交易规模的工具变量，采用工具变量法对上述模型进行计量估计。

（2）IV‐Poisson 模型

鉴于创业农民短期雇佣劳动力数量和长期雇佣劳动力数量具有计数数据特征，本书构建泊松回归模型实证检验农地抵押融资交易规模对农民短期和长期雇佣劳动力数量的影响。农地抵押融资交易规模对创业农民有无短期雇佣、有无长期雇佣、生产环节外包决策的影响均使用 IV - Probit 模型，不再详细展开。

$$P(Y_{2i} = y_i \mid x_i) = \frac{e^{-\lambda_i} \lambda_i^{y_{2i}}}{y_{2i}!}, \ y_{2i} = 0, 1, 2, \cdots \quad (6-16)$$

$$\lambda_i = \exp(x_i \gamma) = \exp(\gamma_0 + \gamma_1 MS_i + \gamma_2 X_i) \quad (6-17)$$

（6-16）式（6-17）式中，Y_{2i} 表示短期或长期雇佣劳动力数量，X_i 表示影响农民长短期雇佣劳动力数量决策的因素，λ_i 为泊松到达率，即表示事件发生的平均次数。泊松分布的期望与方差都等于泊松到达率。

（3）IV - Tobit 模型

鉴于生产性固定资产投资、年存货资产投资、预防性储蓄额、周转现金持有量近似连续型变量，但其数据从零点处删失，属于归并数据，本书采用 Tobit 模型检验农地流转规模对上述创业资产配置决策的影响，并设定方程如下：

$$\begin{cases} Y_{3i}^* = \alpha_0 + \beta_2 MS_i + \beta_3 X_i + \mu_{2i} \\ Y_{3i} = \max(0, Y_{3i}^*) \end{cases} \quad (6-18)$$

（6-18）式中，Y_{3i}^* 为潜变量；Y_{3i} 表示第 i 个农民创业资产（生产性固定资产投资、年存货资产投资额、预防性储蓄、周转现金）配置量；MS_i 表示农地抵押融资交易规模；X_i 表示控制变量，如表 6-19 所示；μ_{2i} 为随机误差项。同理，本研究采取工具变量法（IV - Tobit）进行估计，以尽量纠正（6-18）式模型可能存在的内生性问题带来的估计偏误。

（二）共同支撑域与平衡性检验

基于农地抵押贷款参与方程估计结果计算农民参与农地抵押贷款的条件概率拟合值，即为农民的倾向得分。本书采用农地抵押贷款参与农民与农地抵押贷款未参与农民倾向得分的密度函数反映匹配前后两组样本的共同支撑域条件，如图 6-4 所示。农地抵押贷款参与和未参与农民匹配后倾向得分均有较大范围的重叠。倾向得分计算结果显示，参与农地抵押贷款农民的倾向得分区间为 [0.010 8，0.994 9]，未参与农地抵押贷款农民的倾向得分区间为 [8.45e-10，0.987 7]，因此，两者共同支撑域为 [0.010 8，0.987 7]。

前述六种匹配方法产生的农地抵押贷款参与处理组最大样本损失量为 14，控制组最大样本损失量分别为 262，相较于处理组样本量 467，控制组样本量 1 480，损失样本比例较小。因此，本书倾向得分匹配效果较好。

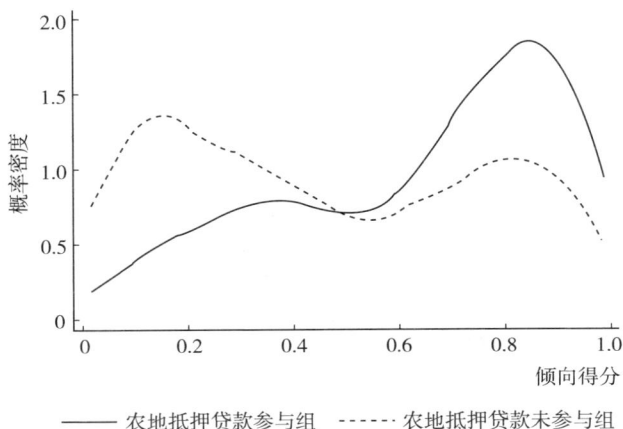

图 6-4　农地抵押贷款参与农民与未参与农民倾向得分的经验密度

　　匹配后解释变量的平衡性检验结果表明，匹配后处理组和控制组样本在所有解释变量上均无显著差异。由表 6-21 可知，以农地抵押贷款为处理变量的匹配后，Pseudo R^2 分别由 0.502 显著下降至 0.023～0.112，LR 统计量由 1 071.26 显著下降至 29.99～144.77，解释变量的联合显著性检验由匹配前的 1% 水平上显著变成在 10% 的水平上不显著；解释变量的均值偏差由 34.3% 均下降至 10% 以内，中位数偏差由 25.5% 也均下降至 10% 以内，总偏误明显降低。上述结果表明，本书的样本匹配有效平衡了处理组与控制组之间解释变量分布的差异，最大限度降低了样本选择偏误问题。

表 6-21　匹配前后解释变量的平衡性检验结果

匹配方法	Pseudo R^2	LR 值	P 值	均值偏差（%）	中位数偏差（%）
匹配前	0.502	1 071.26	0.00	34.3	25.5
最近邻匹配	0.023	29.99	0.364	6.1	5.1
卡尺匹配	0.026	32.99	0.236	6.4	4.7
卡尺内最近邻匹配	0.025	31.35	0.302	6.3	4.4
核匹配	0.024	30.94	0.320	6.2	5.1

（续）

匹配方法	Pseudo R^2	LR 值	P 值	均值偏差（%）	中位数偏差（%）
样条匹配	0.051	66.11	0.420	9.0	9.6
偏差校正匹配	0.112	144.77	0.452	8.6	5.8

注：本书对各匹配方法的具体设置说明如下：①最近邻匹配采用1～10匹配，即为每个参与农地流转农民寻找倾向得分与之最接近的10个未参与农地流转样本，并将该10个未参与农地流转样本的有关变量进行简单算术平均得到1个样本，将该样本作为参与农民的匹配对象。②卡尺匹配通过限制倾向得分的绝对距离，以增强其可比性，卡尺范围限定为0.01，即对倾向得分相差1%的观测值进行匹配。③卡尺内最近邻匹配结合了最近邻匹配和卡尺匹配，即在给定的卡尺范围内寻找最近匹配，将卡尺范围限定为0.01，对倾向得分相差1%的观测值进行1～10匹配。④核匹配设定带宽为0.06，即将倾向得分在带宽内的所有控制组样本加权平均后将之与参与农地流转样本进行匹配。⑤样条匹配采用下载的非官方命令 spline 进行默认回归。⑥偏差校正匹配估计采用样本协方差矩阵的逆矩阵为权重矩阵，进行马氏距离匹配，匹配标准为一对四匹配，所有解释变量用于偏差校正，并使用异方差稳健标准误。

（三）农地抵押融资交易影响农民创业基本决策的实证分析

1. 农地抵押融资交易对农民创业基本决策的平均影响效应测算

表6-22报告了有无参与农地抵押贷款对农民创业基本决策的影响效应，六种不同匹配方法的估计结果。综合来看，农地抵押贷款对农民创业决策的影响在5%的统计水平上正向显著，且影响的净效应为0.113 9。表6-23报告了农地抵押贷款交易金额对农民创业基本决策的影响估计结果。以"农地是否确权颁证"为农地抵押贷款金额的工具变量，农地确权颁证直接影响农民对农地的权属感和价值认知，影响农民农地抵押贷款参与意愿、程度及可得性，但并不影响农民创业决策，因此，该变量满足作为农地抵押贷款金额工具变量的要求。第（2）（4）（6）（8）列估计结果显示，DWH 内生性检验无法拒绝农地抵押贷款金额外生的原假设，即采用基准模型估计结果进行分析。结果表明，农地抵押贷款金额在1%的统计水平上显著正向促进农民创业决策，且影响的边际效应为0.011 4。这表明，整体上参与农地抵押贷款且获得农地抵押贷款金额越高，越有助于通过缓解农民流动性约束，增加农民创业初始资金和生产经营周转资金，进而促进农民创业决策实施，并增强创业的可持续性。农户以承包或流转方式取得的农地经营权用于抵押融资，为优化土地、劳动力、资金等生产要素配置结构，提高生

产经营规模和层次、实现收入稳定增长提供重要资金保障，增强农民创业决策的灵活性。综上，研究假说 H6 - 4a、H6 - 4b 得到证实，H6 - 4c、H6 - 4d 未得到证实。

表 6 - 22　有无农地抵押贷款影响农民创业基本决策的效应测算结果

匹配方法	创业	农业创业	非农创业	多行业创业
最近邻匹配	0.101 3**	0.080 3*	−0.001 1	−0.022 4
	(0.046 5)	(0.043 5)	(0.034 0)	(0.014 6)
卡尺匹配	0.118 1**	0.091 6**	0.014 7	−0.012 1
	(0.048 3)	(0.044 8)	(0.035 2)	(0.013 9)
卡尺内最近邻匹配	0.118 5**	0.092 5**	0.015 5	−0.011 1
	(0.048 6)	(0.045 3)	(0.035 5)	(0.014 8)
核匹配	0.087 2**	0.070 7*	−0.006 3	−0.023 7*
	(0.044 8)	(0.041 5)	(0.032 7)	(0.013 1)
样条匹配	0.082 2**	0.059 2*	0.000 2	−0.023 3
	(0.041 2)	(0.035 3)	(0.034 5)	(0.014 6)
偏差校正匹配	0.176 0***	0.148 1***	0.017 2	−0.010 7
	(0.046 8)	(0.045 7)	(0.030 4)	(0.020 1)
平均值	0.113 9	0.090 4	—	—

注：*、**、*** 分别表示在 10%、5% 和 1% 的统计水平上显著，括号内数值为标准误。

表 6 - 23　农地抵押贷款金额影响农民创业基本决策的估计结果

变量	创业		农业创业	
	(1)	(2)	(3)	(4)
	Probit	IV - Probit	Probit	IV - Probit
农地抵押贷款金额	0.011 4***	0.015 8**	0.003 6***	0.010 0*
	(0.002 1)	(0.007 1)	(0.000 9)	(0.005 4)
控制变量	已控制	已控制	已控制	已控制
LR χ^2 /Wald χ^2	749.84***	381.91***	404.25***	379.68***
一阶段 F 值		11.25***		11.25***
DWH 内生性检验		0.41		0.89
Pesudo R^2	0.282 7		0.174 6	
样本量	1 947			

（续）

变量	非农创业		多行业创业	
	(5)	(6)	(7)	(8)
	Probit	IV－Probit	Probit	IV－Probit
农地抵押贷款金额	－0.000 7	－0.002 3	－0.000 1	0.001 4
	(0.000 5)	(0.006 1)	(0.000 1)	(0.003 6)
控制变量	已控制	已控制	已控制	已控制
LR χ^2／Wald χ^2	311.11***	253.23***	56.09***	55.34***
一阶段 F 值		11.25***		11.25***
DWH 内生性检验		0.08		0.23
Pesudo R^2	0.178 0		0.135 9	
样本量	1 947			

注：控制变量包括表6-19中除"农地是否确权颁证"外的所有控制变量；＊、＊＊、＊＊＊分别表示在10％、5％和1％的统计水平上显著；表中输出的是估计的边际效应，括号内数值为标准误。

2. 农民分行业创业决策视角下农地抵押融资政策预期与执行效果的偏差检验

由表6-22可知，分行业看，有无参与农地抵押贷款交易对农民农业行业创业决策的影响在10％的统计水平上正向显著，且平均处理效应为0.090 4；而农地抵押贷款对农民非农创业和多行业创业决策的影响均不显著。进一步地，由表6-23可知，分行业看，农地抵押贷款金额在1％的统计水平上显著正向促进农民农业创业决策，但对农民非农创业和多行业创业决策的影响不显著。综上可知，参与农地抵押贷款、获批农地抵押贷款金额越高，越有助于显著促进农民农业创业决策，但并未对农民非农创业和多行业创业发挥显著作用。因此，整体上农地抵押贷款政策执行效果未偏离政策预期，接受研究假说H6-8a，拒绝研究假说H6-8b和H6-8c。

为更有力阐释这一结论，本书利用问卷题项统计了农户最近一次农地抵押贷款的资金用途，结果显示：476户农地抵押贷款参与农户中，贷款资金用于生产经营投资共432户（占比90.76％），其中农业生产经营投资和工商业经营投资分别为398户和34户，另有44户（占比9.24％）农户将农地抵押贷款资金用于建造或翻修房屋、红白喜事、医疗、日常生活开支等家庭生活性消费。上述统计结果表明，虽然当前农地抵押贷款实践中贷款资金偏离农业生产用途的现象（主要体现为资金被用于非农生产经营投资和生活性消费）屡屡发生，但整体上农地抵押贷款资金主要用于种养殖业等农业生产经营用途。农地抵押贷款主要服务于农业产业的政策设计对助推农户扩大农业生产经营规模、实现农业领域内创业发挥显著作用。与此同时，虽然部分农地抵押贷款被用于非农生产经营，但限于获批农地抵押贷款金额[①]，其对农民进入资金门槛较高的非农领域实施创业的融资约束缓解作用十分有限。因此，尽管农地抵押贷款试点实践中存在部分贷款资金用途偏离政策预期的非意图结果，但整体上农民创业视角下农地抵押贷款的政策预期和客观实践效果相一致。这得益于从中央到地方农地抵押贷款政策条款的不断细化、农地抵押贷款办理程序日趋规范化以及金融机构贷款质量跟踪检查常态化等系列措施的实施。

（四）农地抵押融资交易影响农民创业劳动力配置决策的实证分析

由表6-24可知，六种匹配方法的估计结果显示，有无参与农地抵押融资交易对农民创业短期和长期雇佣劳动力决策的影响均不显著，但对农民创业中的生产环节外包决策在至少10％的统计水平上正向显著。进一步地，以"农地是否确权颁证"作为"农地抵押贷款金额"的工具变量，对农地抵押贷款金额影响农民创业劳动力配置决策的模型进行工具变量估计，估计结果如表6-25所示。第（2）（4）列DWH内生性检验分别在5％和10％的统计水平上拒绝农地抵押贷款金额外生的原假设，第（6）（8）（10）列DWH内生性检验结果表明无法拒绝农地抵押贷款金额外生的原假设。一阶段F值为10.87，表明工具变量非弱工具变量。由第（2）（4）列估计结果可知，农地抵押贷款金额对创业农民有无短期雇佣、短期雇佣人数的影响均在1％的统计水平上正向显著。由第（5）（7）列可知，农地抵押贷款金额对农民有无长期雇佣和长期雇佣人数的影响均在1％的统计水平上正向显著。再由第（8）列可知，农地抵押贷款金额对创业农民生产环节外包决策

---

① 调查问卷统计结果显示：样本农户最近一次获得农地抵押贷款金额的均值为12.15万元，其中5万元及以下占比53.60％，大于5万元且不超过10万元占比33.30％，10万元以上占比13.10％。

的影响在 10%的统计水平上正向显著。上述结果表明，虽然有无参与农地抵押贷款并不显著促进创业农民对短期和长期雇佣劳动力的配置，但是获批农地抵押贷款金额的差异显著影响创业农民对长短期雇佣劳动力的决策，即获批农地抵押贷款金额越高，越有助于为创业农民依据生产经营情况适时适当增加短期和长期雇佣劳动力提供资金支持。参与农地抵押、获批农地抵押贷款金额越高，越有助于促进创业农民实施部分和全部生产环节的外包，以降低创业风险、增加创业收益。综上，研究假说 H6－5a、H6－5b、H6－5c 得到证实。

表 6－24　有无农地抵押贷款影响农民创业劳动力配置决策的效应测算结果

匹配方法	有无短期雇佣	短期雇佣人数	有无长期雇佣	长期雇佣人数	生产环节外包
最近邻匹配	−0.028 0	−0.650 2	−0.073 4	−0.861 5	0.128 9***
	(0.067 0)	(5.124 5)	(0.060 1)	(4.356 6)	(0.044 8)
卡尺匹配	0.015 3	0.627 5	−0.060 3	−1.043 1	0.145 0***
	(0.069 4)	(4.954 5)	(0.061 5)	(3.661 6)	(0.044 8)
卡尺内最近邻匹配	0.013 8	0.668 9	−0.059 0	−1.039 9	0.145 0***
	(0.069 4)	(5.396 1)	(0.062 2)	(4.366 2)	(0.044 7)
核匹配	−0.003 2	−0.491 1	−0.070 9	−1.014 4	0.124 8***
	(0.065 9)	(4.606 0)	(0.059 8)	(3.291 8)	(0.043 3)
样条匹配	−0.027 7	−2.470 7	−0.108 0	−1.027 2	0.139 7***
	(0.032 2)	(4.556 3)	(0.067 3)	(3.563 2)	(0.042 1)
偏差校正匹配	0.028 9	1.289 2	0.037 1	0.851 2	0.082 6*
	(0.062 8)	(3.031 8)	(0.053 0)	(0.521 1)	(0.042 5)
平均值	—	—	—	—	0.127 7

注：*、**、*** 分别表示在 10%、5%和 1%的统计水平上显著；括号内数值为标准误。

（五）农地抵押融资交易影响农民创业资产配置决策的实证分析

表 6－26 报告了六种匹配方法下有无农地抵押贷款对农民创业资产配置决策的影响估计结果。结果显示，有无参与农地抵押融资交易对农民创业生产性固定资产配置、预防性储蓄决策、周转现金配置、创业相关保险购买决策的影响均不显著，但对农民创业中的年存货资产投资决策在 1%的统计水平上正向显著。进一步地，以"农地确权颁证"作为"农地抵押贷款金额"的工具变量，对农地抵押贷款金额影响农民创业资产配置决策的模型进行工

表 6-25　农地抵押贷款金额影响农民创业劳动力配置决策的估计结果

变　量	有无短期雇佣		短期雇佣人数		有无长期雇佣		长期雇佣人数		生产环节外包	
	Probit	IV-Probit	Poisson	IV-Poisson	Probit	IV-Probit	Poisson	IV-Poisson	Probit	IV-Probit
	(1)	(2)	(3)	(4)	(5)	(6)	(7)	(8)	(9)	(10)
农地抵押贷款金额	0.001 8**	0.010 8***	0.019 4***	0.123 9***	0.003 9***	0.001 4	0.011 0***	0.025 5*	0.000 5*	0.001 9
	(0.000 8)	(0.003 1)	(0.002 5)	(0.041 7)	(0.001 3)	(0.005 0)	(0.001 2)	(0.014 6)	(0.000 3)	(0.003 4)
控制变量	已控制	已控制	已控制	已控制	已控制	已控制	已控制	已控制	已控制	已控制
LR χ^2/Wald χ^2	95.48***	189.37***	3 784.71***	568.67***	253.73***	147.81***	6 193.98	635.68***	80.89***	71.53***
一阶段 F 值		10.87***		10.87**		10.87***		10.87***		10.87***
DWH 内生性检验		5.18**		2.88*		1.28		0.08		0.21
Pesudo R^2	0.184 1		0.193 6		0.261 1		0.499 9		0.145 9	
样本量					832					

注：控制变量包括表 6-19 中除"农地是否确权颁证"外的所有控制变量；*、**、***分别表示在 10%、5% 和 1% 的统计水平上显著；表中输出的是估计的边际效应，括号内数值为标准误。

具变量估计，估计结果如表 6 - 27 所示。第（2）（4）（6）（8）（10）列 DWH 内生性检验均无法拒绝农地抵押贷款金额为外生变量的原假设，第（12）列 DWH 内生性检验在 5% 的统计水平上拒绝农地抵押贷款金额外生的原假设。一阶段 F 值均大于 10，表明工具变量不具有弱工具变量属性。由第（1）（3）（5）（7）列基准回归估计结果可知，农地抵押贷款金额对创业农民生产性固定资产投资、年存货资产投资、周转现金持有量的影响分别在 1%、5%、1% 的统计水平上正向显著，但对创业农民有无预防性储蓄和预防性储蓄额的影响均不显著。此外，由第（12）列两阶段工具变量估计结果可知，农地抵押贷款金额越多，农民参与与创业相关保险的概率越高。综上可知，有无参与农地抵押贷款仅对农民年存货资产投资产生作用，这与农地抵押贷款直接增加农民可支配的流动资金有关，而农地抵押贷款金额的差异不仅引致年存货资产投资的差异，还对创业农民生产性固定资产投资、周转现金持有量以及保险购买产生积极作用，获批农地抵押贷款金额越高，创业农民对创业资产结构的配置能力越强、采取风险管理措施的自由度越高。综上，研究假说 H6 - 6a、H6 - 6b、H6 - 6c、H6 - 6d、H6 - 6e 得到证实。

表 6 - 26　有无农地抵押贷款影响农民创业资产配置决策的效应测算结果

匹配方法	生产性固定资产投资	年存货资产投资	有无预防性储蓄	预防性储蓄额	周转现金持有量	保险购买
最近邻匹配	2.858 6 (4.361 1)	3.592 4*** (1.220 0)	0.014 6 (0.062 6)	0.088 6 (0.193 4)	1.773 0 (1.730 5)	0.005 0 (0.061 7)
卡尺匹配	1.373 0 (4.601 6)	3.283 3*** (1.126 8)	0.020 7 (0.065 4)	0.067 5 (0.179 5)	1.611 8 (1.578 4)	0.009 7 (0.062 3)
卡尺内最近邻匹配	1.383 6 (4.590 5)	3.250 4*** (1.246 5)	0.021 5 (0.065 5)	0.071 5 (0.201 8)	1.611 8 (1.578 4)	0.009 7 (0.062 2)
核匹配	2.845 8 (5.359 0)	3.694 8*** (1.417 5)	0.006 1 (0.062 9)	0.107 7 (0.166 1)	1.877 1 (1.573 8)	0.001 3 (0.060 1)
样条匹配	3.531 9 (4.231 3)	4.335 4*** (1.656 4)	0.004 7 (0.048 4)	0.132 5 (0.156 5)	2.188 0 (1.824 5)	0.013 5 (0.034 5)
偏差校正匹配	1.027 6 (1.064 0)	3.590 6*** (1.174 5)	0.082 9 (0.075 8)	0.185 9 (0.151 2)	0.778 2 (1.359 2)	0.033 2 (0.073 2)
平均值	—	3.624 5***	—	—	—	—

注：*** 表示在 1% 的统计水平上显著，括号内数值为标准误。

表 6 - 27　农地抵押贷款金额影响农民创业资产配置决策的估计结果

变量	生产性固定资产投资		年存货资产投资		有无预防性储蓄	
	（1）	（2）	（3）	（4）	（5）	（6）
	Tobit	IV - Tobit	Tobit	IV - Tobit	Probit	IV - Probit
农地抵押贷款金额	0.028 8***	0.044 1	0.023 7**	0.019 3	0.001 0	0.001 9
	(0.007 7)	(0.035 4)	(0.012 1)	(0.053 7)	(0.000 8)	(0.022 4)
控制变量	已控制	已控制	已控制	已控制	已控制	已控制
LR χ^2 /Wald χ^2	120.15***	100.53***		94.51	72.44***	61.05***
一阶段 F 值		10.95**		10.95**		11.34**
DWH 内生性检验		0.84		0.03		0.01
Pesudo R^2	0.132 3		0.152 3		0.171 6	
样本量	832					

变量	预防性储蓄额		周转现金持有量		保险购买	
	（7）	（8）	（9）	（10）	（11）	（12）
	Tobit	IV - Tobit	Tobit	IV - Tobit	Probit	IV - Probit
农地抵押贷款金额	−0.002 9	0.007 7	0.086 9***	0.001 6	0.000 5*	0.033 7***
	(0.004 4)	(0.012 9)	(0.010 3)	(0.053 9)	(0.000 3)	(0.011 2)
控制变量	已控制	已控制	已控制	已控制	已控制	已控制
LR χ^2 /Wald χ^2	80.91***	70.56***	158.36***	97.28***	137.59***	296.31***
一阶段 F 值		11.342 4**		10.345 6**		10.345 6**
DWH 内生性检验		0.48		0.57		4.39**
Pesudo R^2	0.15		0.13		0.15	
样本量	832					

注：控制变量包括表 6 - 19 中除"农地是否确权颁证"外的所有控制变量；＊、＊＊、＊＊＊分别表示在 10％、5％和 1％的统计水平上显著；表中输出的是估计的边际效应，括号内数值为标准误。

（六）稳健性检验

鉴于农地抵押融资规模的替代工具变量较难选取，本节主要对前文倾向得分匹配估计的稳健性进行检验。如前文所述，本书综合采用了六种匹配方法对农地抵押融资交易参与影响农民创业决策的净效应进行估计，以增强估计结果的稳健性。从表 6 - 22、表 6 - 24、表 6 - 26 估计结果看，整体上使用不同匹配方法的处理效应估计结果不存在明显差异，表明本书倾向得分匹配估计结果整体上较为稳健。此外，鉴于倾向得分匹配估计未考虑不可观测因素的影响，可能导致隐藏性偏差的存在及估计结果的不稳健。依据 Rosenbaum and Rubin（1983）提出的敏感性分析方法，本书通过考察所设定不可观测因素对是否接受处理的概率的作用幅度变化，来判断估计结果对不可观测变量的敏感性，以检验处理效应估计结果的稳定性。该方法指出，若反映不可观测因素影响的 Gamma 系数接近 1 时，已有研究结论不再显著，则 PSM 估计结果不稳健；若 Gamma 系数取值较大（通常接近 2）时，已有研究结论才变得不再显著，则 PSM 估计结果较为可靠。鉴于六种匹配方法所得估计结果不存在明显差异，本书选取最近邻匹配结果进行敏感性分析。由表 6 - 28 处理效应的敏感性分析结果可知，当 Gamma 系数至少大于 2.2 时，表 6 - 22、表 6 - 24、表 6 - 26 中处理效应的估计结果开始在 10% 的水平上变得不再显著。因此，前文处理效应的估计结果对潜在因素并不十分敏感，进一步证实了本节处理效应估计的研究结论较为稳健。

表 6 - 28　处理效应的敏感性分析

Gamma	Sig^+	Sig^-	$t - hat^+$	$t - hat^-$	CI^+	CI^-
1.0	1.2e - 15	1.2e - 15	0.15	0.15	0.10	0.20
1.2	5.0e - 10	0	0.10	0.20	0.05	0.30
1.4	1.9e - 06	0	0.10	0.25	0.05	0.35
1.6	0.000 4	0	0.05	0.30	0.05	0.45
1.8	0.011 8	0	0.05	0.35	3.4e - 07	0.45
2.0	0.099 5	0	3.4e - 07	0.40	- 3.4e - 07	0.45
2.2	0.343 6	0	3.4e - 07	0.40	- 0.05	0.45
2.4	0.656 0	0	- 3.4e - 07	0.45	- 0.05	0.50
2.6	0.873 3	0	- 3.4e - 07	0.45	- 0.05	0.50
2.8	0.966 3	0	- 0.05	0.45	- 0.05	0.50
3.0	0.993 3	0	- 0.05	0.50	- 0.10	0.50
3.2	0.998 9	0	- 0.05	0.50	- 0.10	0.55
3.4	0.999 8	0	- 0.05	0.50	- 0.10	0.55
3.6	0.999 9	0	- 0.05	0.50	- 0.10	0.55
3.8	1	0	- 0.10	0.50	- 0.15	0.55
4.0	1	0	- 0.10	0.55	- 0.15	0.55

　　注：Gamma 表示由不可观测因素导致的不同安排的对数发生比，Sig^+ 表示显著性水平上界，Sig^- 表示显著性水平下界，$t - hat^+$ 表示 Hodges—Lehmann 点估计上界，$t - hat^-$ 表示 Hodges - Lehmann 点估计下界，CI^+ 表示置信区间上界，CI^- 表示置信区间下界，置信水平为 5%。

四、本章小结

本章基于产权经济学理论阐释了以农地流转交易和农地抵押融资交易表征的农地产权交易对农民创业基本决策、创业劳动力配置决策、创业资产配置决策的影响机理并提出研究假说，运用倾向得分匹配法构建反事实框架，实证检验了有无农地流转（转入和转出）、有无农地抵押贷款对农民创业基本决策、创业劳动力配置决策、创业资产配置决策的影响净效应，并检验了农地"三权分置"改革深化背景下基于农民创业决策视角的农地经营权流转和抵押融资改革政策执行效果与政策预期的偏差；此外，本章还运用工具变量法实证检验了农地流转规模、农地抵押贷款金额对农民创业基本决策、创业劳动力配置决策、创业资产配置决策的影响效果，深入揭示了农地产权交易通过资源优化配置效应和流动性约束缓解效应对农民创业决策发挥不同程度的影响。研究结果表明：

①农地流转交易通过土地资源的优化配置推动农民创业型就业尤其是涉农创业型就业，且显著促进创业农民长短期劳动力雇佣及生产环节外包决策的实施，并影响创业农民生产性固定资产、年存货资产、预防性储蓄、周转现金与保险购买方面的配置决策。a. 有无农地转入和农地转入规模对农民创业、农业创业均产生显著正向影响，对农民非农创业的影响负向显著；农地转出显著降低农民农业创业概率但同时显著增加非农创业概率；创业决策视角下农地经营权流转改革政策执行效果与政策预期基本一致，且农地经营权流转推动农民农业创业的同时，也促使部分农地转出户实施非农创业，体现了该政策实施对农民福利的溢出效应。b. 农地转入参与及参与规模显著正向促进创业农民短期和长期雇佣决策。此外，农地转入参与增加了创业农民实施生产环节外包决策的概率；而农地转出交易显著减少了创业农民短期雇佣概率及其雇佣数量。c. 农地转入交易参与显著增加了创业农民生产性固定资产投资、预防性储蓄额及保险购买，且农地转入规模越高，生产性固定资产投资、年存货资产投资、周转现金持有量越大，保险购买概率越高。

②农地抵押融资交易通过流动性约束缓解效应促进农民创业尤其是农业创业，且显著影响农民创业劳动力和创业资产的配置决策。a. 有无参与农

地抵押贷款对农民创业、农业创业的影响均正向显著，影响净效应分别为0.113 9、0.090 4；农地抵押贷款金额对农民创业、农业创业的影响均正向显著，影响效应分别为0.011 4和0.003 6；农地抵押融资交易对农民非农创业、多行业创业的影响均不显著。由此可知，农民创业决策视角下农地经营权抵押融资改革政策预期与执行效果基本一致。b. 有无参与农地抵押贷款仅显著促进创业农民生产环节外包决策，并不显著增加其长短期雇佣劳动力，但获批农地抵押贷款金额显著促进创业农民长短期雇佣决策和生产环节外包决策。c. 有无参与农地抵押贷款仅对农民年存货资产投资产生作用，而农地抵押贷款金额的不同不仅引致年存货资产投资的差异，还对创业农民生产性固定资产投资、周转现金持有量以及保险购买产生积极作用。

第七章　金融素养影响农民农地产权交易的实证分析

近些年，农地经营权流转改革的深化有力提高了农地资本化程度和农地金融发展水平，农民农地产权交易行为从依赖关系情感逐步转向依赖经济理性，从非市场化转向市场化，有关交易对象选择、交易契约签订等不同环节均不可避免会涉及财务问题，对农民投资理财意识、财务计算知识、资金管理能力等方面的综合能力提出较高要求。事实上，中国对居民金融素养尤其是农村居民金融素养问题的关注起步较晚，相关金融教育体系不够完善，金融知识公共供给渠道不足，导致诸多家庭尤其是农村家庭还难以获取全面而系统的金融教育，且农村居民家庭金融教育水平仍滞后于农村金融市场的发展需要。这既在一定程度上阻碍了农民金融素养水平的提高，也制约了新型金融业务在农村地区的推广进程。鉴于此，本书立足农地金融深化的现实背景，深入探究金融素养对农民农地流转和农地抵押融资的影响具有重要现实意义。

梳理文献可知，已有研究均忽视从金融需求主体的金融素养视角追踪农民农地流转和农地抵押融资参与的深层次原因，缺乏对金融素养与农地流转交易、农地抵押融资交易之间关系的理论阐释和实证检验。此外，已有案例分析表明，农地融资流转对农地资本增值、农业信贷均产生积极影响（夏玉莲和曾福生，2014），且农地流转服务体系的完善对农民农地抵押贷款参与具有促进作用（靳丰轩和张雷刚，2012）。随着农地流转参与率的提升和农地经营权权能由流转等方面向抵押、担保权能扩展，农地流转将在一定程度上助力农地资本化进程，促进农民农地抵押融资实践。然而，鲜有研究将农地流转和农地抵押融资纳入同一研究框架，实证探讨农地流转对农民农地抵押贷款参与的影响效果。鉴于此，本书探索性地将金融素养引入农民农地产权交易行为的分析框架，系统阐释要素流动视角下农民金融素养、农地流转与农地抵押融资之间的关联机理，计量检验农地转入和农地转出对金融素养影响农民农地抵押融资的中介作用及其差异性。相关研究结论有益于从农民内在能动性因素层面丰富农民农地产权交易行为的理论探讨，为新时期立足金融素养视角探求农民农地流转和农地抵押融资交易参与程度提升、协调推进农地经营权流转改革和农地抵押融资改革深化谋求新的实践路径。

一、金融素养影响农民农地产权交易的研究假说

农地产权制度改革深入推进背景下，农地流转交易和抵押融资交易是农民农地产权交易的两种主要形式。农地资本化是推进农地经营权流转的重要目的，而农地经营权流转是推进农地资本化的必然选择。农地流转融资和抵押融资均是农地融资功能的重要体现（刘广明，2011）。充分发挥农地融资功能对于彰显农地经济价值、优化农地产权结构和提高农地市场资源配置效率均具有重要意义。已有农地流转和农地抵押融资交易的研究均忽视从金融需求主体的金融素养视角追踪农民农地产权交易需求和参与行为形成的内在能动性因素，缺乏对金融素养与农民农地流转交易、农地抵押融资交易行为之间关系的理论阐释和实证检验。由本书第三章机理分析可知，提升农民金融素养水平可促进其农地流转市场和农地金融市场的单一市场参与。已有研究证实了金融素养显著促进农民农地抵押融资需求（苏岚岚等，2017），但金融素养对农民农地抵押融资申请和获批等实际参与行为的影响仍有待进一步实证检验。此外，已有研究将农地抵押作为农地融资流转模式的典型案例，并分析表明农地融资流转对提升农地资产价值和以农地为依托的信贷可得性产生积极影响（夏玉莲和曾福生，2014），且农地流转服务体系的完善对农民农地抵押贷款参与具有促进作用（靳丰轩和张雷刚，2012）。农地流转尤其是规模流转推动农地交易市场发育，激发不同农业经营主体的差异化信贷需求，促进农地金融制度改革深化和农村金融环境优化。农地转入促进农地规模经营的形成，无论是支付租金还是保障生产经营的需要均在一定程度上激发农民信贷需求，加之流转农地经营权抵押贷款的实施为农地转入户申请农地抵押融资提供政策支持，因此，农地转入所形成的农地资产优势有助于提升农民农地抵押融资参与意愿和参与程度。农地转出所形成的农地流

转收益虽在短期内有助于缓解农民资金约束问题，但长期内可因非农就业等生计策略调整进而使农民产生更强烈的融资需求。与此同时，农地转出减少了农民农地经营权持有，一定程度上制约农民农地抵押融资参与。其中，农地全部转出将直接导致农民失去农地抵押标的物。基于上述分析，本书提出如下假说：

H7-1：金融素养对农民农地流转交易产生正向影响。

H7-2：金融素养对农民农地抵押融资交易产生正向影响。

H7-3：农地转入对农民农地抵押融资交易产生正向影响，而农地转出对农民农地抵押融资交易产生负向影响。

再由第三章分析可知，金融素养对农村要素市场"地动—钱动"的关联机制形成具有重要作用。农民金融素养水平的提升可通过促进农村要素市场土地要素的流动进而推动资本要素的流动。具体表现为：金融素养高的农民有能力对农地流转市场的参与形式及参与规模等方面作出理性决策，且不同方向的农地流转交易参与对农民农地抵押融资需求及其规模产生差异化的影响，由此逻辑推导认为，农民金融素养水平的差异可通过影响其农地流转市场的参与决策进而作用于其农地抵押融资交易行为。提升农民金融素养水平可通过促进农地转入尤其是规模转入进而增加农地抵押融资规模，也可通过促进农地部分转出进而降低农地抵押融资规模或促进农地全部转出进而导致失去农地抵押融资标的物。金融素养、农地流转交易与农地抵押融资交易的关联机理如图7-1所示。

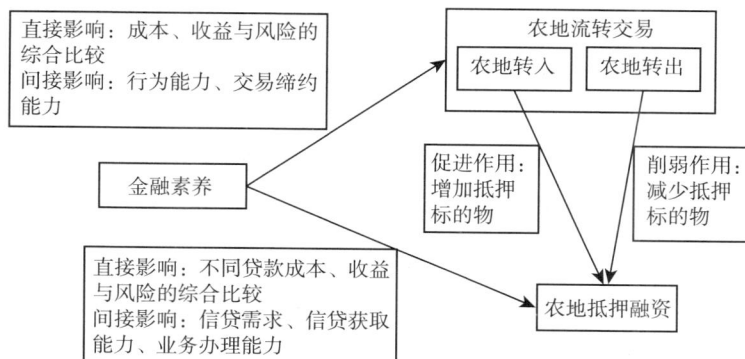

图7-1　金融素养、农地流转交易与农地抵押融资交易的关联机理

当然，从长期看，限于金融机构对农地抵押贷款资金的用途监管，农地抵押融资主要用于支持农民从事农业适度规模经营，农民在参与农地抵押市场获取借贷资金方面越具有比较优势，越有助于缓解农地规模经营的融资约束，推动其农地转入决策实施。相较于农地经营权流转改革，农地抵押融资改革起步较晚，发展尚不成熟，尤其是流转农地的经营权抵押融资制度还处在小范围试点探索阶段。现阶段农民农地抵押融资参与率明显低于农地流转参与率，农地抵押贷款对于农民来讲仍是有限供给，加之单位面积农地评估价值较低，且人均承包地面积较小，以家庭承包地经营权抵押贷款作为扩大投资的主要资本来源对农地转入尤其是农地规模转入作用较为有限；但农地流转市场的发育有力促进了农地抵押融资改革，农地转入农民以流转农地获取抵押融资极大提高了农地抵押融资规模。综上分析认为，现阶段农地金融市场发育程度明显滞后于农地流转市场发育程度，额度较小的承包地抵押融资对农民农地转入及其规模的影响还较为有限，本书重点关注农地流转对农民农地抵押融资交易的影响。

基于上述分析，本研究提出以下假说：

H7-4：农地转入在金融素养影响农民农地抵押融资交易行为中具有正向中介作用，而农地转出在金融素养影响农民农地抵押融资交易行为中具有负向的遮蔽效应[①]。

二、金融素养影响农民农地流转交易的实证分析

(一) 研究设计

1. 变量选取

为实证检验金融素养对农民农地流转交易的影响，本书对因变量、核心自变量和控制变量的设定如下。

(1) 因变量

农地流转交易。通过询问受访样本"您家 2017 年有没有转入农地？"

---

① 依据温忠麟和叶宝娟（2014）提出的中介效应检验程序，若假设的中介作用方向与主效应方向相反，则表明存在遮蔽效应。

"您家 2017 年转入农地面积是多少?""您家 2017 年有没有转出农地?""您家 2017 年转出农地面积是多少?"分别测量农民农地转入决策(有无农地转入、农地转入规模)和农地转出决策(有无农地转出、农地转出面积)。

(2)核心自变量

金融素养。如前文第四章第二节所述,本书从金融知识、金融能力、金融意识三个维度设计指标体系并最终筛选 25 个测量题项进行金融素养水平的综合测度。

(3)控制变量

参考已有文献,本书农地流转参与方程控制变量包括:个体特征中的性别、年龄、年龄平方、受教育程度、婚姻状况、务农年限、风险偏好、农地依赖性、创业能力;家庭特征中的劳动力数量、主要劳动力身体健康状况、有无亲友任职村干部或公务员、有无亲友供职于银行或信用社、经常联系微信好友数、房产价值、农地确权颁证;村庄特征中的村庄在本乡镇富裕程度、村庄到乡镇的距离、乡镇正规金融机构数目、村庄创业氛围、区域非农就业机会、本地社会保障水平、村庄农地流转情况、农地流转政策宣传情况;同时选取"是否陕西""是否宁夏"两个区域虚拟变量控制区域固定效应。上述变量定义及描述性统计如表 7-1 所示。

表 7-1　变量定义、赋值及描述性统计

变量类别	变量名	变量赋值	均值	标准差	最小值	最大值
农地流转交易	有无农地转入	无=0;有=1	0.28	0.45	0	1
	农地转入规模	实际调查值(亩)	17.61	94.75	0	1 500
	有无农地转出	无=0;有=1	0.21	0.41	0	1
	农地转出面积	实际调查值(亩)	1.02	3.14	0	40
个体特征	性别	女=0;男=1	0.71	0.46	0	1
	年龄	实际调查值(岁)	47.11	10.12	20	68
	年龄平方	计算所得:年龄平方除以 100	23.22	9.38	4	46.24
	受教育程度	接受教育具体年限(年)	7.64	3.71	0	25
	婚姻状况	未婚=0;已婚=1	0.98	0.15	0	1
	务农年限	实际调查值(年)	25.40	13.22	0	52
	风险偏好	非常不偏好=1;比较不偏好=2;中立=3;比较偏好=4;非常偏好=5	3.52	1.25	1	5

（续）

变量类别	变量名	变量赋值	均值	标准差	最小值	最大值
个体特征	农地依赖性	非常不同意＝1；比较不同意＝2；中立＝3；比较同意＝4；非常同意＝5	3.88	1.20	1	5
	创业能力	因子分析所得	−0.01	0.99	−3.14	1.37
家庭特征	劳动力数量	实际调查值（人）	2.60	1.02	0	7
	主要劳动力身体健康状况	非常差＝1；比较差＝2；一般＝3；比较好＝4；非常好＝5	3.79	0.94	1	5
	有无亲友任职村干部或公务员	无＝0；有＝1	0.46	0.50	0	1
	有无亲友供职于银行或信用社	无＝0；有＝1	0.12	0.33	0	1
	经常联系微信好友数	实际调查值（人）	29.94	69.63	0	800
	房产价值	实际调查值（万元）	18.56	24.83	0	200
	农地确权颁证	未完成＝0；已完成＝1	0.81	0.40	0	1
村庄特征	村庄在本乡镇富裕程度	非常贫困＝1；比较贫困＝2；一般＝3；比较富裕＝4；非常富裕＝5	3.58	0.94	1	5
	村庄到乡镇的距离	实际调查值（千米）	4.91	4.05	0	80
	乡镇正规金融机构数目	实际调查值（个）	2.12	1.17	0	7
	村庄创业氛围	因子分析所得	0.00	1.00	−2.88	1.58
	区域非农就业机会	非常少＝1；比较少＝2；一般＝3；比较多＝4；非常多＝5	3.11	1.02	1	5
	村庄农地流转情况	非常不频繁＝1；比较不频繁＝2；一般＝3；比较频繁＝4；非常频繁＝5	2.62	1.27	1	5
	农地流转政策宣传情况	非常少＝1；比较少＝2；一般＝3；比较多＝4；非常多＝5	3.34	1.26	1	5
	本地社会保障水平	非常差＝1；比较差＝2；一般＝3；比较好＝4；非常好＝5	3.63	1.03	1	5

（续）

变量类别	变量名	变量赋值	均值	标准差	最小值	最大值
	是否陕西	否=0；是=1	0.32	0.46	0	1
区域	是否宁夏	否=0；是=1	0.36	0.48	0	1
	是否山东	否=0；是=1	0.32	0.46	0	1

注：①风险偏好变量通过询问受访者"您倾向于选择下列哪类投资项目？"进行测量，并认为受访者越倾向于高风险的投资项目，其风险偏好程度越高。②农地依赖性变量通过询问受访者"您是否同意土地是农民的命根子、离开土地心里会不踏实？"获取，并认为受访者越是持同意态度，其农地依赖性越高。③创业能力变量由 8 个测量题项因子分析提取 1 个公共因子所得，测量题项包括：不断追求进步的勇气、实现个人职业梦想的坚强意志、对所从事领域的远见和前瞻性、解决突发问题和事件的应变能力、不断学习和更新知识的进取心、事业发展规划能力、经营管理能力、市场变化适应能力，采取 Liket 五分量表进行测量，因子分析结果显示，KMO 值为 0.911，累积方差贡献率为 78.59%。④村庄创业氛围变量由 5 个测量题项进行因子分析所得，测量题项包括：本地做生意的市场机会、市场信息获取便利度、市场销售渠道广泛性、创业农民数量多寡、成功创业农民受关注度，采取 Liket 五分量表进行测量，因子分析结果显示，KMO 值为 0.736，累积方差贡献率为 64.76%。⑤本地社会保障水平反映的是区域扶贫济困和社会帮扶水平。

2. 模型构建

为实证检验金融素养对农民农地流转参与和参与规模的影响，并考虑金融素养可能存在的内生性问题，本书构建如下计量模型。

（1）IV‐Probit 模型

为考察金融素养对农民有无参与农地流转交易的影响，设定模型如下：

$$Prob(LT_{1i} = 1 \mid X_i) = Prob(\alpha_0 FL_i + \beta_0 X_i + \mu_i) \quad (7-1)$$

（7-1）式中，LT_{1i} 为虚拟变量，$LT_{1i} = 1$ 表示农民当前参与农地流转交易，否则 $LT_{1i} = 0$；FL_i 表示第 i 个样本的金融素养总体水平；X_i 为控制变量；α_0、β_0 为估计系数；μ_i 表示服从标准正态分布的随机误差项。上述模型可能因金融素养与农地流转交易之间的反向因果关系、遗漏变量或变量测量偏差等原因导致内生性问题。因此，本书选取"居住在同一村庄同等收入阶层，除受访者自身外的其他样本的金融素养均值"作为受访样本金融素养水平的工具变量，采用工具变量法对上述模型进行估计。鉴于个体金融素养水平受同一村庄内部其他人平均金融素养水平的影响，同时，受访个体的农地产权交易参与行为与其他人金融素养水平并不直接相关，理论上上述工具变量选取符合要求。此外，鉴于估计系数难以实现直接比较，后文均输出估计的边际效应。

（2）IV‐Tobit 模型

鉴于农地流转交易规模近似连续型变量，但其数据从零点处删失，属于归并数据，本书采用 Tobit 模型检验金融素养对农民农地流转交易规模的影响，并设定方程如下：

$$\begin{cases} LT_{2i}^* = \alpha_1 + \beta_1 FL_i + \gamma_1 X_i + \varepsilon_i \\ LT_{2i} = \max(0, LT_{2i}^*) \end{cases} \quad (7-2)$$

（7-2）式中，LT_{2i}^* 为潜变量；LT_{2i} 表示第 i 个农民农地流转交易规模；FL_i 表示金融素养水平；X_i 表示控制变量，如表 7-1 所示；ε_i 为随机误差项。同理，本书采取工具变量法（IV-Tobit）进行估计，以尽量纠正（7-2）式模型可能存在的内生性问题带来的估计偏误。

（二）金融素养影响农民农地流转交易的估计结果与分析

1. 金融素养影响农民农地转入交易的回归分析

估计结果如表 7-2 第（1）—（4）列所示。第（2）（4）列工具变量估计结果显示，Durbin-Wu-Hausman（以下简称 DWH）内生性检验均在 1% 的统计水平上拒绝金融素养不存在内生性的原假设，表明工具变量估计与基准模型估计结果存在明显差异，故采用工具变量回归结果进行解释。此外，一阶段估计的 F 值均为 112.91，表明所选取工具变量非弱工具变量。结果显示，金融素养对农民有无农地转入和农地转入规模的影响均在 1% 的统计水平上正向显著，且影响的边际效应分别为 0.569 0 和 1.096 4，表明金融素养每提升 1 个单位，农民参与农地转入交易的概率提升 56.90%，参与农地转入交易的规模平均增加 109.64 亩。农民在投资理财、资金配置、信贷融资等方面金融知识越丰富、金融能力越强，其对参与农地转入交易的成本、收益与风险的衡量越全面和清晰，参与农地转入交易的缔约能力越好。因此，金融素养显著促进农民农地转入交易的理性参与。

从控制变量的影响看，年龄与农民农地转入交易之间存在倒"U"形关系，即年龄较低和较高的农民均不倾向于转入农地，而中年农民转入农地从事农业规模经营的概率较高。受教育程度对农民有无农地转入、农地转入规模的影响分别在 10% 和 5% 的统计水平上负向显著，受教育程度越高的农民非农就业选择机会越多且非农就业能力越强，不倾向于转入农地从事农业规模经营。务农年限对农民有无农地转入、农地转入规模的影响均在 1% 的统计水平上正向显著，务农经历和经验积累显著增加农民农业经营偏好、促进农民农地转入决策。农地依赖性对农民有无农地转入、农地转入规模的影响均在10%的统计水平上正向显著，农民对农地的依赖性越强，认为农地价值越大，其转入农地从事农业规模经营的概率越高。创业能力对农民有无农地转入及农地转入规模的影响均在10%的统计水平上负向显著，即创业能力越强的农民越不倾向于转入农地从事比较效益较低的农业经营。乡镇正规金融机构数目对农民有无农地转入和农地转入规模的影响分别在5%和10%的统计水平上负向显著，表明区域金融环境越好、经济发展水平越高，农民从事农业经营的倾向性越低。村庄创业氛围对农民有无农地转入、农地转入规模的影响分别在10%和5%的统计水平上正向显著，村庄创业氛围越活跃，农民转入农地从事农业规模经营的积极性越高。此外，农地流转政策宣传情况对农民有无农地转入和农地转入规模的影响均在1%的统计水平上正向显著，区域农地流转政策宣传越到位，农民对农地流转认知越充分，转入农地从事农业规模经营的倾向性越强。相较于山东，陕西和宁夏农地转入发生率和农地转入规模相对较低。

2. 金融素养影响农民农地转出交易的回归分析

估计结果如表7-2第（5）—（8）列所示。第（6）（8）列工具变量估计结果显示，DWH内生性检验均在1%的统计水平上拒绝金融素养不存在内生性的原假设，表明工具变量估计与基准模型估计结果存在明显差异，故采用工具变量回归结果进行解释。此外，一阶段估计的F值均为113.48，表明所选取工具变量非弱工具变量。结果显示，金融素养对农民有无农地转出和农地转出规模的影响均在1%的统计水平上正向显著，且影响的边际效应分别为0.410 2、0.031 7，表明金融素养每提升1个单位，农民参与农地转出交易的概率提升41.02%，参与农地转出交易的规模平均增加3.17亩。农民有关投资理财、资金配置、信贷融资等方面的知识越丰富、实践能力越强，越能准确衡量和比较参与农地转出交易的成本、收益与风险，且参与农地转出交易的缔约能力越好。因此，金融素养显著促进农民农地转出交易的理性参与。综上，研究假说H7-1得到证实。

从控制变量的影响看，年龄平方项与农民农地转出交易之间存在"U"形关系，即年龄较高的农民限于体能条件，转出农地的概率较高；受教育程度对农民有无农地转出、农地转出规模的影响均在1%的统计水平上正向显

表7-2 金融素养对农民农地流转交易的影响估计结果

变量	农地转入交易				农地转出交易			
	有无农地转入		农地转入规模		有无农地转出		农地转出规模	
	Probit	IV-Probit	Tobit	IV-Tobit	Probit	IV-Probit	Tobit	IV-Tobit
	(1)	(2)	(3)	(4)	(5)	(6)	(7)	(8)
金融素养	0.071 8* (0.038 9)	0.569 0*** (0.112 0)	0.239 6* (0.146 1)	1.096 4*** (0.232 8)	0.068 8* (0.037 3)	0.410 2*** (0.137 8)	0.021 0* (0.011 7)	0.031 7*** (0.012 2)
性别	0.094 4*** (0.023 3)	0.030 6 (0.024 7)	0.366 6*** (0.095 1)	-0.015 0 (0.032 8)	-0.046 5** (0.021 0)	-0.009 3 (0.023 6)	-0.012 0* (0.006 6)	-0.000 1 (0.001 8)
年龄	0.047 9*** (0.008 0)	0.041 8*** (0.007 3)	0.199 6*** (0.034 0)	0.053 1*** (0.010 2)	-0.005 2 (0.006 3)	-0.008 7 (0.006 2)	-0.000 4 (0.001 9)	-0.000 4 (0.000 5)
年龄平方	-0.059 1*** (0.008 7)	-0.044 5*** (0.008 4)	-0.231 7*** (0.037 1)	-0.048 9*** (0.010 6)	0.016 1* (0.006 3)	0.013 6** (0.006 3)	0.003 7** (0.001 9)	0.000 7* (0.000 5)
受教育程度	0.009 2*** (0.003 3)	-0.007 3* (0.004 0)	0.058 0*** (0.013 5)	-0.012 4** (0.006 3)	0.008 0** (0.003 1)	0.017 7*** (0.003 9)	0.002 5** (0.001 0)	0.001 4*** (0.000 4)
婚姻状况	0.072 9 (0.072 0)	-0.011 5 (0.066 2)	0.360 4 (0.296 6)	-0.048 0 (0.092 2)	-0.089 8 (0.061 0)	-0.024 6 (0.063 5)	-0.031 0* (0.019 0)	-0.002 6 (0.004 9)
务农年限	0.003 1** (0.001 4)	0.004 5*** (0.001 2)	0.005 5 (0.005 5)	0.005 0*** (0.001 8)	-0.003 3*** (0.001 2)	-0.004 4*** (0.001 2)	-0.001 1** (0.000 4)	-0.000 4*** (0.000 1)
风险偏好	0.012 8 (0.011 9)	0.006 9 (0.011 1)	0.077 3* (0.047 8)	0.004 8 (0.015 1)	-0.011 7 (0.010 6)	-0.003 7 (0.010 8)	-0.002 2 (0.003 3)	0.000 1 (0.000 8)

（续）

变量	农地转入交易				农地转出交易			
	有无农地转入		农地转入规模		有无农地转出		农地转出规模	
	Probit	IV－Probit	Tobit	IV－Tobit	Probit	IV－Probit	Tobit	IV－Tobit
	(1)	(2)	(3)	(4)	(5)	(6)	(7)	(8)
农地依赖性	0.003 7 (0.008 2)	0.013 7* (0.007 5)	0.007 8 (0.032 9)	0.016 8* (0.010 4)	−0.030 2*** (0.007 4)	−0.033 6*** (0.007 3)	−0.009 3*** (0.002 3)	−0.002 5*** (0.000 6)
创业能力	0.032 8** (0.016 0)	−0.023 5* (0.013 2)	0.149 0** (0.064 6)	−0.043 9* (0.025 8)	0.008 4 (0.014 2)	0.042 9*** (0.016 7)	0.002 9 (0.004 4)	0.003 4** (0.001 4)
劳动力数量	0.006 7 (0.010 2)	0.010 3 (0.009 2)	0.030 3 (0.041 0)	0.008 0 (0.012 8)	−0.014 4 (0.009 3)	−0.016 3* (0.009 2)	−0.003 8 (0.002 9)	−0.001 1* (0.000 6)
主要劳动力身体健康状况	0.042 1*** (0.011 5)	0.006 5 (0.011 5)	0.152 3*** (0.047 9)	0.000 3 (0.015 6)	0.002 3 (0.010 8)	0.012 0 (0.010 9)	0.000 5 (0.003 3)	0.000 9 (0.000 9)
有无亲友任职村干部或公务员	0.021 8 (0.020 8)	−0.000 6 (0.020 1)	0.107 3 (0.083 7)	−0.023 3 (0.027 6)	−0.024 2 (0.019 5)	−0.001 7 (0.020 4)	−0.000 2 (0.006 0)	0.001 6 (0.001 6)
有无亲友供职干银行或信用社	0.036 6 (0.030 5)	−0.008 1 (0.029 7)	0.202 5 (0.179 8)	−0.025 8 (0.040 4)	0.029 9 (0.028 1)	0.063 2** (0.029 1)	0.011 0 (0.008 6)	0.005 3** (0.002 3)
经常联系微信好友数	0.000 1 (0.000 1)	−0.000 3** (0.000 1)	0.000 9** (0.000 5)	−0.000 4 (0.000 3)	−0.000 1 (0.000 1)	0.000 1 (0.000 2)	0.000 1 (0.000 2)	0.000 1 (0.000 2)
房产价值	−0.000 1 (0.000 3)	−0.000 3 (0.000 3)	0.003 6*** (0.001 0)	0.000 4 (0.000 3)	0.000 3 (0.000 3)	0.000 5** (0.000 3)	0.000 1 (0.000 1)	0.000 2* (0.000 1)

（续）

变　　量	农地转入交易				农地转出交易			
	有无农地转入		农地转入规模		有无农地转出		农地转出规模	
	Probit	IV‑Probit	Tobit	IV‑Tobit	Probit	IV‑Probit	Tobit	IV‑Tobit
	(1)	(2)	(3)	(4)	(5)	(6)	(7)	(8)
农地确权颁证	-0.037 2 (0.026 2)	-0.014 6 (0.024 5)	-0.169 1* (0.104 8)	-0.016 1 (0.032 8)	-0.009 7 (0.023 9)	-0.021 9 (0.023 9)	0.001 4 (0.007 5)	-0.000 6 (0.001 9)
村庄在本乡镇富裕程度	-0.020 3 (0.013 0)	-0.013 7 (0.012 0)	-0.079 2 (0.079 7)	-0.026 7 (0.016 4)	-0.011 3 (0.012 3)	-0.012 7 (0.012 2)	-0.003 1 (0.003 9)	-0.000 9 (0.001 0)
村庄到乡镇的距离	0.001 8 (0.001 3)	-0.000 8 (0.001 3)	0.000 1 (0.005 5)	-0.001 9 (0.001 8)	-0.005 9*** (0.001 6)	-0.004 5*** (0.001 6)	-0.001 8*** (0.000 5)	-0.000 4*** (0.000 1)
乡镇正规金融机构数目	-0.031 4*** (0.009 9)	-0.020 2** (0.009 4)	-0.125 7*** (0.041 3)	-0.021 2* (0.012 4)	0.005 0 (0.009 3)	0.003 1 (0.009 1)	0.003 6 (0.002 8)	0.000 7 (0.000 7)
村庄创业氛围	0.016 2 (0.012 8)	0.018 7* (0.011 4)	0.094 9* (0.052 2)	0.034 9** (0.016 2)	-0.002 6 (0.012 3)	-0.006 6 (0.012 1)	0.001 7 (0.003 8)	0.000 1 (0.000 9)
区域非农就业机会	-0.001 0 (0.010 8)	-0.010 6 (0.009 9)	0.046 6 (0.043 9)	-0.002 3 (0.013 6)	0.017 4* (0.010 2)	0.019 5** (0.010 0)	0.007 4** (0.003 2)	0.002 0** (0.000 8)
村庄农地流转情况	0.012 4 (0.009 5)	-0.001 8 (0.008 8)	-0.007 7 (0.038 5)	-0.011 4 (0.012 1)	0.031 2*** (0.008 8)	0.034 6*** (0.008 6)	0.009 6*** (0.002 8)	0.002 7*** (0.000 7)
农地流转政策宣传情况	0.024 3*** (0.009 2)	0.028 4*** (0.008 6)	0.131 5*** (0.037 4)	0.038 6*** (0.011 7)	0.004 3 (0.008 7)	0.002 8 (0.008 6)	0.000 6 (0.002 7)	0.000 1 (0.000 7)

（续）

变　量	农地转入交易				农地转出交易			
	有无农地转入		农地转入规模		有无农地转出		农地转出规模	
	Probit	IV-Probit	Tobit	IV-Tobit	Probit	IV-Probit	Tobit	IV-Tobit
	(1)	(2)	(3)	(4)	(5)	(6)	(7)	(8)
本地社会保障水平	-0.013 3 (0.009 5)	-0.007 6 (0.008 8)	-0.063 1 (0.047 9)	-0.008 6 (0.011 9)	0.010 4 (0.008 8)	0.005 6 (0.008 8)	0.003 6 (0.002 7)	0.000 5 (0.000 7)
是否陕西	-0.037 4*** (0.012 3)	-0.152 1*** (0.027 1)	-0.288 7** (0.119 9)	-0.163 5*** (0.042 5)	-0.039 9 (0.029 3)	0.001 1 (0.031 2)	-0.017 2* (0.009 2)	-0.001 0 (0.002 4)
是否宁夏	-0.043 7*** (0.016 8)	-0.209 3*** (0.022 8)	-0.365 7*** (0.104 8)	-0.221 0*** (0.043 0)	-0.025 5 (0.024 9)	0.030 8 (0.029 3)	0.001 1 (0.007 8)	0.004 6* (0.002 4)
$LR\chi^2/Wald\chi^2$	240.66***	312.80***	261.65***	197.42***	148.28***	168.73***	142.20***	113.35***
一阶段 F 值		112.91***		112.91***		113.48***		113.48***
DWH 内生性检验		19.58***		27.07***		11.32***		9.83***
Pesudo R^2	0.106 0		0.066 5		0.074 8		0.385 7	
样本量	1 947							

注：*、**、*** 分别表示在 10%、5% 和 1% 的统计水平上显著；表中报告的是估计的边际效应，括号内数值为标准误；为减小不同变量的边际效应值的差异，农地转入规模和农地转出规模均以百亩为单位。

著，受教育程度越高的农民非农就业选择机会越多且非农就业能力越强，因而转出农地的概率越高、规模越大。务农年限对农民有无农地转出、农地转出规模的影响均在1%的统计水平上负向显著，务农经历和经验积累显著促进农民农地经营，因而抑制农民农地转出决策。农地依赖性对农民有无农地转出、农地转出规模的影响均在1%的统计水平上负向显著，农民对农地的依赖性越强，认为农地价值越大，其转出农地的概率越低。创业能力对农民有无农地转出及农地转出规模的影响分别在1%和5%的统计水平上正向显著，即创业能力越强的农民越倾向于转出农地从事比较效益较高的非农经营活动。劳动力数量对农民有无农地转出和农地转出规模的影响均在10%的统计水平上负向显著，家庭劳动力数量越多，生计发展压力越大，农民越倾向于保有农地、维护家庭最基本的生计保障。有无亲友供职于银行或信用社对农民有无农地转出和农地转出规模的影响均在5%的统计水平上正向显著，有亲友供职于银行或信用社的农民越容易获取信贷资金支持，增加其转出农地从事投资门槛较高的非农经营的倾向性。房产价值对农民有无农地转出和农地转出规模的影响分别在5%和10%的统计水平上正向显著，房产价值越高反映农民综合经济条件越好，加之农地经营的比较收益较低，房产价值较高的农民转出农地的倾向性越强。村庄到乡镇的距离在1%的统计水平上显著负向影响农民农地转出决策及其规模，距离乡镇越远的村庄对农业经营的依赖性越高，因而越不倾向于转出农地。区域非农就业机会对农民有无农地转出和农地转出规模的影响均在5%的统计水平上正向显著，区域非农就业机会越多，农民越倾向于转出农地并在非农领域就业。村庄农地流转情况对农民农地转出交易及其规模的影响均在1%的统计水平上正向显著，村庄农地流转现象越频繁，农民农地流转认知的形成所具有的外在环境条件越好，参与农地流转交易的积极性和参与程度越高。相较于山东，宁夏样本农地转出平均规模较高，但陕西和山东的农地转出率和转出规模均不存在显著差异。

三、金融素养影响农民农地抵押融资交易的实证分析

(一) 研究设计

1. 变量选取

为实证检验金融素养对农民农地抵押融资交易的影响，本书对因变量、

核心自变量和控制变量的设置如下。

（1）因变量：农地抵押融资

通过询问受访对象"2017 年您家有没有向金融机构申请过农地抵押贷款？""2017 年您家有无获批农地抵押贷款？""2017 年您家获批农地抵押贷款金额是多少？"分别衡量样本农地抵押贷款申请情况、有无获批农地抵押贷款及获批金额。

（2）核心自变量：金融素养

如前文第四章所述，本书从金融知识、金融能力、金融意识三个维度设计指标体系并最终筛选 25 个测量题项进行金融素养水平综合测度。

（3）控制变量

参考已有文献，本书农地抵押融资参与方程选取的控制变量包括：个体特征中的性别、年龄、年龄平方、受教育程度、婚姻状况、务农年限、风险偏好、农地依赖性、创业能力、农地抵押政策认知、农地抵押信任水平；家庭特征中的劳动力数量、主要劳动力身体健康状况、有无亲友任职村干部或公务员、有无亲友供职于银行或信用社、经常联系微信好友数、房产价值、农地确权颁证；村庄特征中的村庄在本乡镇富裕程度、村庄到乡镇的距离、乡镇正规金融机构数目、村庄创业氛围、区域非农就业机会、本地社会保障水平、村庄农地抵押贷款参与情况、农地抵押贷款政策宣传情况。此外，选取"是否陕西""是否宁夏"两个区域虚拟变量控制区域固定效应。上述变量定义与描述性统计如表 7-3 所示。

表 7-3　变量定义、赋值及描述性统计

变量类别	变量名	变量赋值	均值	标准差	最小值	最大值
农地抵押融资交易	有无农地抵押贷款	无＝0；有＝1	0.24	0.43	0	1
	农地抵押贷款金额	实际调查值（万元）	3.26	13.63	0	200
个体特征	性别	女＝0；男＝1	0.71	0.46	0	1
	年龄	实际调查值（岁）	47.11	10.12	20	68
	年龄平方	计算所得：年龄平方除以 100	23.22	9.38	4	46.24
	受教育程度	接受教育具体年限（年）	7.64	3.71	0	25
	婚姻状况	未婚＝0；已婚＝1	0.98	0.15	0	1
	务农年限	实际调查值（年）	25.40	13.22	0	52

（续）

变量类别	变量名	变量赋值	均值	标准差	最小值	最大值
个体特征	风险偏好	非常不偏好＝1；比较不偏好＝2；中立＝3；比较偏好＝4；非常偏好＝5	3.52	1.25	1	5
	农地依赖性	非常不同意＝1；比较不同意＝2；中立＝3；比较同意＝4；非常同意＝5	3.88	1.20	1	5
	创业能力	因子分析所得	−0.01	0.99	−3.14	1.37
	农地抵押政策认知	完全不了解＝1；不太了解＝2；中立＝3；比较了解＝4；非常了解＝5	2.35	1.29	1	5
	农地抵押信任水平	非常不信任＝1；不太信任＝2；中立＝3；比较信任＝4；非常信任＝5	4.07	0.97	1	5
家庭特征	劳动力数量	实际调查值（人）	2.60	1.02	0	7
	主要劳动力身体健康状况	非常差＝1；比较差＝2；一般＝3；比较好＝4；非常好＝5	3.79	0.94	1	5
	有无亲友任职村干部或公务员	无＝0；有＝1	0.46	0.50	0	1
	有无亲友供职于银行或信用社	无＝0；有＝1	0.12	0.33	0	1
	经常联系微信好友数	实际调查值（人）	29.94	69.63	0	800
	房产价值	实际调查值（万元）	18.56	24.83	0	200
	农地确权颁证	未完成＝0；已完成＝1	0.81	0.40	0	1
村庄特征	村庄在本乡镇富裕程度	非常贫困＝1；比较贫困＝2；一般＝3；比较富裕＝4；非常富裕＝5	3.58	0.94	1	5
	村庄到乡镇的距离	实际调查值（千米）	4.91	4.05	0	80
	乡镇正规金融机构数目	实际调查值（个）	2.12	1.17	0	7
	村庄创业氛围	因子分析所得	0.00	1.00	−2.88	1.58
	区域非农就业机会	非常少＝1；比较少＝2；一般＝3；比较多＝4；非常多＝5	3.11	1.02	1	5

（续）

变量类别	变量名	变量赋值	均值	标准差	最小值	最大值
村庄特征	村庄农地抵押贷款参与情况	非常不频繁＝1；比较不频繁＝2；一般＝3；比较频繁＝4；非常频繁＝5	2.62	1.27	1	5
	农地抵押贷款政策宣传情况	非常少＝1；比较少＝2；一般＝3；比较多＝4；非常多＝5	3.34	1.26	1	5
	本地社会保障水平	非常差＝1；比较差＝2；一般＝3；比较好＝4；非常好＝5	3.63	1.03	1	5
区域	是否陕西	否＝0；是＝1	0.32	0.46	0	1
	是否宁夏	否＝0；是＝1	0.36	0.48	0	1
	是否山东	否＝0；是＝1	0.32	0.46	0	1

注：①风险偏好变量通过询问受访者"您倾向于选择下列哪类投资项目？"进行测量，并认为受访者越倾向于高风险的投资项目，其风险偏好程度越高。②农地依赖性变量通过询问受访者"您是否同意土地是农民的命根子、离开土地心里会不踏实？"获取，并认为受访者越是持同意态度，其农地依赖性越高。③创业能力变量由 8 个测量题项因子分析提取 1 个公共因子所得，测量题项包括：不断追求进步的勇气、实现个人职业梦想的坚强意志、对所从事领域的远见和前瞻性、解决突发问题和事件的应变能力、不断学习和更新知识的进取心、事业发展规划能力、经营管理能力、市场变化适应能力，采取 Liket 五分量表进行测量，因子分析结果显示，KMO 值为 0.911，累积方差贡献率为 78.59％。④村庄创业氛围变量由 5 个测量题项进行因子分析所得，测量题项包括：本地做生意的市场机会、市场信息获取便利度、市场销售渠道广泛性、创业农民数量多寡、成功创业农民受关注度，采取 Liket 五分量表进行测量，因子分析结果显示，KMO 值为 0.736，累积方差贡献率为 64.76％。⑤本地社会保障水平反映的是区域扶贫济困和社会帮扶水平。

2. 模型构建

为实证检验金融素养对农民农地抵押融资参与和参与规模的影响，并考虑金融素养可能存在的内生性问题，本书构建如下计量模型。

（1）IV‐Probit 模型

为考察金融素养对农民有无参与农地抵押融资交易的影响，设定模型如下：

$$Prob(MT_{1i} = 1 \mid X_i) = Prob(\alpha_2 FL_i + \beta_2 X_i + \mu_i) \quad (7-3)$$

（7‐3）式中，MT_{1i} 为虚拟变量，$MT_{1i} = 1$ 表示农民当前参与农地抵押融资交易，否则 $MT_{1i} = 0$；FL_i 表示第 i 个样本的金融素养总体水平；X_i 为控制变量；α_2、β_2 为估计系数；μ_i 表示服从标准正态分布的随机误差项。上述模型可能因金融素养与农地产权交易之间的反向因果关系、遗漏变量或变量测量偏差等原因导致内生性问题。因此，本书选取"居住在同一村庄同等收入阶层，除受访者自身外的其他样本的金融素养均值"作为受访样本金融素养水平的工具变量，采用工具变量法对上述模型进行估计。鉴于个体金融素养水平受同一村庄内部其他人平均金融素养水平的影响，同时，受访个体的农地产权交易参与行为与其他人金融素养水平并不直接相关，理论上上述工具变量选取符合要求。此外，鉴于估计系数难以实现直接比较，后文均输出估计的边际效应。

（2）IV - Tobit 模型

鉴于农地抵押融资交易规模近似连续型变量，但其数据从零点处删失，属于归并数据，本书采用 Tobit 模型检验金融素养对农民农地抵押融资交易规模的影响，并设定方程如下：

$$\begin{cases} MT_{2i}^* = \alpha_3 + \beta_3 FL_i + \gamma_2 X_i + \varepsilon_i \\ MT_{2i} = \max(0, MT_{2i}^*) \end{cases} \tag{7-4}$$

（7-4）式中，MT_{2i}^* 为潜变量；MT_{2i} 表示第 i 个农民农地抵押融资交易规模；FL_i 表示金融素养水平；X_i 表示控制变量，如表 7-3 所示；ε_i 为随机误差项。同理，本书采取工具变量法（IV - Tobit）进行估计，以尽量纠正（7-4）式模型可能存在的内生性问题带来的估计偏误。

（3）IV - Heckman 模型

鉴于农地抵押融资交易申请与获批农地抵押融资规模存在内在关联，共同构成农地产权交易参与的两个环节。部分农民可能有申请农地抵押贷款的想法，但由于自身主客观条件（如受教育程度、投资意愿、家庭资产、与金融机构关系等）而选择放弃，这使得本书关注的农民农地抵押融资交易规模信息存在缺失，即有农地抵押融资交易的农民样本是经过选择后的样本，使模型可能因存在样本选择偏误问题导致估计偏差。因而本书采用 Heckman 两阶段模型进行处理。该模型第一阶段为选择方程，研究金融素养对农民选择是否申请农地抵押贷款的影响。第二阶段为结果方程，研究金融素养对农民农地抵押贷款金额的影响。同时考虑到金融素养可能的内生性，本书参考 Wooldridge（2010）、孙光林等（2019），构建基于工具变量的 IV - Heckman 模型进行估计。首先将内生解释变量金融素养对工具变量和所有外生解释变量做 OLS 估计，得到金融素养潜变量的拟合值，在此基础上，将金融素养拟合值引入 Heckman 两阶段回归模型。模型具体形式如下：

$$MA_i^* = \alpha_4 \widehat{FL}_i + \beta_4 X_{1i} + \mu_i \qquad (7-5)$$

$$MS_i^* = \alpha_5 \widehat{FL}_i + \beta_5 X_{2i} + \omega_i \lambda + \eta_i \qquad (7-6)$$

（7-5）式和（7-6）式中，MA_i^*、MS_i^* 分别表示农地抵押贷款申请和农地抵押贷款金额潜变量，$\widehat{FL}_i$ 为金融素养潜变量的拟合值，λ 为逆 Mills 比；X_{1i}、X_{2i} 表示控制变量，如表 7-3 所示；α_4、α_5、β_4、β_5 为相应变量的系数。依据该方法原理，需引入对选择方程有显著影响但不影响结果方程的识别变量。本书选取的识别变量为有无参与联户担保组织。该方法首先在样本含量为 N 的全样本中，对选择等式（7-5）应用 Probit 模型进行估计，并计算逆 Mills 比的估计值 λ；据此，对经过选择的可观测到的含量为 n（$n <$ N）的样本，将上式所得 λ 作为自变量加入结果等式（7-6），再进行 OLS 估计。ω_i 为待估系数，若其显著，则表明存在选择性偏误，反之，则不存在。

（二）金融素养影响农地抵押融资交易的估计结果与分析

金融素养影响农民农地抵押贷款申请的估计结果如表 7-4 第（1）—（2）列所示。第（1）列报告了金融素养影响农民农地抵押贷款申请与获批金额的 IV-Heckman 模型估计结果。由两式独立性检验结果表明，无法拒绝农地抵押贷款申请方程和农地抵押贷款金额方程独立的原假设，即认为选择方程和结果方程之间不存在显著关联。因此，本书对农民农地抵押贷款申请方程和获批农地抵押贷款金额方程进行单一估计。第（2）列工具变量估计结果显示，DWH 内生性检验拒绝金融素养外生的原假设，且一阶段 F 值为 109.66，表明不存在弱工具变量问题。金融素养对农民农地抵押贷款申请的影响在 1% 的统计水平上正向显著，影响的边际效应为 0.347 2，即金融素养每提升 1 个单位，农民参与农地抵押贷款申请的概率增加 34.72%。农民投资理财、信贷融资等方面的综合金融素养水平越高，越能充分认识到农地抵押融资相较于信用、担保融资等渠道的比较优势，促进农民对农地抵押贷款的理性申请决策。

金融素养影响农民农地抵押贷款获批情况的估计结果如表 7-4 第（3）—（6）列所示。第（2）（4）列工具变量估计结果显示，DWH 内生性检验分别在 1% 的统计水平上拒绝金融素养不存在内生性的原假设，表明工具变量估计与基准模型估计结果存在明显差异，故而采用工具变量回归结果进行解释。此外，一阶段估计的 F 值均为 109.66，表明所选取工具变量非弱工具变量。结果显示，金融素养对农民有无获批农地抵押贷款和获批农地抵押贷款金额的影响分别在 5% 和 1% 的统计水平上正向显著，且影响的边际效应分别为 0.300 6 和 1.291 1，表明金融素养每提升 1 个单位，农民参与农地抵押融资交易的概率提升 30.06%，参与农地抵押融资交易的规模平均增加 12.91 万元。农民在投资理财、资金配置、信贷融资等方面的金融意识越强、金融知识越丰富、金融能力越充分，其对参与农地抵押融资交易的成本、收益与风险的衡量越准确和全面，参与农地抵押融资交易的讨价还价能力越好。因此，金融素养显著促进农民农地抵押融资交易的理性参与。由此，假说 H7 - 2 得到证实。

表 7 - 4　金融素养对农民农地抵押融资交易的影响估计结果

变量	获批农地抵押贷款金额	有无申请农地抵押贷款	有无获批农地抵押贷款		获批农地抵押贷款金额	
	IV - Heckman	IV - Probit	Probit	IV - Probit	Tobit	IV - Tobit
	（1）	（2）	（3）	（4）	（5）	（6）
金融素养	6.485 5***	0.347 2***	0.048 5*	0.300 6**	0.715 4*	1.291 1***
	(2.510 8)	(0.124 7)	(0.028 5)	(0.125 1)	(0.417 1)	(0.461 6)
性别	−0.497 5	−0.009 2	0.013 0	−0.008 2	0.396 2	−0.064 6
	(0.340 2)	(0.018 8)	(0.016 4)	(0.018 5)	(0.245 2)	(0.062 6)
年龄	0.056 3	0.018 4***	0.012 4**	0.015 2***	0.250 3***	0.039 8**
	(0.115 6)	(0.005 4)	(0.005 3)	(0.005 4)	(0.081 7)	(0.018 8)
年龄平方	−0.024 2	−0.019 5***	−0.018 6***	−0.017 5**	−0.340 2***	−0.043 9**
	(0.126 2)	(0.005 5)	(0.005 7)	(0.005 8)	(0.089 7)	(0.019 9)
受教育程度	−0.096 3	−0.013 5***	−0.004 7**	−0.011 7***	−0.019 7	−0.035 3***
	(0.064 9)	(0.003 3)	(0.002 2)	(0.003 3)	(0.033 1)	(0.012 0)
婚姻状况	−0.247 9	−0.070 3	−0.036 5	−0.072 1	−0.363 6	−0.283 6
	(1.097 9)	(0.052 6)	(0.048 4)	(0.051 9)	(0.741 5)	(0.176 7)
务农年限	0.050 3**	0.001 3	0.001 1	0.002 1**	0.043 0***	0.011 8**
	(0.021 0)	(0.001 1)	(0.001 0)	(0.001 0)	(0.014 9)	(0.003 7)
风险偏好	0.023 5**	0.017 7*	0.021 6**	0.018 2**	0.451 9***	0.063 1**
	(0.010 6)	(0.009 4)	(0.008 8)	(0.009 2)	(0.134 0)	(0.031 4)

（续）

变量	获批农地抵押贷款金额	有无申请农地抵押贷款	有无获批农地抵押贷款		获批农地抵押贷款金额	
	IV - Heckman	IV - Probit	Probit	IV - Probit	Tobit	IV - Tobit
	（1）	（2）	（3）	（4）	（5）	（6）
农地依赖性	0.034 0	0.013 0**	0.004 5	0.008 1	0.031 9	0.008 9
	(0.122 1)	(0.006 3)	(0.005 9)	(0.006 2)	(0.087 9)	(0.021 0)
创业能力	−0.136 3	−0.064 4***	−0.038 8***	−0.063 4***	−0.207 1	−0.192 0***
	(0.268 9)	(0.014 6)	(0.011 9)	(0.014 5)	(0.177 1)	(0.053 9)
农地抵押政策认知	0.358 7**	0.092 4***	0.105 3***	0.091 3***	0.564 7***	0.240 3***
	(0.177 5)	(0.008 3)	(0.004 6)	(0.007 9)	(0.056 8)	(0.023 5)
农地抵押信任水平	0.175 2	0.039 9***	0.057 3***	0.052 0***	1.079 4***	0.147 5***
	(0.227 9)	(0.009 9)	(0.010 1)	(0.010 4)	(0.155 3)	(0.035 1)
劳动力数量	0.030 4	−0.001 4	−0.004 8	−0.002 7	−0.049 5	−0.007 9
	(0.145 2)	(0.007 7)	(0.007 3)	(0.007 6)	(0.109 2)	(0.025 5)
主要劳动力身体健康状况	−0.182 9	−0.009 1	−0.003 7	−0.011 3	0.035 6	−0.031 9
	(0.157 5)	(0.008 7)	(0.007 9)	(0.008 5)	(0.117 5)	(0.029 0)
有无亲友任职村干部或公务员	−0.509 3*	−0.017 7	−0.009 4	−0.022 4	0.146 1	−0.056 6
	(0.280 9)	(0.015 7)	(0.014 7)	(0.015 4)	(0.213 5)	(0.052 2)
有无亲友供职于银行或信用社	−0.001 1	−0.004 3	0.014 7	−0.007 7	0.228 8	−0.030 2
	(0.399 0)	(0.022 6)	(0.020 0)	(0.022 2)	(0.299 5)	(0.074 2)
经常联系微信好友数	0.000 6	−0.000 3***	−0.000 1	−0.000 3***	0.001 9*	−0.000 4
	(0.001 9)	(0.000 1)	(0.000 1)	(0.000 1)	(0.001 2)	(0.000 3)
房产价值	0.030 9***	−0.000 2	−0.000 2	−0.000 3*	0.011 6***	0.001 6***
	(0.004 4)	(0.000 2)	(0.000 2)	(0.000 2)	(0.002 4)	(0.000 6)
农地确权颁证	2.441 9***	0.102 6***	0.076 1***	0.091 2***	0.589 6*	0.081 2
	(0.543 1)	(0.022 2)	(0.021 5)	(0.022 2)	(0.324 5)	(0.076 2)
村庄在本乡镇富裕程度	0.027 9	−0.043 1***	−0.036 7***	−0.036 1***	−0.576 4***	−0.098 3***
	(0.189 6)	(0.009 3)	(0.008 9)	(0.009 2)	(0.134 1)	(0.031 2)
村庄到乡镇的距离	0.006 6	0.001 6*	0.000 9	0.000 6	0.004 8	0.003 2
	(0.023 7)	(0.000 9)	(0.000 9)	(0.000 9)	(0.014 0)	(0.003 2)

（续）

变量	获批农地抵押贷款金额	有无申请农地抵押贷款	有无获批农地抵押贷款		获批农地抵押贷款金额	
	IV – Heckman	IV – Probit	Probit	IV – Probit	Tobit	IV – Tobit
	(1)	(2)	(3)	(4)	(5)	(6)
乡镇正规金融机构数目	0.040 3	0.007 5	0.011 2**	0.012 9**	0.119 7	0.017 6
	(0.092 3)	(0.005 8)	(0.005 4)	(0.005 7)	(0.079 4)	(0.018 5)
村庄创业氛围	0.310 7*	0.003 8	0.003 2	0.004 0	−0.140 7	−0.005 8
	(0.174 6)	(0.008 8)	(0.008 4)	(0.008 7)	(0.127 9)	(0.029 8)
区域非农就业机会	−0.031 0	0.007 6	0.005 5	0.003 6	0.046 9	0.006 3
	(0.162 8)	(0.007 7)	(0.007 2)	(0.007 5)	(0.111 4)	(0.025 9)
村庄农地抵押贷款参与情况	0.017 4	0.045 1***	0.037 4***	0.040 1***	0.605 5***	0.120 1***
	(0.131 5)	(0.006 7)	(0.006 3)	(0.006 6)	(0.099 2)	(0.023 5)
农地抵押贷款政策宣传情况	0.165 5	−0.002 5	−0.004 1	−0.006 1	0.138 7	−0.006 8
	(0.145 9)	(0.007 1)	(0.006 8)	(0.007 1)	(0.103 5)	(0.024 3)
本地社会保障水平	0.081 1	−0.015 6**	−0.017 3***	−0.013 6*	−0.158 5*	−0.030 7
	(0.124 6)	(0.007 1)	(0.006 5)	(0.006 9)	(0.097 8)	(0.022 9)
是否陕西	−1.639 8**	−0.093 8***	−0.090 4***	−0.116 1**	−1.364 1***	−0.396 7**
	(0.689 4)	(0.026 3)	(0.025 1)	(0.026 8)	(0.384 4)	(0.098 2)
是否宁夏	−1.404 5***	0.029 0	0.053 0**	0.025 1	0.670 0**	−0.062 9
	(0.462 0)	(0.023 5)	(0.020 0)	(0.023 1)	(0.303 7)	(0.078 7)
LR χ^2 /Waldχ^2	194.77***	704.65***	1 074.15***	640.11***	752.14***	349.27***
一阶段 F 值	109.66***	109.66***		109.66***		109.66***
DWH 内生性检验		13.12***		9.12***		10.55***
Pesudo R^2			0.503 2		0.210 5	
两式独立性检验	0.03					
样本量			1 947			

注：IV – Heckman 估计中第一阶段识别变量"有无参与联户担保组织"在 1% 的统计水平上显著影响农民有无申请农地抵押贷款，此处只汇报第二阶段的估计结果；*、**、*** 分别表示在 10%、5% 和 1% 的统计水平上显著；表中报告的是估计的边际效应，括号内数值为标准误；为减小同一方程不同变量的边际效应值的差异，获批农地抵押贷款金额以十万元为单位。

从控制变量的影响看，年龄与农民有无获批农地抵押贷款、获批农地抵押贷款金额之间均存在倒"U"形关系，即年龄较低和较高的农民不倾向于抵押农地获取贷款，而中年农民参与农地抵押贷款的概率较高、获批农地抵押贷款金额较大，这与中年农民有较积极的投资意愿与融资需求、较强的农地抵押贷款参与能力和偿还能力有关。受教育程度对农民有无获批农地抵押贷款、获批农地抵押贷款金额的影响均在1%的统计水平上负向显著，受教育程度越高的农民非农就业选择机会越多，获取非农收入的能力越强且有较多的融资选择，不倾向于农地抵押融资。务农年限对农民有无获批农地抵押贷款和获批农地抵押贷款金额的影响分别在5%和1%的统计水平上正向显著，务农年限越长的农民对农地经营的依赖性越高，倾向于农地抵押融资以为农地规模经营获取更多资金支持。风险偏好对农民有无获批农地抵押贷款和获批农地抵押贷款金额的影响均在5%的统计水平上正向显著，农民风险偏好越强，对农地抵押贷款这一新型农村金融产品的参与积极性越高，风险顾虑越少。创业能力对农民有无获批农地抵押贷款及获批农地抵押贷款金额的影响均在1%的统计水平上负向显著，鉴于农地抵押融资对农地资产价值的依赖性较高且抵押融资额度较小，创业能力越强的农民融资能力越好、融资渠道越多，越不倾向于选择农地抵押融资。农地抵押政策认知和农地抵押信任水平对农民有无获批农地抵押贷款及获批贷款金额的影响均在1%的统计水平上正向显著，农民对农地抵押贷款政策认知越充分，农地抵押贷款信任水平越高，申请和参与农地抵押贷款的积极性越高。经常联系微信好友数对农民有无获批农地抵押贷款的影响在1%的统计水平上负向显著，经常联系微信好友数越多，农民从社会网络中获取创业融资的倾向性越高，因而越不倾向于农地抵押融资。房产价值对农民有无获批农地抵押贷款的影响在10%的统计水平上负向显著，但对获批农地抵押贷款金额的影响在1%的统计水平上正向显著。这表明，房产价值越高的农民综合经济条件较好且信用贷款的可获得性较强，越不倾向于农地抵押融资；但同时房产价值越高的农民在申请农地抵押贷款时可获得较多的资产征信，因而获批农地抵押贷款金额越高。农地确权颁证对农民有无获批农地抵押贷款的影响在1%的统计水平上正向显著，但对农民获批农地抵押贷款金额的影响不显著，这表明农地确权颁证为农民参与农地抵押融资提供了先决条件，但现阶段农地确权颁证并未显著提高农民农地抵押贷款金额。村庄在本乡镇富裕程度对农民有无获批农地抵押贷款及获批规模的影响在1％的统计水平上负向显著，村庄经济发展水平越高，农民对农地经营的依赖性越低，面临的正规和非正规融资约束程度越小，因而农地抵押融资参与程度整体较低。乡镇正规金融机构数目对农民有无获批农地抵押贷款的影响在5％的统计水平上正向显著，但对农民获批农地抵押贷款金额的影响不显著，表明区域金融环境越好，越有助于提升农民农地抵押贷款参与比例，但对增加农民农地抵押贷款总额并无显著作用。村庄农地抵押贷款参与情况对农民获批农地抵押贷款及其金额的影响均在1％的统计水平上正向显著，区域农地抵押贷款参与覆盖率越高，对农民参与农地抵押贷款的带动和示范作用越强。本地社会保障水平对农民农地抵押贷款参与决策的影响在10％的统计水平上负向显著，本地社会保障水平越高，农民通过农地抵押融资实现投资创业的积极性越低。相较于山东，陕西农地抵押贷款参与率和获批金额相对较低，宁夏和山东农民农地抵押贷款参与率和获批金额不存在显著差异。

四、农地流转对金融素养影响农地抵押融资交易的中介作用检验

(一) 计量模型构建

依据前述分析，参考温忠麟等（2004）、温忠麟和叶宝娟（2014）提出的中介效应检验程序及改进方法，本书分别构建金融素养对农地抵押融资交易的影响、金融素养对农地流转交易的影响、金融素养与农地流转交易对农地抵押融资交易的影响三个层次回归模型，分别如下所示：

$$MT_{2i} = \alpha_3 + \beta_3 FL_i + \gamma_2 X + \varepsilon_{1i} \qquad (7-7)$$

$$LT_{2i} = \alpha_1 + \beta_1 FL_i + \gamma_1 X + \varepsilon_{2i} \qquad (7-8)$$

$$MT_{2i} = \alpha_5 + \beta_5 FL_i + \chi LT_{2i} + \gamma_3 X + \varepsilon_{3i} \qquad (7-9)$$

上述表达式中，FL_i 表示农民 i 的金融素养水平，LT_{2i}、MT_{2i} 分别表示样本农民 i 的农地流转交易参与（以农地转入规模和农地转出规模表征）和农地抵押融资交易参与（以农地抵押贷款金额表征）情况，LT_{2i} 为中介变量；X 表示影响农民农地抵押融资交易参与的外生解释变量向量，如表 7-3 所

示。该中介效应检验程序可以分为如下步骤：第一步，检验模型回归系数 β_3，若 β_3 显著，则继续进行检验，否则停止检验。第二步，检验模型回归系数 β_1、χ，如果均显著，则进行下一步检验；如果至少有一个不显著，则直接跳至第四步。第三步，检验模型回归系数 β_5 是否显著，若不显著，说明 LT_{2i} 是完全中介变量；若显著，且 $\beta_5 < \beta_3$，则 LT_{2i} 是部分中介变量。第四步，根据第二步结果进行 Sobel 检验，检验统计量为 $z = \hat{\beta_1}\hat{\chi}/S_{\beta_1\chi}$，其中，$S_{\beta_1\chi} = \sqrt{\hat{\beta_1^2}S_\chi^2 + \hat{\chi}^2 S_{\beta_1}^2}$，$S_{\beta_1}$、$S_\chi$ 分别为 $\hat{\beta_1}$、$\hat{\chi}$ 的标准差。若 Sobel 检验结果显著，则说明存在中介效应。若 LT_{2i} 的中介效应存在，则中介效应值为 $\beta_1\chi$，且 LT_{2i} 的中介效应占 FL_i 对 MT_{2i} 的总效应的比重为 $\beta_1\chi / \beta_3$。第五步，比较 $\beta_1\chi$ 与 β_3 的符号，若为同号，则存在中介效应；若为异号，则表明存在遮蔽效应。式（7-7）估计结果分别对应表 7-4 第（6）列；式（7-8）估计结果对应表 7-2 第（4）列和第（8）列。为简化分析，这里不再汇报上述估计结果，仅详细报告同时引入金融素养、农地流转交易的模型估计结果。

（二）农地流转交易影响农民农地抵押融资交易的实证检验

鉴于同一村庄内部不同群体在生计偏好、社会习俗等方面具有相似性，农民农地流转行为易受同村其他农民农地流转行为的影响，但个体农地抵押融资决策与其他农民农地流转行为不相关，本书参照何安华和孔祥智（2014）选取"除受访者自身外同一村庄其他样本的平均农地流转规模"[①]作为受访样本农地流转规模的工具变量，采用工具变量法对农地流转交易影响农民农地抵押融资的模型进行实证估计，以减小模型估计偏差。估计结果如表 7-5 所示，控制变量的估计结果不再赘述。

1. 农地转入规模影响农民农地抵押融资的回归分析

估计结果如表 7-5 第（1）—（2）列所示。由第（2）列工具变量估计结果可知，DWH 检验无法拒绝农地转入规模为外生变量的原假设，一阶段 F

---

① 工具变量计算如下：剔除村庄 v 的第 i 个农民的同一村庄其他受访者农地流转规模平均值为 $[(\sum_{i=1}^{N_v} LT_{vi}) - LT_{vi}]/(N_v - 1)$，其中，$N_v$ 表示村庄 v 的样本数量。

值为 40.18，表明不存在弱工具变量问题。因此，采用第（1）列基准回归结果进行分析。结果显示，农地转入规模在 1‰ 的统计水平上显著提升农民农地抵押融资规模。农地转入规模越大，越会激发农民新的投资资金需求，而以流转农地资产作为抵押物获取融资具有节约面子成本、减少人际关系依赖性等优势，因而有效推动农地转入农民参与农地抵押融资的积极性。

2. 农地转出规模影响农民农地抵押融资的回归分析

估计结果如表 7-5 第（3）—（4）列所示。由第（4）列和第（6）列工具变量估计结果可知，DWH 检验无法拒绝农地转出规模为外生变量的原假设，一阶段 F 值分别为 25.77 和 26.94，表明不存在弱工具变量问题。因此，采用基准回归结果进行分析。第（3）列结果显示，全样本农地转出规模对其农地抵押融资规模的影响不显著。鉴于农地全部转出直接导致农民农地抵押融资参与能力的丧失，上述估计未充分考虑农地部分转出和农地全部转出样本的差异性。剔除农地全部转出样本后，第（5）列结果显示，对于非农地全部转出样本农地转出规模对农地抵押融资规模的影响仍不显著。统计显示，全样本转出农地面积的均值仅为 1.02 亩，农地部分转出虽在一定程度上减少了农民农地经营权持有，但限于农地转出规模，其对削弱农民农地抵押贷款参与倾向和抵押融资能力的作用较为有限；与此同时，统计还显示参与农地转出样本中 17.87% 的样本同时存在农地转入行为，即部分农民根据生产经营实际需要，在转出农地的同时也参与了农地转入，削弱了农地转出对农地抵押融资的负向作用。综上，研究假说 H7-3 得到部分证实。

表 7-5 农地流转交易影响农民农地抵押融资的估计结果

变量	Tobit	IV - Tobit	Tobit	IV - Tobit	Tobit	IV - Tobit
	（1）	（2）	（3）	（4）	（5）	（6）
农地转入规模	0.001 2***	0.000 8				
	(0.000 3)	(0.002 4)				
农地转出规模			−0.007 4	−0.149 6	−0.006 9	−0.182 3
			(0.007 3)	(0.091 1)	(0.012 7)	(0.138 1)
性别	0.041 3	0.040 3	0.023 9	0.005 3	0.038 3	0.022 0
	(0.061 3)	(0.062 0)	(0.062 9)	(0.073 5)	(0.057 6)	(0.064 3)

（续）

变量	Tobit	IV - Tobit	Tobit	IV - Tobit	Tobit	IV - Tobit
	(1)	(2)	(3)	(4)	(5)	(6)
年龄	0.052 5***	0.056 0***	0.042 8**	0.044 9*	0.040 0**	0.031 8
	(0.020 5)	(0.021 3)	(0.020 8)	(0.023 7)	(0.019 2)	(0.021 8)
年龄平方	−0.000 7***	−0.000 7***	−0.000 6***	−0.000 6**	−0.000 5***	−0.000 4*
	(0.000 2)	(0.000 2)	(0.000 2)	(0.000 3)	(0.000 2)	(0.000 2)
受教育程度	−0.012 1	−0.008 9	−0.008 1	−0.002 1	−0.011 0	−0.005 1
	(0.007 9)	(0.008 9)	(0.008 1)	(0.010 2)	(0.007 4)	(0.009 3)
婚姻状况	−0.095 0	−0.080 9	−0.188 8	−0.294 6	−0.286 2	−0.352 6*
	(0.196 5)	(0.198 9)	(0.190 6)	(0.227 1)	(0.176 2)	(0.197 3)
务农年限	0.004 4	0.004 2	0.005 8	0.002 7	0.003 7	0.004 8
	(0.003 8)	(0.003 8)	(0.003 9)	(0.004 9)	(0.003 8)	(0.004 2)
风险偏好	0.096 0***	0.100 5***	0.105 2***	0.115 3***	0.096 3***	0.098 5***
	(0.034 5)	(0.035 3)	(0.035 6)	(0.040 8)	(0.032 4)	(0.035 2)
农地依赖性	0.001 6	0.001 7	−0.004 0	−0.034 1	−0.000 5	−0.007 7
	(0.022 4)	(0.022 6)	(0.023 0)	(0.032 6)	(0.021 5)	(0.024 0)
创业能力	−0.133 9***	−0.129 6***	−0.131 3***	−0.126 6**	−0.138 6***	−0.126 7***
	(0.045 1)	(0.045 8)	(0.046 5)	(0.053 3)	(0.042 5)	(0.047 3)
农地抵押政策认知	0.299 0***	0.313 1***	0.324 1***	0.355 3***	0.279 0***	0.292 1***
	(0.023 4)	(0.028 4)	(0.024 2)	(0.029 7)	(0.022 0)	(0.023 9)
农地抵押信任水平	0.179 6***	0.181 9***	0.183 1***	0.212 5***	0.176 3***	0.183 2***
	(0.039 4)	(0.039 7)	(0.040 4)	(0.047 6)	(0.037 2)	(0.039 9)
劳动力数量	−0.024 1	−0.027 6	−0.026 9	−0.036 3	−0.017 7	−0.018 6
	(0.027 9)	(0.028 5)	(0.028 6)	(0.033 3)	(0.026 0)	(0.028 4)
主要劳动力身体健康状况	−0.023 0	−0.020 7	−0.023 3	−0.021 1	−0.032 0	−0.046 5
	(0.029 2)	(0.029 7)	(0.030 1)	(0.035 0)	(0.027 0)	(0.031 8)
有无亲友任职村干部或公务员	−0.008 0	−0.010 5	−0.032 7	−0.001 8	−0.060 7	−0.061 5
	(0.053 5)	(0.054 4)	(0.055 0)	(0.066 8)	(0.050 1)	(0.055 1)
有无亲友供职于银行或信用社	0.024 6	0.039 5	0.032 6	0.086 1	0.071 9	0.079 3
	(0.075 0)	(0.078 1)	(0.076 9)	(0.095 8)	(0.072 2)	(0.079 9)
经常联系微信好友数	0.000 1	0.000 2	0.000 2	0.000 2	0.000 1	0.000 1
	(0.000 1)	(0.000 1)	(0.000 1)	(0.000 1)	(0.000 1)	(0.000 1)
房产价值	0.002 2***	0.002 8***	0.002 2***	0.002 3***	0.003 0***	0.002 9***
	(0.000 6)	(0.000 9)	(0.000 6)	(0.000 7)	(0.000 7)	(0.000 8)

（续）

变量	Tobit	IV - Tobit	Tobit	IV - Tobit	Tobit	IV - Tobit
	(1)	(2)	(3)	(4)	(5)	(6)
农地确权颁证	0.020 2	0.002 3	−0.026 2	0.004 8	0.067 4	0.083 1
	(0.081 7)	(0.085 4)	(0.082 2)	(0.095 9)	(0.079 2)	(0.086 6)
村庄在本乡镇富裕程度	−0.121 8***	−0.127 0***	−0.126 0***	−0.118 7***	−0.120 3***	−0.110 6***
	(0.034 1)	(0.035 0)	(0.035 2)	(0.041 2)	(0.032 8)	(0.036 9)
村庄到乡镇的距离	0.004 5	0.004 3	0.004 5	0.001 6	0.004 1	0.001 7
	(0.003 5)	(0.003 5)	(0.003 5)	(0.004 6)	(0.003 1)	(0.004 0)
乡镇正规金融机构数目	0.012 4	0.012 3	0.013 9	0.036 1	0.017 0	0.039 1
	(0.019 3)	(0.019 5)	(0.019 9)	(0.027 5)	(0.017 8)	(0.025 5)
村庄创业氛围	0.021 1	0.028 4	0.018 0	0.026 8	0.021 2	0.029 7
	(0.032 2)	(0.033 9)	(0.033 0)	(0.038 7)	(0.030 2)	(0.033 8)
区域非农就业机会	0.011 9	0.014 9	0.013 0	0.044 6	0.021 1	0.034 9
	(0.028 2)	(0.028 7)	(0.028 9)	(0.038 8)	(0.026 3)	(0.030 4)
村庄农地抵押贷款参与情况	0.129 7***	0.128 7***	0.126 3***	0.097 7***	0.098 3***	0.066 1*
	(0.024 5)	(0.024 7)	(0.025 3)	(0.035 8)	(0.022 9)	(0.035 1)
农地抵押贷款政策宣传情况	−0.011 9	−0.011 6	−0.015 2	−0.009 1	−0.031 8	−0.045 4
	(0.026 5)	(0.026 8)	(0.027 1)	(0.031 3)	(0.024 8)	(0.028 7)
本地社会保障水平	−0.042 6*	−0.048 0*	−0.050 8**	−0.043 8	−0.048 7**	−0.042 2
	(0.024 6)	(0.025 7)	(0.025 2)	(0.029 7)	(0.023 0)	(0.025 9)
是否陕西	−0.422 7***	−0.431 8***	−0.374 4***	−0.438 6***	−0.256 0***	−0.293 1***
	(0.101 6)	(0.102 7)	(0.102 0)	(0.119 9)	(0.095 9)	(0.106 1)
是否宁夏	0.075 4	0.079 1	0.096 7	0.228 1*	0.171 0**	0.273 0***
	(0.076 1)	(0.077 1)	(0.078 8)	(0.122 6)	(0.073 5)	(0.107 8)
LR χ^2 /Waldχ^2	734.52***	349.71***	711.10***	326.23***	664.42***	310.32***
一阶段 F 值		40.18***		25.77***		26.94***
DWH 内生性检验		0.67		2.71		2.02
Pesudo R^2	0.20		0.19		0.20	
样本量			1 947		1 708	

注：*、**、*** 分别表示在10%、5%和1%的统计水平上显著；表中报告的是估计的边际效应，括号内数值为标准误；为减小同一方程不同变量的边际效应值的差异，获批农地抵押贷款金额以十万元为单位。第（5）（6）列为剔除农地全部转出样本（239个）后的估计结果。

（三）农地流转交易的中介作用检验

由前文可知，金融素养对中介变量农民农地流转交易规模的影响估计结果分别对应表 7-2 第（4）列和第（8）列，金融素养对农民获批农地抵押融资金额的影响估计结果对应表 7-4 第（6）列，为简化分析，这里不再汇报上述估计结果，仅详细报告同时引入金融素养和农地流转交易规模的模型估计结果。此外，鉴于农地流转与农地抵押融资之间不存在内生性关系，中介效应检验仅考虑金融素养的内生性问题。

1. 农地转入交易在金融素养影响农民农地抵押融资交易关系中的中介作用检验

由表 7-2 第（4）列可知，金融素养对农民农地转入规模的影响在 1% 的统计水平上正向显著；由表 7-4 第（6）列可知，金融素养在 1% 的统计水平上对农民农地抵押贷款金额产生显著的正向影响，影响的边际效应为 1.291 1。再由表 7-6 第（1）列可知，工具变量估计拒绝金融素养为外生变量的原假设，且一阶段 F 值为 110.06，表明不存在弱工具变量问题；引入农地转入规模变量后，金融素养对农民农地抵押贷款金额的影响仍在 1% 的统计水平上正向显著，影响的边际效应为 1.218 1，且农地转入规模对农地抵押贷款金额的影响在 5% 的统计水平上正向显著。由此可知，农地转入规模在金融素养影响农民农地抵押贷款金额关系中具有部分中介作用。本书进一步采用 Sobel 检验进行稳健性说明，结果显示，Z 统计量为 1.97，在 5% 的统计水平上显著，表明上述结论较为稳健。因此，金融素养水平的提升可通过影响农民农地转入规模进而作用于农民农地抵押融资参与程度。

2. 农地转出交易在金融素养影响农民农地抵押融资交易关系中的中介作用检验

由表 7-2 第（8）列可知，金融素养对农民农地转出规模的影响在 1% 的统计水平上正向显著；由表 7-4 第（6）列可知，金融素养在 1% 的统计水平上对农民农地抵押贷款金额产生显著的正向影响，影响的边际效应为 1.291 1。再由表 7-6 第（2）列可知，工具变量估计拒绝金融素养为外生变量的原假设，且一阶段 F 值为 109.17，表明不存在弱工具变量问题；引入农地转出规模变量后，金融素养对农民农地抵押贷款金额的影响仍在 1%

的统计水平上正向显著，影响的边际效应为 1. 291 7，且农地转出规模对农地抵押贷款金额的影响不显著。剔除农地全部转出样本后，表 7 - 6 第（3）列估计结果表明，非农地全部转出样本的农地转出规模对其农地抵押融资规模的影响亦不显著。本书进一步采用 Sobel 检验进行稳健性说明，结果显示，全样本和非农地全部转出样本的 Z 统计量均在 10% 的水平上不显著。由此可知，农地转出规模在金融素养影响农民农地抵押贷款金额关系中不具有遮蔽效应，即金融素养水平的提升虽促进了农民农地转出交易的理性参与，但限于样本农地转出规模，农地转出对农民农地抵押融资规模的削弱作用有限。综上，研究假说 H7 - 4 得到部分证实。

表 7 - 6　农地流转交易对金融素养影响农民农地抵押融资的中介作用检验结果

变　　量	获批农地抵押贷款金额		
	IV - Tobit	IV - Tobit	IV - Tobit
	（1）	（2）	（3）
金融素养	1. 218 1***	1. 291 7***	1. 227 6**
	(0. 452 2)	(0. 461 1)	(0. 516 5)
农地转入规模	0. 000 2**		
	(0. 000 1)		
农地转出规模		−0. 000 2	−0. 005 1
		(0. 002 2)	(0. 014 3)
性别	−0. 059 8	−0. 064 7	−0. 036 9
	(0. 061 9)	(0. 062 7)	(0. 071 6)
年龄	0. 038 5**	0. 039 8**	0. 056 6***
	(0. 018 6)	(0. 018 8)	(0. 022 0)
年龄平方	−0. 044 1**	−0. 043 9**	−0. 000 6***
	(0. 019 7)	(0. 019 9)	(0. 000 2)
受教育程度	−0. 034 2***	−0. 035 3***	−0. 037 8***
	(0. 011 9)	(0. 012 0)	(0. 014 1)
婚姻状况	−0. 262 8	−0. 283 6	−0. 430 0**
	(0. 175 2)	(0. 176 7)	(0. 204 8)
务农年限	0. 012 1***	0. 011 8***	0. 006 9*
	(0. 003 7)	(0. 003 8)	(0. 004 1)
风险偏好	0. 062 1**	0. 063 1**	0. 085 1**
	(0. 031 1)	(0. 031 5)	(0. 035 9)

（续）

变　量	获批农地抵押贷款金额		
	IV - Tobit	IV - Tobit	IV - Tobit
	(1)	(2)	(3)
农地依赖性	0.007 8	0.008 8	0.006 8
	(0.020 8)	(0.021 0)	(0.024 0)
创业能力	−0.186 6***	−0.192 2***	−0.230 6***
	(0.053 0)	(0.053 9)	(0.060 3)
农地抵押政策认知	0.240 4***	0.240 3***	0.241 9***
	(0.023 3)	(0.023 5)	(0.028 5)
农地抵押信任水平	0.148 0***	0.147 4***	0.169 7***
	(0.034 9)	(0.035 2)	(0.040 1)
劳动力数量	−0.006 8	−0.007 9	−0.006 7
	(0.025 2)	(0.025 5)	(0.029 0)
主要劳动力身体健康状况	−0.031 1	−0.032 1	−0.058 6*
	(0.028 7)	(0.029 1)	(0.032 4)
有无亲友任职村干部或公务员	−0.047 1	−0.056 6	−0.112 3*
	(0.051 5)	(0.052 2)	(0.059 8)
有无亲友供职于银行或信用社	−0.033 8	−0.030 1	−0.003 6
	(0.073 4)	(0.074 3)	(0.086 9)
经常联系微信好友数	−0.000 4	−0.000 4	−0.000 1
	(0.000 3)	(0.000 3)	(0.000 1)
房产价值	0.001 4**	0.001 6***	0.002 3***
	(0.000 6)	(0.000 6)	(0.000 8)
农地确权颁证	0.074 5	0.081 0	0.132 0
	(0.075 3)	(0.076 3)	(0.090 7)
村庄在本乡镇富裕程度	−0.096 1***	−0.098 2***	−0.129 5***
	(0.030 8)	(0.031 2)	(0.036 3)
村庄到乡镇的距离	0.002 8	0.003 2	0.003 6
	(0.003 2)	(0.003 2)	(0.003 5)
乡镇正规金融机构数目	0.017 7	0.017 6	0.021 0
	(0.018 2)	(0.018 5)	(0.020 2)
村庄创业氛围	−0.004 1	−0.005 9	0.026 9
	(0.029 5)	(0.029 9)	(0.033 6)
区域非农就业机会	0.004 6	0.006 3	0.013 3
	(0.025 6)	(0.025 9)	(0.029 3)

（续）

变　　量	获批农地抵押贷款金额		
	IV‐Tobit	IV‐Tobit	IV‐Tobit
	(1)	(2)	(3)
村庄农地抵押贷款参与情况	0.118 5***	0.120 1***	0.115 7***
	(0.023 2)	(0.023 5)	(0.026 3)
农地抵押贷款政策宣传情况	−0.007 4	−0.006 6	−0.038 0
	(0.024 0)	(0.024 3)	(0.027 4)
本地社会保障水平	−0.030 5	−0.030 6	−0.042 6
	(0.022 6)	(0.022 9)	(0.025 7)
是否陕西	−0.397 0***	−0.396 8***	−0.360 2***
	(0.097 1)	(0.098 2)	(0.114 0)
是否宁夏	−0.057 8	−0.063 1	0.088 2
	(0.077 6)	(0.078 8)	(0.090 0)
Wald χ^2	352.87***	349.27***	311.34***
一阶段 F 值	110.06***	109.17***	96.96***
DWH 内生性检验	9.76***	10.59***	7.40***
样本量	1 947		1 708

注：*、**、*** 分别表示在10%、5%和1%的统计水平上显著；表中报告的是估计的边际效应，括号内数值为标准误；为减小同一方程不同变量的边际效应值的差异，获批农地抵押贷款金额以十万元为单位。第（3）列报告了剔除农地全部转出样本（239 个）后的估计结果。

（四）稳健性检验

本书采用得分法重新评估个体金融素养总体水平，并对前述模型进行再次回归。具体操作为：对每个金融知识测量题项回答正确赋分为 1，否则赋分为 0；对每个金融能力测量题项回答"会""有"赋分为 1，否则赋分为 0；对每个金融意识测量题项反馈结果为"意识较强"和"意识很强"的赋分为 1，否则赋分为 0。由此，金融知识、金融能力、金融意识得分区间分别为 [0，5]、[0，8]、[0，7]，以等权重进行加总计算，金融素养总得分区间为 [0，20]。得分法测算结果显示，样本金融素养均值为 10.413 7，标准差为 3.683 4，进一步佐证了我国农民金融素养水平偏低且个体差异较大的论断。重新计算的工具变量回归结果证实，金融素养显著影响农民农地流转交易和农地抵押融资交易，且农地转入交易在金融素养影响农民农地抵押融资交易的关系中存在部分中介效应。因此，前述金融素养、农地流转交易、农地抵押融资交易之间的主要研究结论得到较稳健的证实。

五、本章小结

本章依据产权经济学理论，探索性构建了要素流动视角下"金融素养—农地流转—农地抵押融资"的理论框架，阐释了金融素养对农民农地流转和农地抵押融资的单一影响机理，以及农地流转中介作用下金融素养影响农民农地抵押融资的关联逻辑，采用工具变量法实证探究了金融素养对农民农地流转和抵押融资的影响效果，并运用中介效应模型计量检验了农地流转对金融素养影响农民农地抵押融资的中介作用。研究结果表明，金融素养对农民农地产权交易的理性参与发挥显著正向作用，且金融素养可通过农地转入交易的中介作用影响农民农地抵押融资交易。金融素养每提升 1 个单位，农民参与农地转入交易的概率提升 56.90％，参与农地转入交易的规模平均增加109.64 亩；农民参与农地转出交易的概率提升 41.02％，参与农地转出交易的规模平均增加 3.17 亩；农民参与农地抵押融资申请、获批农地抵押融资的概率分别增加 34.72％和 30.06％，且获批农地抵押融资规模平均增加12.91 万元。金融素养可通过农地转入交易的部分中介作用促进农民农地抵押融资参与，但农地转出交易不具有中介作用。

第八章　农地产权交易中介作用下金融素养影响农民创业决策的实证分析

　　第五章和第六章的研究证实，农民内在人力资本积累中的金融素养和外在资源获取路径中的农地产权交易参与对农民创业基本决策、创业劳动力配置和创业资产配置决策均发挥重要作用。第七章的研究表明，金融素养对农民农地流转交易和农地抵押融资交易均产生积极影响，且可通过影响农地流转交易参与进而作用于农地抵押融资参与。基于此，本章拟依据"金融素养—农地产权交易—农民创业决策"的理论逻辑，分别从农地经营权流转交易中介作用下金融素养对农民创业决策的影响和农地经营权抵押融资交易中介作用下金融素养对农民创业决策的影响两个方面进行理论阐释和实证检验，深入揭示金融素养与"地动—人动""钱动—人动"的关联机理。基于对金融素养、农地流转交易与农地抵押融资交易的逻辑关系论证，本章探索性将金融素养与"地动—钱动—人动"纳入同一研究框架，实证检验农地流转交易与农地抵押融资交易在金融素养影响农民创业基本决策、创业劳动力配置决策、创业资产配置决策关系中的链式中介作用，以深入揭示金融素养、农地产权交易与农民创业决策之间的内在关联。本章研究旨在为从多层面提高农民金融素养水平、协调推进农地经营权流转和抵押融资改革，进而有力支撑乡村振兴背景下农民创业基本决策、创业劳动力和资产配置决策的优化，构建农民创业增收长效机制探寻有效的实践路径。

一、农地产权交易中介作用下金融素养影响创业决策的研究假说

（一）农地流转交易中介作用的研究假说

由第三章机理分析可知：一是金融素养综合反映了个体的投资规划、理财融资、资金配置、财务计算等方面的知识、能力和意识，金融素养水平越高越有助于个体开展不同领域和不同形式的创业活动，促进创业个体在长短期劳动力雇佣与生产环节外包方面实施理性的劳动力配置决策，同时也有助于个体在生产性固定资产与流动性资产投资、预防性储蓄与周转现金持有等方面实施理性的资产配置决策。二是金融素养水平越高，越有助于增强农民对农地流转交易成本、收益和风险的理性认知，提升农民农地流转交易参与的积极性和参与程度，推动农村农地产权交易整体活跃度的提高。三是农地流转交易促进农地资源的优化配置，推动农地规模经营趋势的形成，促进农地转入方农业创业和农地转出方非农创业，且不同方向的农地流转决策及农地流转规模直接改变农民创业的劳动力配置层次和规模，影响其创业生产性固定资产与存货资产、非金融资产与金融资产的配置结构。具体而言，农地转入尤其是规模转入增加农民对长短期雇佣劳动力及其数量的需求，同时激励农民对生产性固定资产、流动资产、预防性储蓄、保险等创业资产的配置；农地转出后实施非农创业同样促进农民对雇佣劳动力和资产的配置需求，而农地转出后从事工资雇佣型就业则减少农民对雇佣劳动力和资产的配置需求。综上可知，金融素养、农地流转交易参与与农民创业决策之间存在两两关联关系，本书在此基础上构建金融素养与"地动—人动"的关联逻辑，即认为金融素养可通过作用于农地流转交易进而影响农民创业决策，农地流转交易在金融素养影响农民创业决策的关系中具有中介作用，且农地转入交易和农地转出交易的中介作用存在差异性。鉴于此，本书提出以下研究假说：

H8-1：农地转入交易在金融素养影响农民创业决策的关系中具有中介作用。

H8-1a：农地转入交易在金融素养影响农民创业基本决策的关系中具有中介作用。

H8-1b：农地转入交易在金融素养影响农民创业劳动力配置决策的关

系中具有中介作用。

H8-1c：农地转入交易在金融素养影响农民创业资产配置决策的关系中具有中介作用。

H8-2：农地转出交易在金融素养影响农民创业决策的关系中具有中介作用。

H8-2a：农地转出交易在金融素养影响农民创业基本决策的关系中具有中介作用。

H8-2b：农地转出交易在金融素养影响农民创业劳动力配置决策的关系中具有中介作用。

H8-2c：农地转出交易在金融素养影响农民创业资产配置决策的关系中具有中介作用。

（二）农地抵押融资交易中介作用的研究假说

由第三章机理分析可知：一是金融素养水平越高越有助于个体开展不同领域和形式的创业活动，促进创业个体在长短期劳动力雇佣与生产环节外包方面实施理性的劳动力配置决策，同时也影响个体在生产性固定资产与流动性资产投资、预防性储蓄与周转现金持有等方面的资产配置决策。二是金融素养水平越高，越能增强农民对农地抵押贷款与信用、担保等其他类型贷款的成本、收益与风险的认知，提高农民农地抵押贷款参与积极性和参与程度。三是农地抵押贷款参与通过缓解流动性约束、为农民创业提供初始资金支持和周转资金支持，进而推动农民积极跨越创业门槛、促使创业农民根据生产经营实际需要优化劳动力和资产配置结构，最终实现创业收益最大化和成本最小化。综上可知，金融素养、农地抵押融资参与与农民创业决策之间存在两两关联关系，本书在此基础上构建金融素养与"钱动—人动"的关联机制，即认为金融素养可通过作用于农地抵押融资交易进而影响农民创业决策，农地抵押融资交易在金融素养影响农民创业决策的关系中具有中介作用。由此，本书提出以下研究假说：

H8-3：农地抵押融资交易在金融素养影响农民创业决策的关系中具有中介作用。

H8-3a：农地抵押融资交易在金融素养影响农民创业基本决策的关系中具有中介作用。

H8-3b：农地抵押融资交易在金融素养影响农民创业劳动力配置决策的关系中具有中介作用。

H8-3c：农地抵押融资交易在金融素养影响农民创业资产配置决策的关系中具有中介作用。

（三）农地产权交易链式中介作用的研究假说

由第三章机理分析可知，金融素养可通过影响农民农地流转交易的参与进而作用其创业决策及具体实施，也可通过影响农民农地抵押融资交易的参与进而作用于农民创业决策及其实施。此外，农地流转交易与农民农地抵押融资交易之间存在内在关联关系，即农地经营权流转改革有力促进了农地资本化进程，为农地金融市场的发育奠定了基础；部分参与农地流转的农户尤其是规模转入农户以流转农地经营权抵押获取融资成为其外源融资的重要渠道。因而，一定程度上农地流转特别是农地转入交易促进了农民农地抵押贷款申请、提高了农民农地抵押融资规模。由此逻辑推导可知，农地流转交易与农地抵押融资在金融素养影响农民创业决策的过程中可能不仅存在独立的中介作用，还可能存在链式中介的作用，即金融素养可能通过依次影响农民农地流转交易和农地抵押融资交易，进而对其创业决策产生作用。理论上，金融素养越高的农民参与农地流转交易的能力越强，农地规模转入的概率越高；农地转入尤其是规模转入为农民参与农地抵押融资提供重要的农地资产基础；获批农地抵押融资金额越大，农民跨越创业资金门槛的能力越强，同时在不同类型劳动力和资产配置方面的自由度越高。基于上述分析，本书提出以下假说：

H8-4：农地产权交易在金融素养影响农民创业决策的关系中具有链式中介作用。

H8-4a：农地产权交易在金融素养影响农民创业基本决策的关系中具有链式中介作用。

H8-4b：农地产权交易在金融素养影响农民创业劳动力配置决策的关系中具有链式中介作用。

H8-4c：农地产权交易在金融素养影响农民创业资产配置决策的关系中具有链式中介作用。

二、农地产权交易中介作用下金融素养影响创业决策的实证检验

（一）计量模型构建

本书分别构建内生变量金融素养、农地流转（抵押融资）交易对工具变量和所有外生解释变量的 OLS 回归模型，得到样本金融素养水平和农地流转（抵押融资）交易规模的拟合值，然后将上述拟合值引入中介效应模型，依据陈瑞等（2013）采用索贝尔检验和自抽样检验对农地流转（抵押融资）交易的中介作用进行实证检验。

$$FL_i = \alpha_1 + \beta_1 FL_{IV_i} + \gamma_1 X + \varepsilon_{1i} \qquad (8-1)$$

$$\widehat{FL}_i = \hat{\alpha}_1 + \hat{\beta}_1 FL_{IV_i} + \hat{\gamma}_1 X + \varepsilon_{1i} \qquad (8-2)$$

$$LT_{mi} = \alpha_2 + \beta_2 PP_{mi} + \gamma_2 X + \varepsilon_{2i} \qquad (8-3)$$

$$\widehat{LT}_{mi} = \hat{\alpha}_2 + \hat{\beta}_2 PP_{mi} + \hat{\gamma}_2 X + \varepsilon_{2i} \qquad (8-4)$$

上述表达式中，FL_i 表示农民 i 的金融素养水平，FL_{IV_i} 表示农民 i 的金融素养水平的工具变量（除农民 i 外，同一村庄同等收入阶层其他农民金融素养水平的均值），$\widehat{FL}_i$ 表示基于工具变量和外生解释变量计算的农民 i 金融素养水平的拟合值；LT_{mi} 表示农民 i 参与农地产权交易规模，m 取值 1 或 2。其中，LT_{1i} 表示农地流转交易规模，LT_{2i} 表示农地抵押融资交易规模；PP_{1i} 表示农民 i 所处村庄农地流转政策宣传情况，PP_{2i} 表示农民 i 所处村庄农地确权颁证情况；$\widehat{LT}_{mi}$ 表示基于工具变量和外生解释变量计算的农民 i 农地流转交易和农地抵押融资交易规模的拟合值。X 为影响农民创业决策的所有外生解释变量向量。

依据温忠麟等（2004）提出的层次回归模型，本书分别构建金融素养影响农民创业决策、金融素养影响农地流转（抵押融资）交易、金融素养与农地流转（抵押融资）交易共同影响农民创业决策的回归模型，分别如下：

$$EP_{ki}^* = \chi_1 \widehat{FL}_i + \varphi_1(X_{ki}) + \varepsilon_{3i} \qquad (8-5)$$

$$\widehat{LT}_{mi} = \chi_2 \widehat{FL}_i + \varphi_2(X_{ki}) + \varepsilon_{4i} \qquad (8-6)$$

$$EP_{ki}^* = \chi_3 \widehat{FL}_i + \varphi_3(X_{ki}) + \mu \widehat{LT}_{mi} + \varepsilon_{5i} \qquad (8-7)$$

上述表达式中，FL_i 表示农民 i 的金融素养水平；EP_{ki}^* 表示农民创业决

策潜变量，EP_{1i}、EP_{2i}、EP_{3i} 分别表示农民创业基本决策、劳动力配置决策、资产配置决策；$\hat{LT}_{mi}$ 表示基于工具变量和外生解释变量计算的农民 i 农地流转交易规模和农地抵押融资交易规模的拟合值，m 取值 1 或 2，分别表示农地流转交易和农地抵押融资交易。X_{ki} 表示农民创业决策方程的控制变量向量，X_{1i}、X_{2i}、X_{3i} 分别表示农民创业基本决策方程、创业劳动力配置决策方程、创业资产配置决策方程的控制变量向量。上述三个方程共有的控制变量包括受访者性别、年龄、年龄平方、受教育程度、婚姻状况、创业能力、家庭劳动力数量、主要劳动力身体健康状况、有无亲友任职村干部或公务员、有无亲友供职于银行或信用社、经常联系微信好友数、房产价值、村庄在本乡镇富裕程度、村庄到乡镇距离、乡镇正规金融机构数目、村庄创业氛围、是否陕西、是否宁夏。此外，创业基本决策方程还包括是否参加技术培训、区域非农就业机会变量，劳动力配置决策方程还包括区域可雇佣劳动力数量、短期雇佣工资水平、长期雇佣工资水平变量，资产配置决策方程还包括风险偏好、创业年限、短期雇佣工资水平、长期雇佣工资水平变量。为增强估计结果的稳健性，本书分别采用索贝尔检验（Sobel test）和自抽样检验（Bootstrap test）对农地流转交易和农地抵押融资交易的中介作用进行实证检验。

（二）农地流转交易的中介作用检验

1. 农地转入交易的中介作用实证检验

本书分别实证检验了农地转入规模在金融素养影响农民创业基本决策、金融素养影响农民创业劳动力配置决策和金融素养影响农民创业资产配置决策关系中的中介作用。

（1）农地转入规模在金融素养影响农民创业基本决策关系中的中介效应检验

结果如表 8-1 所示。结果显示，金融素养对农民农地转入规模的影响均在 1% 的统计水平上正向显著，农地转入规模对农民创业和农业创业的影响均在 1% 的统计水平上正向显著，但对非农创业和多行业创业的影响不显著。整体上，农地转入规模在金融素养与创业、金融素养与农业创业之间发挥中介作用，中介作用大小分别为 0.076 0、0.060 0，中介效应占总效应的比重分别为 8.49% 和 10.76%。此外，农地转入规模在金融素养与农民非农创业、金融素养与农民多行业创业之间不存在中介效应。因此，金融素养通过农地转入规模的部分中介作用显著促进农民创业尤其是农业创业。投资理财、资产配置、财务计算等方面的综合金融素养水平越高，农民参与农地转入交易的概率越高且转入交易规模越大，显著促进农民跨越创业门槛尤其是农业创业门槛，从事农业规模经营。而农地转入将农民资金流向吸引至农业领域，极大削弱了农民非农领域投资能力，减少农民非农创业和多行业创业的概率。

表 8-1 农地转入规模对金融素养影响农民创业基本决策的中介效应检验结果

农地转入规模的中介	金融素养对农地转入规模的影响系数	农地转入规模对农民创业基本决策的影响系数	中介效应	索贝尔检验(Sobel test)(Z值/P值)	自抽样检验(Bootstrap test)(Z值/P值)	中介效应占比(%)
金融素养—农地转入规模—农民创业	115.154 0*** (4.746 0)	0.000 7*** (0.000 2)	0.076 0*** (0.017 8)	Z值：4.27 P值：0.00	Z值：4.56 P值：0.00	8.49
金融素养—农地转入规模—农业创业	115.154 0*** (4.746 0)	0.000 5*** (0.000 2)	0.060 0*** (0.017 7)	Z值：3.38 P值：0.00	Z值：2.42 P值：0.02	10.76
金融素养—农地转入规模—非农创业	115.154 0*** (4.746 0)	0.000 2 (0.000 1)	0.018 9 (0.014 8)	Z值：1.28 P值：0.20	Z值：1.02 P值：0.31	—
金融素养—农地转入规模—多行业创业	115.154 0*** (4.746 0)	0.000 3 4 (0.000 1)	0.003 4 (0.006 2)	Z值：0.54 P值：0.58	Z值：0.59 P值：0.56	—

注：*、**、*** 分别表示在 10%、5%和 1%的统计水平上显著，括号中数值为标准误；限于篇幅，控制变量的估计结果未予报告；Bootstrap 的重复次数为 1 000 次。

（2）农地转入规模在金融素养影响农民创业劳动力配置决策关系中的中介效应检验

结果如表 8-2 所示。结果显示，金融素养对农民农地转入规模的影响均在 1%的统计水平上正向显著，农地转入规模对创业农民有无短期雇佣、短期雇佣人数、有无长期雇佣和长期雇佣人数的影响均在 1%的统计水平上正向显著，但对有无生产环节外包决策的影响不显著。整体上，农地转入规模在金融素养影响农民有无短期雇佣、短期雇佣人数、有无长期雇佣、长期雇佣人数的关系中发挥中介作用，中介效应大小分别为 0.096 6、12.084 7、0.246 8、10.911 3，中介效应占总效应的比重分别为 25.40%、41.78%、33.98%和 85.38%。此外，农地转入规模在金融素养与有无生产环节外包之间不存在中介效应。因此，金融素养通过农地转入规模的部分中介作用显著促进农民短期和长期雇佣劳动力决策，增加雇佣劳动力规模。金融素养越高的农民参与农地转入交易的概率越高且规模越大，促进农地规模经营，进而激发创业农民对长短期雇佣劳动力的配置需求，以谋求规模经营收益最大化、风险最小化。然而，农地转入并未显著促进生产环节外包，还受到农地类型、农地作物类型等因素的影响。

表 8-2　农地转入规模对金融素养影响农民创业劳动力配置决策的
中介效应检验结果

农地转入规模的中介	金融素养对农地转入规模的影响系数	农地转入规模对创业劳动力配置决策的影响系数	中介效应	索贝尔检验（Sobel test）（Z 值/P 值）	自抽样检验（Bootstrap test）（Z 值/P 值）	中介效应占比（％）
金融素养—农地转入规模—有无短期雇佣	171.043 0 *** (11.940 0)	0.000 6 *** (0.000 2)	0.096 6 *** (0.036 0)	Z 值：2.68 P 值：0.01	Z 值：2.04 P 值：0.04	25.40
金融素养—农地转入规模—短期雇佣人数	171.043 0 *** (11.940 0)	0.070 7 *** (0.015 5)	12.084 7 *** (2.774 2)	Z 值：4.36 P 值：0.00	Z 值：2.58 P 值：0.01	41.78
金融素养—农地转入规模—有无长期雇佣	171.043 0 *** (11.940 0)	0.001 4 *** (0.000 2)	0.246 8 *** (0.033 5)	Z 值：7.37 P 值：0.00	Z 值：6.53 P 值：0.00	33.98
金融素养—农地转入规模—长期雇佣人数	171.043 0 *** (11.940 0)	0.063 8 *** (0.008 1)	10.911 3 *** (1.585 6)	Z 值：6.88 P 值：0.00	Z 值：1.63 P 值：0.10	85.38
金融素养—农地转入规模—有无生产环节外包	93.947 6 *** (37.691 5)	0.000 1 (0.000 1)	0.004 0 (0.003 4)	Z 值：1.16 P 值：0.25	Z 值：0.58 P 值：0.56	—

注：＊、＊＊、＊＊＊分别表示在10％、5％和1％的统计水平上显著，括号中数值为标准误；限于篇幅，控制变量的估计结果未予报告；Bootstrap 的重复次数为1 000次。

（3）农地转入规模在金融素养影响农民创业资产配置决策关系中的中介效应检验

结果如表 8-3 所示。结果显示，金融素养对农民农地转入规模的影响均在1％的统计水平上正向显著，农地转入规模对创业农民生产性固定资产投资、年存货资产投资、周转现金持有量及创业相关的保险购买的影响均在1％的统计水平上正向显著，但对创业农民有无预防性储蓄、预防性储蓄额的影响均不显著。整体上，农地转入规模在金融素养影响农民生产性固定资产投资、年存货资产投资、周转现金持有量及创业相关的保险购买的关系中发挥中介作用，中介效应大小分别为14.302 4、3.306 9、2.150 6、0.035 7，中介效应占总效应的比重分别为 68.86%、36.55%、36.90% 和 32.02%。此外，农地转入规模在金融素养与创业农民预防性储蓄决策之间不存在中介效应。因此，金融素养通过农地转入规模的部分中介作用显著促进农民对生产性固定资产和年存货资产的投资，显著促进创业农民的周转现金持有决策和创业相关的保险购买决策。金融素养越高的农民参与农地转入交易的概率越高且规模越大，促进农地规模经营，进而激发创业农民对与农地规模经营相匹配的生产性固定资产投资和年存货资产投资，增加创业农民周转现金持有量以维持规模经营的有序运转，推动创业相关的保险购买决策以有效防范生产经营风险。然而，农地转入规模的增加引致创业农民增加周转现金持有量的同时并未带来预防性储蓄额增加，反而可能使预防性储蓄额减少。

表 8-3 农地转入规模对金融素养影响农民创业资产配置决策的中介效应检验结果

农地转入规模的中介	金融素养对农地转入规模的影响系数	农地转入规模对农民创业基本决策的影响系数	中介效应	索贝尔检验（Bootstrap test）（Z 值/P 值）	自抽样检验（Bootstrap test）（Z 值/P 值）	中介效应占比（%）
金融素养—农地转入规模—生产性固定资产投资	236.106 0*** (47.687 7)	0.060 6*** (0.002 7)	14.302 4*** (2.957 7)	Z 值：4.95 P 值：0.00	Z 值：2.56 P 值：0.01	68.86
金融素养—农地转入规模—年存货资产投资	235.686 0*** (47.379 1)	0.014 0*** (0.000 9)	3.306 9*** (0.694 4)	Z 值：4.76 P 值：0.00	Z 值：2.70 P 值：0.01	36.55
金融素养—农地转入规模—有无预防性储蓄	235.635 0*** (47.379 0)	−0.000 1 (0.000 1)	−0.013 8 (0.012 2)	Z 值：−1.13 P 值：0.26	Z 值：−1.10 P 值：0.27	—
金融素养—农地转入规模—预防性储蓄额	235.635 0*** (47.379 0)	0.000 1 (0.000 1)	0.027 1 (0.034 7)	Z 值：0.78 P 值：0.44	Z 值：0.43 P 值：0.67	—
金融素养—农地转入规模—周转现金持有量	234.687 0*** (47.468 2)	0.009 2*** (0.001 0)	2.150 6*** (0.496 9)	Z 值：4.33 P 值：0.00	Z 值：2.33 P 值：0.02	36.90
金融素养—农地转入规模—保险购买	235.817 0*** (47.382 5)	0.000 2*** (0.000 0)	0.035 7*** (0.013 5)	Z 值：2.65 P 值：0.01	Z 值：2.31 P 值：0.02	32.02

注：*、**、*** 分别表示在 10%、5% 和 1% 的统计水平上显著，括号中数值为标准误；限于篇幅，控制变量的估计结果未予报告；Bootstrap 的重复次数为 1 000 次。

2. 农地转出交易的中介作用实证检验

本书分别实证检验了农地转出规模在金融素养影响农民创业基本决策、金融素养影响农民创业劳动力配置决策和金融素养影响农民创业资产配置决策关系中的中介作用。

（1）农地转出规模在金融素养影响农民创业基本决策关系中的中介效应检验

结果如表8－4所示。结果显示，金融素养对农民农地转出规模的影响均在1％的统计水平上正向显著，农地转出规模对创业和非农创业的影响均在1％的统计水平上正向显著，但对农业创业和多行业创业的影响不显著。整体上，农地转出规模在金融素养与创业、金融素养与非农创业之间发挥中介作用，中介作用大小分别为0.011 7、0.009 2，中介效应占总效应的比重分别为1.31％和2.23％。此外，农地转出规模在金融素养与农民农业创业、金融素养与农民多行业创业之间不存在中介效应。因此，金融素养通过农地转出规模的部分中介作用显著促进农民创业尤其是非农创业。投资理财、资产配置、财务计算等方面的综合金融素养水平越高，农民依据自身生计决策实际参与农地转出交易的概率越高且转出交易规模越大，显著降低农民对农业经营的依赖性，解除非农就业的农地牵连，促进农民非农创业的实施。而农地转出将农民资金流向吸引至非农领域，极大降低了农民农业领域投资能力，减少农民农业创业和多行业创业的概率。

表8－4 农地转出规模在金融素养影响农民创业基本决策关系中的
中介效应检验结果

农地转出规模的中介	金融素养对农地转出规模的影响系数	农地转出规模对农民创业基本决策的影响系数	中介效应	索贝尔检验（Sobel test）（Z值/P值）	自抽样检验（Bootstrap test）（Z值/P值）	中介效应占比（％）
金融素养—农地转出规模—创业	0.430 3***（0.074 6）	0.027 3***（0.009 7）	0.011 7**（0.004 6）	Z值：2.53 P值：0.01	Z值：2.49 P值：0.01	1.31
金融素养—农地转出规模—农业创业	0.422 2***（0.074 9）	−0.000 2（0.001 3）	−0.000 1（0.000 6）	Z值：−0.20 P值：0.84	Z值：−0.04 P值：0.97	—
金融素养—农地转出规模—非农创业	0.430 3***（0.074 6）	0.021 4***（0.008 2）	0.009 2**（0.003 9）	Z值：2.39 P值：0.02	Z值：2.22 P值：0.03	2.23
金融素养—农地转出规模—多行业创业	0.430 3***（0.074 6）	−0.003 7（0.003 4）	−0.001 6（0.001 5）	Z值：−1.05 P值：0.29	Z值：−1.13 P值：0.26	—

注：*、**、***分别表示在10％、5％和1％的统计水平上显著，括号中数值为标准误；限于篇幅，控制变量的估计结果未予报告；Bootstrap的重复次数为1 000次。

（2）农地转出规模在金融素养影响农民创业劳动力配置决策关系中的中介效应检验

结果如表 8 - 5 所示。结果显示，金融素养对农民农地转出规模的影响均在 1% 的统计水平上正向显著，农地转出规模对创业农民有无短期雇佣、短期雇佣人数、有无长期雇佣、长期雇佣人数和生产环节外包的影响均不显著。整体上，农地转出规模在金融素养影响农民有无短期雇佣、短期雇佣人数、有无长期雇佣、长期雇佣人数以及生产环节外包的关系中均不具有中介作用。金融素养越高的农民参与农地理性转出决策的概率越大，但农地转出之后农民的生计选择仍相对较为多元，如工资雇佣型就业、非农创业或赋闲在家等形式，其中，非农创业将产生一定的雇佣劳动力需求，但当前我国农民非农创业层次不高、多以家庭劳动力投入为主，因此，整体上农地转出对农民家庭劳动力配置不存在显著影响。

表 8 - 5　农地转出规模对金融素养影响农民创业劳动力配置决策的
中介效应检验结果

农地转出规模的中介	金融素养对农地转出规模的影响系数	农地转出规模对创业劳动力配置决策的影响系数	中介效应	索贝尔检验（Sobel test）（Z 值/P 值）	自抽样检验（Bootstrap test）（Z 值/P 值）	中介效应占比（%）
金融素养—农地转出规模—有无短期雇佣	0.519 4*** (0.156 8)	−0.000 6 (0.015 8)	−0.000 3 (0.008 2)	Z 值：−0.04 P 值：0.97	Z 值：−0.04 P 值：0.97	—
金融素养—农地转出规模—短期雇佣人数	0.519 4*** (0.156 8)	−0.060 6 (0.116 5)	0.031 5 (0.037 8)	Z 值：0.06 P 值：0.95	Z 值：1.57 P 值：0.12	—
金融素养—农地转出规模—有无长期雇佣	0.519 4*** (0.156 8)	0.014 8 (0.013 3)	0.007 7 (0.007 3)	Z 值：0.03 P 值：0.88	Z 值：0.95 P 值：0.34	—
金融素养—农地转出规模—长期雇佣人数	0.519 4*** (0.156 8)	0.006 8 (0.062 8)	0.003 5 (0.012 2)	Z 值：−0.05 P 值：0.87	Z 值：−0.01 P 值：0.99	—
金融素养—农地转出规模—有无生产环节外包	0.518 7*** (0.157 2)	0.000 7 (0.001 0)	0.000 4 (0.023 1)	Z 值：−0.02 P 值：0.98	Z 值：−0.01 P 值：0.99	—

注：*、**、*** 分别表示在 10%、5% 和 1% 的统计水平上显著，括号中数值为标准误；限于篇幅，控制变量的估计结果未予报告；Bootstrap 的重复次数为 1 000 次。

（3）农地转出规模在金融素养影响农民创业资产配置决策关系中的中介效应检验

结果如表 8 - 6 所示。结果显示，金融素养对农民农地转出规模的影响均在 1% 的统计水平上正向显著，农地转出规模对创业农民生产性固定资产投资、年存货资产投资、有无预防性储蓄、预防性储蓄额、周转现金持有量及创业相关的保险购买的影响均不显著。因此，农地转出规模在金融素养影响农民生产性固定资产投资、年存货资产投资、预防性储蓄决策、周转现金持有量及创业相关的保险购买的关系中均不具有中介作用。具体来看，金融素养越高的农民参与农地转出交易的概率越高且规模越大，但农地转出之后农民生计决策具有较大的不确定性，农民既可以选择在农业和非农领域受雇就业获取工资收入，也可以以农地转出租金为基础开展非农领域的创业活动，或者继续经营转出之后剩下的少量农地。其中，只有非农创业才会进一步激发农民对生产性固定资产、存货资产、预防性储蓄和周转现金等非金融资产和金融资产的配置。综合来讲，农地转出规模与农民创业资产配置之间的关系并不明确。

表 8-6 农地转出规模对金融素养影响农民创业资产配置
决策的中介效应检验结果

农地转出规模的中介	金融素养对农地转出规模的影响系数	农地转出规模对农民创业基本决策的影响系数	中介效应	索贝尔检验（Sobel test）（Z值/P值）	自抽样检验（Bootstrap test）（Z值/P值）	中介效应占比（%）
金融素养—农地转出规模—生产性固定资产投资	0.537 9*** (0.158 5)	0.006 3 (0.100 1)	0.003 4 (0.010 2)	Z值：0.04 P值：0.97	Z值：0.01 P值：0.99	—
金融素养—农地转出规模—年存货资产投资	0.537 9*** (0.158 5)	0.003 8 (0.028 7)	0.002 0 (0.020 1)	Z值：−0.05 P值：0.95	Z值：−0.01 P值：0.98	—
金融素养—农地转出规模—有无预防性储蓄	0.541 5*** (0.157 8)	0.013 6 (0.015 2)	0.007 4 (0.008 5)	Z值：0.86 P值：0.39	Z值：0.86 P值：0.39	—
金融素养—农地转出规模—预防性储蓄额	0.541 5*** (0.158 5)	0.056 2 (0.043 6)	0.030 4 (0.025 2)	Z值：1.21 P值：0.23	Z值：1.24 P值：0.22	—
金融素养—农地转入规模—周转现金持有量	0.537 9*** (0.158 5)	0.002 2 (0.023 3)	0.001 2 (0.102 5)	Z值：0.07 P值：0.84	Z值：−0.03 P值：0.89	—
金融素养—农地转出规模—保险购买	0.542 9*** (0.158 5)	0.001 2 (0.001 5)	0.000 7 (0.022 6)	Z值：0.06 P值：0.94	Z值：0.03 P值：0.97	—

注：*、**、*** 分别表示在 10%、5% 和 1% 的统计水平上显著，括号中数值为标准误；限于篇幅，控制变量的估计结果未予报告；Bootstrap 的重复次数为 1 000 次。

（三）农地抵押融资交易的中介作用检验

1. 农地抵押贷款在金融素养影响农民创业基本决策关系中的中介效应检验

结果如表 8-7 所示。结果显示，金融素养对农民农地抵押贷款金额的影响均在 1‰ 的统计水平上正向显著，农地抵押贷款金额对农民创业和农业创业的影响均在 1‰ 的统计水平上正向显著，但对非农创业的影响在 5‰ 的统计水平上负向显著，对农民多行业创业的影响不显著。整体上，农地抵押贷款金额在金融素养与创业、金融素养与农业创业之间发挥部分中介作用，中介作用大小分别为 0.048 5、0.091 7，中介效应占总效应的比重分别为 5.38‰、16.39‰；但农地抵押贷款金额在金融素养与非农创业之间存在部分遮蔽效应，遮蔽效应大小为 -0.039 2，占总效应的比重为 -9.42‰。此外，农地抵押贷款金额在金融素养与农民多行业创业之间不存在中介效应。因此，金融素养通过农地抵押贷款金额的部分中介作用显著促进农民创业尤其是农业创业，同时负向抑制农民非农创业。投资理财、资产配置、财务计算等方面的综合金融素养水平越高，农民参与农地抵押融资交易的概率越高且获批农地抵押贷款金额越大，显著缓解农民流动性约束状况，促进农民跨越创业门槛尤其是农业创业门槛，有力支持农业规模经营。而农地抵押贷款资金主要用于农业生产经营的政策设计，限制了农地抵押贷款资金对农民非农创业作用的发挥，因而制约其非农创业和多行业创业的实施。

表 8-7　农地抵押贷款金额对金融素养影响农民创业基本决策的中介效应检验结果

农地抵押贷款金额的中介	金融素养对农地抵押贷款金额的影响系数	农地抵押贷款金额对农民创业基本决策的影响系数	中介效应	索贝尔检验（Sobel test）（Z 值/P 值）	自抽样检验（Bootstrap test）（Z 值/P 值）	中介效应占比（％）
金融素养—农地抵押贷款金额—农民创业	7.512 8*** (0.296 5)	0.006 5*** (0.002 5)	0.048 5*** (0.018 5)	Z 值：2.62 P 值：0.01	Z 值：2.95 P 值：0.00	5.38
金融素养—农地抵押贷款金额—农业创业	7.512 8*** (0.296 5)	0.012 2*** (0.002 5)	0.091 7*** (0.018 8)	Z 值：4.88 P 值：0.00	Z 值：3.64 P 值：0.00	16.39

（续）

农地抵押贷款金额的中介	金融素养对农地抵押贷款金额的影响系数	农地抵押贷款金额对农民创业基本决策的影响系数	中介效应	索贝尔检验（Sobel test）（Z 值/P 值）	自抽样检验（Bootstrap test）（Z 值/P 值）	中介效应占比（％）
金融素养—农地抵押贷款金额—非农创业	7.512 8*** (0.296 5)	−0.005 2** (0.002 1)	−0.039 2** (0.015 6)	Z 值：−2.52 P 值：0.01	Z 值：−1.77 P 值：0.08	−9.42
金融素养—农地抵押贷款金额—多行业创业	7.512 8*** (0.296 5)	0.000 5 (0.000 9)	0.003 8 (0.006 5)	Z 值：0.59 P 值：0.56	Z 值：0.67 P 值：0.50	—

　　注：＊、＊＊、＊＊＊分别表示在10％、5％和1％的统计水平上显著，括号中数值为标准误；限于篇幅，控制变量的估计结果未予报告；Bootstrap 的重复次数为 1 000 次。

2. 农地抵押贷款在金融素养影响农民创业劳动力配置决策关系中的中介效应检验

　　结果如表 8-8 所示。结果显示，金融素养对农民农地抵押贷款金额的影响均在 1％的统计水平上正向显著，农地抵押贷款金额对创业农民有无短期雇佣、短期雇佣人数、有无长期雇佣、长期雇佣人数以及生产环节外包决策的影响分别在 5％、1％、1％、1％、1％的统计水平上正向显著。整体上，农地抵押贷款金额在金融素养影响农民有无短期雇佣、短期雇佣人数、有无长期雇佣、长期雇佣人数、生产环节外包的关系中均发挥部分中介作用，中介效应大小分别为 0.075 6、12.040 5、0.162 5、8.930 3、0.121 2，中介效应占总效应的比重分别为 20.08％、47.23％、22.68％和 48.16％。因此，金融素养通过农地抵押贷款金额的部分中介作用显著促进农民短期和长期雇佣劳动力决策，增加雇佣劳动力规模，促进创业农民生产环节外包决策的实施。金融素养越高的农民参与农地抵押融资交易的概率越高且规模越大，极大地缓解了农民创业过程中的流动性约束，为创业农民增加长短期雇佣劳动力的配置，优化劳动力配置结构提供必要的资金支持，有助于创业农民通过劳动力配置结构的改善更好地实现经营收益最大化、风险最小化。

表 8-8 农地抵押贷款金额对金融素养影响农民创业劳动力配置决策的中介效应检验结果

农地抵押贷款金额的中介	金融素养对农地抵押贷款金额的影响系数	农地抵押贷款金额对创业劳动力配置决策的影响系数	中介效应	索贝尔检验（Sobel test）（Z 值/P 值）	自抽样检验（Bootstrap test）（Z 值/P 值）	中介效应占比（%）
金融素养—农地抵押贷款金额—有无短期雇佣	10.408 9*** (0.720 1)	0.007 3** (0.003 5)	0.075 6** (0.036 5)	Z 值：2.07 P 值：0.04	Z 值：1.77 P 值：0.08	20.08
金融素养—农地抵押贷款金额—短期雇佣人数	10.408 9*** (0.720 1)	1.156 8*** (0.230 6)	12.040 5*** (2.540 9)	Z 值：4.74 P 值：0.00	Z 值：2.73 P 值：0.01	47.23
金融素养—农地抵押贷款金额—有无长期雇佣	10.408 9*** (0.720 1)	0.015 6*** (0.002 9)	0.162 5*** (0.032 0)	Z 值：5.07 P 值：0.00	Z 值：5.00 P 值：0.00	22.68
金融素养—农地抵押贷款金额—长期雇佣人数	10.408 9*** (0.720 1)	0.858 0*** (0.138 3)	8.930 3*** (1.566 8)	Z 值：5.70 P 值：0.00	Z 值：1.78 P 值：0.07	85.76
金融素养—农地抵押贷款金额—有无生产环节外包	10.389 4*** (0.722 2)	0.011 7*** (0.002 1)	0.121 2*** (0.023 4)	Z 值：5.18 P 值：0.00	Z 值：4.32 P 值：0.00	48.16

注：*、**、*** 分别表示在 10%、5% 和 1% 的统计水平上显著，括号中数值为标准误；限于篇幅，控制变量的估计结果未予报告；Bootstrap 的重复次数为 1 000 次。

3. 农地抵押贷款在金融素养影响农民创业资产配置决策关系中的中介效应检验

结果如表 8-9 所示。结果显示，金融素养对农民农地抵押贷款金额的影响均在 1% 的统计水平上正向显著，农地抵押贷款金额对创业农民生产性固定资产投资、年存货资产投资、周转现金持有量、创业相关的保险购买决策的影响均在 1% 的统计水平上正向显著，但对创业农民有无预防性储蓄、预防性储蓄额的影响均不显著。整体上，农地抵押贷款金额在金融素养影响农民生产性固定资产投资、年存货资产投资、周转现金持有量及创业相关的保险购买的关系中发挥中介作用，中介效应大小分别为 16.739 1、6.245 4、1.040 6、0.169 8，中介效应占总效应的比重分别为 80.52%、68.83%、17.85% 和 20.58%。此外，农地抵押贷款金额在金融素养与创业农民预防性储蓄决策之间不存在中介效应。因此，金融素养通过农地抵押贷款金额的部分中介作用显著促进农民对生产性固定资产和年存货资产的投资，显著促进创业农民的周转现金持有决策和创业相关的保险购买决策。金融素养越高的农民参与农地抵押融资交易的概率越高且规模越大，显著缓解农民创业过程中的流动性约束状况，进而激发创业农民对与农地规模经营相匹配的生产性固定资产投资和年存货资产投资，增加创业农民周转现金持有量以维持规模经营的有序运转，推动创业相关的保险购买决策以有效防范生产经营风险。然而，农地抵押贷款的增加直接引致创业农民增加周转现金持有量，并未直接带来预防性储蓄额的增加。

表 8-9　农地抵押贷款金额对金融素养影响农民创业资产配置决策的中介效应检验结果

农地抵押贷款金额的中介	金融素养对农地抵押贷款金额的影响系数	农地抵押贷款金额对创业基本决策的影响系数	中介效应	索贝尔检验（Sobel test）（Z 值/P 值）	自抽样检验（Bootstrap test）（Z 值/P 值）	中介效应占比（%）
金融素养—农地抵押贷款金额—生产性固定资产投资	10.500 2*** (0.728 6)	1.594 2*** (0.220 3)	16.739 1*** (2.588 4)	Z 值：6.47 P 值：0.00	Z 值：2.27 P 值：0.02	80.52
金融素养—农地抵押贷款金额—年存货资产投资	10.469 4*** (0.725 7)	0.596 5*** (0.061 6)	6.245 4*** (0.776 4)	Z 值：8.04 P 值：0.00	Z 值：3.66 P 值：0.00	68.83
金融素养—农地抵押贷款金额—有无预防性储蓄	10.467 6*** (0.725 8)	0.004 7 (0.003 3)	0.049 2 (0.034 9)	Z 值：1.41 P 值：0.16	Z 值：1.29 P 值：0.20	—
金融素养—农地抵押贷款金额—预防性储蓄额	12.788 4*** (3.756 4)	0.000 6 (0.001 8)	0.007 8 (0.023 5)	Z 值：0.33 P 值：0.74	Z 值：0.28 P 值：0.78	—
金融素养—农地抵押贷款金额—周转现金持有量	12.142 7*** (3.736 2)	0.085 7*** (0.013 3)	1.040 6*** (0.358 6)	Z 值：2.90 P 值：0.00	Z 值：2.45 P 值：0.01	17.85
金融素养—农地抵押贷款金额—保险购买	10.474 9*** (0.725 7)	0.016 2*** (0.003 2)	0.169 8*** (0.035 1)	Z 值：4.83 P 值：0.00	Z 值：3.83 P 值：0.00	20.58

注：*、**、*** 分别表示在 10%、5% 和 1% 的统计水平上显著，括号中数值为标准误；限于篇幅，控制变量的估计结果未予报告；Bootstrap 的重复次数为 1 000 次。

（四）农地产权交易的链式中介作用检验

基于前述实证检验可知，农地转入交易（规模）在金融素养影响农民农地抵押融资交易关系中具有部分中介作用，而农地转出交易（规模）在金融素养影响农民农地抵押融资交易关系中不具有中介作用。本书遵循金融素养与"农地流转交易（地动）—农地抵押融资交易（钱动）—农民创业决策（人动）"的关联逻辑，进一步实证检验农地流转交易和农地抵押融资交易在金融素养影响农民创业决策关系中的链式中介效应，以期更加深入揭示金融素养、农地产权交易与农民创业决策的关系。

1. 农地产权交易在金融素养影响农民创业基本决策关系中的链式中介作用检验

鉴于使用 Process 插件进行 Bootstrap 估计要求因变量为二分类变量，中介变量为连续性变量，这里仅采用农地转入规模和农地抵押贷款金额作为中介变量表征农地流转交易和农地抵押融资交易，选取是否创业、是否为农业创业、是否为非农创业、是否为多行业创业四个二分类变量作为因变量表征农民创业基本决策。由表 8-10 可知，农地转入规模和农地抵押贷款金额在金融素养影响农民创业、农业创业的关系中具有链式中介作用；但在金融素养影响农民非农创业和多行业创业关系中不具有链式中介作用。表明金融素养促进农民农地转入交易的过程中，部分农民以转入农地经营权获取农地抵押融资，进而为农民创业尤其是农业创业提供初始资金和周转资金支持，有效缓解了农民创业的流动性约束状况。但限于农地抵押贷款的用途限制和跟踪检查，农地抵押贷款对农民非农创业和多行业创业的影响不显著。

表 8-10　农地产权交易对金融素养影响农民创业基本决策的链式中介效应检验结果

链式中介路径	间接影响效应	Boot LLCI	Boot ULCI	中介效应
金融素养—农地转入规模—农地抵押贷款金额—农民创业	0.006 4	0.000 5	0.039 2	显著
金融素养—农地转入规模—农地抵押贷款金额—农业创业	0.003 8	0.000 2	0.031 2	显著
金融素养—农地转入规模—农地抵押贷款金额—非农创业	−0.000 4	−0.008 1	0.001 0	不显著

（续）

链式中介路径	间接影响效应	Boot LLCI	Boot ULCI	中介效应
金融素养—农地转入规模—农地抵押贷款金额—多行业创业	0.000 2	−0.006 9	0.001 3	不显著

注：采取偏差校正的非参数百分位 Bootstrap 法进行估计，选择模型 6；若区间（LLCI，ULCI）不包含 0，则表示该条中间路径显著；限于篇幅，控制变量的估计结果未予报告。

2. 农地产权交易在金融素养影响农民创业劳动力配置决策关系中的链式中介作用检验

鉴于使用 Bootstrap 估计对因变量类型的要求，本书仅采用创业劳动力配置决策中的有无短期雇佣、有无长期雇佣、有无生产环节外包三个二分类变量作为因变量。由表 8 - 11 可知，农地转入规模和农地抵押贷款金额在金融素养影响创业农民有无短期雇佣、有无长期雇佣、生产环节外包决策中均不存在链式中介作用。金融素养越高的农民，参与农地转入交易的规模越大，在一定程度上促进农民以流转农地经营权抵押获取融资，但整体上农民农地抵押贷款参与率较低（23.98%），农地抵押贷款的额度平均较低。调查问卷统计结果显示，样本农户最近一次获得农地抵押贷款金额的均值为 12.15 万元，其中 5 万元及以下占比 53.60%，大于 5 万元且不超过 10 万元占比 33.30%，10 万元以上占比 13.10%。限于农地抵押融资的参与率较低，且农地抵押贷款额度有限，农地抵押融资对创业农民劳动力雇佣决策的作用也较为有限。现阶段，农地金融市场发育滞后背景下，"农地转入—农地抵押贷款—创业雇佣劳动力"的要素流动循环尚不完善。

表 8 - 11　农地产权交易对金融素养影响农民创业劳动力配置决策的链式中介效应检验结果

链式中介路径	间接影响效应	Boot LLCI	Boot ULCI	中介效应
金融素养—农地转入规模—农地抵押贷款金额—有无短期雇佣	0.002 3	−0.004 8	0.017 5	不显著
金融素养—农地转入规模—农地抵押贷款金额—有无长期雇佣	0.002 0	−0.003 2	0.032 3	不显著
金融素养—农地转入规模—农地抵押贷款金额—有无生产环节外包	0.002 5	−0.002 8	0.014 9	不显著

注：采取偏差校正的非参数百分位 Bootstrap 法进行估计，选择模型 6；若区间（LLCI，ULCI）不包含 0，则表示该条中间路径显著；限于篇幅，控制变量的估计结果未予报告。

3. 农地产权交易在金融素养影响农民创业资产配置决策关系中的链式中介作用检验

鉴于 Bootstrap 估计对因变量的要求，本书将创业资产配置决策中的生产性固定资产投资、存货资产投资、周转现金持有量三个连续型变量转化为二分类变量，加上有无预防性储蓄、有无创业相关的保险购买共计五个二分类变量作为因变量。由表 8-12 可知，农地转入规模和农地抵押贷款金额在金融素养影响创业农民各类创业资产配置决策中均不存在链式中介作用。金融素养越高的农民，参与农地转入交易的规模越大，在一定程度上促进农民以流转农地经营权抵押获取融资，但整体上农民农地抵押贷款参与率较低，农地抵押贷款的额度平均较低，农地抵押融资对创业农民各类创业资产配置的作用也较为有限。这表明，现阶段，农地金融市场发育滞后背景下，"农地转入—农地抵押贷款—创业资产配置"的要素流动循环尚不完善。

表 8-12　农地产权交易对金融素养影响农民创业资产配置决策的链式中介效应检验结果

链式中介路径	间接影响系数	Boot LLCI	Boot ULCI	中介效应
金融素养—农地转入规模—农地抵押贷款金额—有无生产性固定资产投资	−0.000 4	−0.014 1	0.014 0	不显著
金融素养—农地转入规模—农地抵押贷款金额—有无年存货资产投资	0.002 7	−0.002 5	0.034 9	不显著
金融素养—农地转入规模—农地抵押贷款金额—有无预防性储蓄	−0.001 0	−0.012 2	0.003 2	不显著
金融素养—农地转入规模—农地抵押贷款金额—有无周转现金持有	0.002 0	−0.012 3	0.035 6	不显著
金融素养—农地转入规模—农地抵押贷款金额—保险购买	0.001 8	−0.002 2	0.012 6	不显著

注：采取偏差校正的非参数百分位 Bootstrap 法进行估计，选择模型 6；若区间（LLCI，ULCI）不包含 0，则表示该条中间路径显著；限于篇幅，控制变量的估计结果未予报告。

三、本章小结

本章基于对金融素养、农地产权交易与农民创业决策三者间关系的梳理，分别构建"金融素养—农地流转交易（地动）—农民创业决策（人动）""金融素养—农地抵押融资交易（钱动）—农民创业决策（人动）""金融素养—农地流转交易（地动）—农地抵押融资交易（钱动）—农民创业决策（人动）"的中介效应理论模型并提出研究假说，实证检验了农地流转和农地抵押融资交易对金融素养影响农民创业基本决策、劳动力配置决策、资产配置决策的中介作用，并揭示了不同形式农地产权交易中介作用的差异性。研究结果表明：

（1）农地流转交易在金融素养影响农民创业决策的关系中发挥部分中介作用

①农地转入规模在金融素养与创业、金融素养与农业创业之间发挥中介作用，中介效应占总效应的比重分别为8.49%和10.76%。农地转入规模在金融素养影响农民有无短期雇佣、短期雇佣人数、有无长期雇佣、长期雇佣人数的关系中发挥中介作用，中介效应占总效应的比重分别为25.40%、41.78%、33.98%和85.38%。农地转入规模在金融素养影响农民生产性固定资产投资、年存货资产投资、周转现金持有量及创业相关的保险购买的关系中发挥中介作用，中介效应占总效应的比重分别为68.86%、36.55%、36.90%和32.02%。此外，农地转入规模在金融素养与创业农民生产环节外包决策之间、金融素养与创业农民预防性储蓄决策之间不存在中介效应。②农地转出规模在金融素养与创业、金融素养与非农创业之间发挥中介作用，中介效应占总效应的比重分别为1.31%和2.23%。农地转出规模除外，不存在中介效应。在金融素养影响农民创业劳动力雇佣和资产配置决策的关系中均不具有中介作用。

（2）农地抵押融资交易在金融素养影响农民创业决策的关系中发挥中介作用

①农地抵押贷款在金融素养与创业、农业创业之间发挥部分中介作用，中介效应占总效应的比重分别为5.38%和16.39%，但在金融素养与非农创业之间存在部分遮蔽效应，遮蔽效应占总效应的比重为−9.42%。此外，农地抵押贷款金额在金融素养与农民多行业创业之间不存在中介效应。②农地抵押贷款金额在金融素养影响农民有无短期雇佣、短期雇佣人数、有无长期雇佣、长期雇佣人数、生产环节外包的关系中均发挥部分中介作用，中介效

应占总效应的比重分别为 20.08%、47.23%、22.68%、85.76%和 48.16%。③农地抵押贷款金额在金融素养影响农民生产性固定资产投资、年存货资产投资、周转现金持有量及创业相关的保险购买的关系中发挥中介作用，中介效应占总效应的比重分别为 80.52%、68.83%、17.85%和 20.58%。此外，农地抵押贷款金额在金融素养与创业农民预防性储蓄决策之间不存在中介效应。

（3）农地流转交易（转入规模）和农地抵押融资交易（贷款金额）在金融素养影响农民创业基本决策（创业和农业创业）的关系中具有链式中介作用，但在金融素养影响农民创业劳动力配置决策和资产配置决策关系中不具有链式中介作用，揭示了农地金融市场发育滞后，在一定程度上制约了农村要素市场"地动—钱动—人动"的关联系统的完善。

第九章　农民创业决策的优化策略

本书基于我国农地经营权流转改革和抵押融资改革取得重要进展，农村农地资本化进程和农地产权交易市场化进程不断加快，农民农地产权交易形式日益多样化，金融素养在农民农地产权交易参与和创业决策中的作用越来越凸显等现实背景，依据人力资本理论、产权经济学理论、计划行为理论、创业理论等相关理论，建立了农民金融素养评估指标体系，深入阐释了金融素养、农地产权交易与农民创业决策之间的内在关联关系，构建了要素流动视角下"金融素养—农地产权交易—农民创业决策"的理论逻辑框架，采用工具变量法实证检验了金融素养对农民创业基本决策、创业劳动力配置决策和创业资产配置决策的影响；运用倾向得分匹配法计量分析了农地流转交易和农地抵押融资交易参与对农民创业基本决策、创业劳动力配置决策和创业资产配置决策的影响净效应；运用工具变量法检验了金融素养对农地流转交易和抵押融资交易的影响效果及农地流转交易的中介作用；运用中介效应模型实证检验了农地流转交易和农地抵押融资交易在金融素养影响农民创业决策关系中的中介作用及农地产权交易的链式中介作用。

本书研究表明：①农民金融素养平均水平偏低，且个体间、区域间存在明显的差异性；农民农地流转和抵押融资交易的参与程度有待进一步提高；农民创业的发生率仍有一定增长空间，创业劳动力配置和资产配置结构有待进一步优化。②金融素养对农民创业基本决策、劳动力配置决策、资产配置决策均产生不同程度的显著影响。无论农民在农业领域、非农领域抑或多行业创业，金融素养均发挥显著的正向作用。③农地产权交易对农民创业基本决策、劳动力配置决策和资产配置决策产生差异化的影响。农地转入显著促进农民农业创业决策、长短期劳动力雇佣决策及生产性固定资产投资、预防性储蓄额及保险购买等方面的资产配置决策；农地转出参与显著增加非农创业概率，减少创业短期雇佣概率及雇佣数量，降低保险的购买。创业决策视角下农地经营权流转改革政策预期与执行效果基本一致，且对农民福利产生溢出效应。④农地抵押贷款对农民创业尤其是农业创业产生显著正向影响，且显著促进创业劳动力雇佣和生产性固定资产投资、周转现金持有量以及保险购买等方面的资产配置决策。⑤农地流转交易和农地抵押融资交易在金融素养影响农民创业基本决策、劳动力配置决策和资产配置决策的关系中均发挥差异化的中介作用，且在金融素养影响农民创业基本决策的关系中具有链式中介作用。

一、基于农民内在金融素养提升的创业决策优化策略

（一）立足宏观层面增强农民金融素养提升的战略性和系统性

推动国家层面农民金融素养提升专项计划的制定和实施，增强各级政府乃至全社会对农民金融素养提升工程的战略性认知。一是国家层面需将农民金融素养教育纳入农村普惠金融发展规划①和农民科学素质提升行动②的系统政策框架之中，健全完善符合农民实际需求的农村金融教育体系，凸显加强农民金融素养教育的必要性、迫切性和系统性，积极营造社会各界关注支持农民金融素养提升的良好舆论氛围，以期谋求农民金融素养提升长效机制的形成与完善。二是提高农村金融教育在国家金融教育战略中的地位，加强政府、学校、金融机构等不同主体在推动农村金融教育中的协调合作。广泛征求社会各界对我国金融教育尤其是农村金融教育规划制定的意见和建议，在《中国金融教育国家战略》基础上，进一步凸显农村金融教育的特殊性和长期性，细化农村金融教育长短期规划和具体实施方案，明确各参与主体的职责，建立各参与主体的协调配合及支撑保障机制；同时，在开展调查研究

---

① 国务院.《推进普惠金融发展规划（2016—2020）》［2016 - 01 - 15］. http://www.gov. cn/xinwen/2016 - 01/15/content _ 5033105. htm.

② 中国科协 农业农村部.《乡村振兴农民科学素质提升行动实施方案（2019—2022 年）》［2019 - 01 - 11］. http://www. cast. org. cn/art/2019/1/11/art _ 459 _ 85275. html.

基础上，出台相关政策措施，积极引导和规范社会力量参与农村金融教育。三是加强国家金融教育尤其是农民金融教育的国际交流和先进经验引进。在相关国际组织中就金融教育国家战略问题加强同其他成员国的交流，吸收成功的经验和模式，不断推动我国农村金融教育的创新发展。

（二）基于微观层面拓展农民金融素养提升的具体路径

从金融知识培育、金融能力提升及金融意识强化等层面细化实践措施，有效提升农民金融素养水平，增强其资金配置、财务规划、成本收益核算等能力。通过将学校教育、政府培训与社会教育等有机结合，充分调动多方力量，积极发挥不同主体在提升农民金融素养方面的独特作用。一是通过增加金融知识教育在农村义务教育阶段教学中的比重，整合协调高校、政府和金融机构等多元主体参与金融知识进村入户的宣传教育活动，搭建农村综合信息服务平台并加强金融信息服务，充分发挥互联网在传播金融资讯方面的便捷优势，将金融知识宣传教育的传统形式和现代手段有机结合，充分发挥不同形式宣传教育的重要作用，以有效促进农民金融知识累积。二是建立激励考核机制，鼓励引导金融机构开展面向区域不同层次金融需求的农民金融业务模拟操作专项培训活动，增强农民金融业务办理能力、金融产品利用能力，并将金融机构培训效果反馈情况纳入金融机构业务考核评价体系，以切实提升农民金融市场参与能力。三是加强村级层面的宣传引导，并充分发挥农民专业合作社、家庭农场、农业龙头企业吸纳、带动、培训小农户的独特优势，通过村民代表大会集中学习、村干部带头学习、新型经营主体内部培训与外部带动等方式，努力营造农民自主学习金融知识、积极提高金融技能、主动利用金融服务生产生活的良好氛围，强化农民金融意识。

（三）加强农民金融素养教育与创业教育支持政策的有机衔接

加强农民金融素养教育推进政策和农民创业教育支持政策两股政策实践的有效对接，构建相应的匹配衔接机制，充分发挥农民金融素养的创业促进效应，持续推动农民创业决策优化和创业增收。一是教育内容衔接方面，既可将农民金融知识、金融能力、金融意识教育融入农民创业培训课程体系的设计，也可在金融素养教育活动中模拟创业实践中可能存在的诸多金融问题，并进行针对性的培训指导，使农民创业培训内容得以丰富的同时，也促进以创业实践为重要目的的金融素养教育，充分发挥农民金融素养教育相关支持政策与农民创业教育相关支持政策的合力。二是实施主体衔接方面，需构建政府职能部门、金融机构、高等学校、社会力量等多元主体参与农民金融素养教育和农民创业教育的协作机制，充分调动不同主体的积极性和能动性，并建立相应的考核评价和激励机制；同时建立完善经费支撑、培训设施建设、人员配备等方面的配套制度，以有效保障上述协调合作机制的落实和健康运行。

二、基于农地产权制度改革推动的农民创业决策优化路径

（一）持续推进农地经营权流转改革，助推农民创业决策优化

持续深化农地经营权流转改革，为提高农民创业发生率和优化农民创业决策提供重要驱动力。一是不断优化农地经营权流转改革的政策设计，促进其与农民创业支持政策有效衔接。突出以促进农地经营权规模流转，鼓励支持以农业适度规模经营、农业创业及基于农业的产业融合创业为目标的农地经营权流转改革的政策设计，关注农地转入户规模经营情况的同时，还需重视农地转出户的生计策略选择，为农地转出户非农就业和创业提供必要的政策支持。积极探索农地经营权入股、农地证券化、农地信托等新型农地流转形式，进一步挖掘农地流转市场潜力。二是持续推进覆盖县、乡、村三级的农村产权流转交易体系建设，逐步推进农地经营权流转交易的市场化。通过搭建农村产权流转交易服务平台，完善县级农村产权流转交易中心、乡级农村产权流转交易所、村级农村产权流转交易服务站三级平台建设，逐步形成系统完善的农地经营权流转交易服务体系。加强对各级平台工作人员的业务技能培训，规范业务操作流程和标准，促进农地流转交易服务的规范化、标准化。三是进一步完善农地流转市场化的支撑机制建设。加强农地流转相关政策宣传，坚决制止流转农地非农化倾向；推进农地确权颁证全覆盖，客观评估农地确权颁证对农民农地流转的影响效果，在推进农地确权颁证的同

时，支持和规范第三方农地流转中介组织的发展；提高农村养老保障、扶贫济困等社会保障水平，以有效缓解农民农地转出的顾虑；通过产业吸收、发展带动等措施解决部分农地转出户的生计问题，减少因农地流转带来的社会不稳定因素。

（二）深化农地抵押融资改革创新，为创业决策优化注入新驱动力

深化农地经营权抵押融资产品与服务的创新，完善农地抵押融资制度的支撑保障机制建设，不断改善农地金融发展背景下农民创业的金融支持措施。一是结合农地抵押贷款试点成功和失败的典型实践案例，完善农地抵押贷款风险防范、价值评估及抵押物处置机制等重点制度建设，优化农地抵押贷款实施的法律保障体系，有效突破农地抵押融资各环节的法律和制度障碍。进一步改善农地抵押贷款政策顶层设计、突出政策服务重心、明确相应的执行保障机制，探索建立农地抵押再融资机制，充分发挥农地抵押的长期融资功能。加强金融机构对农地抵押贷款申请主体贷前资格审查和贷款用途监管，并建立健全农地抵押贷款贷后动态跟踪检查和质量评估机制，及时纠正农地抵押贷款政策执行实践中存在的偏差。引入保险机构、担保机构以及其他社会力量，持续优化农地抵押贷款风险防控体系。通过上述体制机制的完善，充分发挥农地抵押贷款在缓解农民流动性约束、推动农业适度规模经营、助力农民农业创业，优化农民创业劳动力和资产配置结构等方面的积极作用。二是聚焦潜在重点需求群体，创新农地抵押贷款产品和服务的供给，充分发挥农地抵押贷款的创业促进效应，提升农民创业发生率、增强农民创业可持续性。根据受教育程度、农户兼业类型、土地经营规模等标识对区域内农户进行分层分类分析，调查研究不同类型农民尤其是创业农民农地抵押贷款需求及参与行为特征，将潜在客户重点瞄准为有一定经营规模的种植户、养殖户等群体，并向以农业产业为基础的多产业融合创业等新业态新模式提供贷款资金倾斜；探索将农地经营权抵押贷款与特定创业项目扶持贷款、妇女创业贷款等形式的有机结合，有效丰富农地经营权抵押贷款产品的形式。此外，金融机构需从贷款数额、期限、利率、还款方式等方面设计差异化的农地抵押贷款产品，以满足不同主体的多样化需求，提高农民农地抵押贷款

参与率，充分发挥农地抵押贷款资金对农民信贷约束的缓解效应，促进农民创业资源配置结构的优化和创业层次的提升。三是多措并举推进农地抵押贷款助力农民创业的配套制度改革并优化相应的支撑保障体系，增强农地流转和农地抵押融资改革措施的协调性。如进一步完善覆盖县、乡、村三级的农地产权流转和抵押融资交易服务体系，总结形成可借鉴、可推广的成功经验及模式，因地制宜拓展农地抵押贷款试点区域，赋予试点地区更多的"试错权"，持续推进流转农地的经营权抵押融资试点；加强农地抵押贷款助力农民创业增收和农业产业化发展的政策宗旨宣传教育，提高农民对农地抵押融资政策的认知度及信任度；推进农地确权颁证全覆盖、缓解农民对农地抵押贷款失地风险的顾虑；创新农地抵押贷款实践与村级联户担保组织相结合的运行模式；健全完善农村金融机构参与农地抵押融资改革的激励及考核机制，将农地抵押贷款业务办理情况纳入金融机构及其工作人员年度业务考核评价体系。

三、基于金融素养与农地产权交易协同驱动的创业决策优化机制

（一）完善金融素养与农村要素市场"地动—钱动—人动"关联机制的顶层设计

多层面完善金融素养与农村要素市场关联系统的顶层设计有利于农民创业决策优化长效机制的形成。一是协调推进农村土地要素、资本要素、劳动力要素的合理有序流动，加强农村三大要素市场均衡发展和良性互动的机制设计，全面激活农村要素市场和主体，培育乡村发展新动能，实现多重政策效应的叠加和强化。构建"地动—人动"的互动机制，既支持农地产权交易市场的制度完善和各类中介组织的规范化发展，推动农地流转和规模化经营，也促进劳动力由工资雇佣型流动转向门槛较高、增收空间较大的自主创业型流动，以创业型经济发展助力农地经营权流转改革深化；构建"钱动—人动"的互动机制，既支持创业型资本借贷市场发展，引导更多金融资本服务于劳动力就业，大力支持和规范新型农村金融（以农地抵押融资为主要形式的农地金融）发展，以有效匹配劳动力市场的多样化金融需求，同时也鼓

励劳动力创业型就业，以农村创业型经济的发展激活农村金融市场创新活力，不断推陈出新，深化农村金融供给创新；构建"地动—钱动"的互动机制，既撬动农地产权交易市场的发展，也促进农地资本化和农地金融的深化，实现农地市场与农村金融市场的协同发展。二是突出金融素养在农村要素市场"地动—钱动—人动"关联机制中的纽带作用，通过多渠道提升农民金融素养水平，促进农民农地流转交易和抵押融资交易的理性参与，推动农民创业决策实施和持续优化。农村要素市场各主体以多样化的要素供需参与实践助力土地、资本、劳动力等要素的充分有序流动，同时，各单一要素市场的协同成长及紧密关联加速农村各要素市场的匹配发展。因此，充分发挥农民金融素养的纽带作用在于通过激发农村要素市场各主体参与要素流动的能动性，最大限度激活各要素市场的循环关联系统，并在参与要素流动的实践中得以持续提升，不断生成要素流动新的循环，最终促进农村各要素市场的整合发育。农民金融素养的持续提升和农村要素市场整合发育共同驱动农民创业决策优化长效机制的形成，助力农民创业增收。

（二）推进金融素养与农村要素市场关联系统有序运行的配套制度建设

完善金融素养与农村要素市场关联系统运行的配套制度建设是关联系统有效运行和农民创业决策长效优化机制形成的重要保障。一是加强对农民创业、农地规模流转、农村产权抵押融资等相关支持政策的协调匹配机制构建，协同推进农地产权制度改革与农村金融创新，推动多部门之间的沟通协调、密切协作，注重多重政策目标的有效整合和优化，发挥多重政策实践的叠加效应。二是重点健全完善农地产权交易的配套制度，逐步推动农地产权交易市场化和规范化，充分保障农民的土地财产权益，以持续激发农民创业活力。逐步形成与农地经营权抵押贷款相适应的农地经营权流转交易管理体制和机制，依据城乡一体化和"同地同权同价"原则，制定农村土地经营权流转、交易、处置、管理操作细则，推进农地流转和抵押融资等农地产权交易形式之间的平稳衔接，有效保护农地产权交易各方参与主体的合法权益。同时，创新农村社会保障体系，综合引入土地流转履约保证保险、农地抵押贷款违约保险、创业失败险等，综合完善面向农民农地产权交易和创业实践等经济活动的社会保障机制。三是适时探索农村产权制度改革的创新模式，以不断激发农地产权交易市场活力和农民创业潜力。在城乡一体化进程和城乡人口流动频率加快背景下，保障农民作为农村集体经济组织成员的权益，同时需逐步探索农民权益从身份依附到非身份依附（契约）的转换，降低农地产权交易进入门槛，扩大农地交易市场空间，有序推进我国农村土地产权交易市场化，实现农民土地财产权益最大化。此外，探索将农村土地产权制度改革与农村社区集体经济制度改革有机结合，在产权分离与确权颁证明晰产权基础上，对农村集体经济、农地所有权进行股份化改革，打破社区成员身份的固有藩篱，在加强用途管控的同时适度放开市场交易，以充分激发农地产权交易潜在的市场活力。

（三）加强农民创业支持政策与农地产权制度改革的有效对接

不断改进农民创业支持政策设计，以有效匹配农地产权制度改革进程。一是加强农民创业支持政策与农地流转、农地抵押融资改革政策预期的衔接及政策措施的匹配，既引导农民在农地产权制度改革深入推进过程中合理选择创业行业、充分利用创业资源、有效发挥自身比较优势，持续完善创业决策内容，也鼓励农民在多样化的农地产权交易实践中，合理配置农地要素和资本要素，积极跨越创业门槛，不断优化创业资源配置结构。此外，推进农地规模流转、促进农民涉农创业的同时，还需关注农地转出户的生计选择问题，采取有效措施促进农地转出户的非农就业或创业。二是创新农民创业培训的内容与形式，着力促进农民创业培训效果转化。乡村振兴背景下，创新农民创业培训的内容和形式是推进农民培训工程和农民科学素质提升工程提质增效的客观要求。持续推进农民创业培训体系建设，培育创业农民现代化的经营管理思维，加强对农民创业全过程的跟踪服务和决策指导，促进农民创业劳动力配置和资产配置的理性决策，不断提升农民创业整体质量。同时，需完善农民创业培训效果的考核评估体系，提高创业培训效率和质量，有效发挥创业培训助力农民创业增收的作用。具体可通过引入政府部门、高校、金融机构、民间力量等多元主体参与农民创业培训体系的构建和创业培训项目的实施，加强对区域农民创业培训需求的跟踪调查，优化创业培训供需对接；探索将创业培训与新型职业农民培训、电商培训等培训项目结合起来，针对不同需求层次的培训主体，丰富和改进创业培训分类课程体系设计，既提高培训针对性，也扩大培训覆盖面；健全农民创业培训考核评价体系，加强创业培训过程监督与培训后动态跟踪服务，着力提升创业培训效益；加强农民创业培训效果的考核评估，注重培训效果的转化。

巴泽尔，1997. 产权的经济学分析［M］. 上海：上海三联书店.

陈飞，翟伟娟，2015. 农户行为视角下农地流转诱因及其福利效应研究［J］. 经济研究（10）：163 - 177.

陈昭玖，胡雯，2016. 农地确权、交易装置与农户生产环节外包：基于"斯密—杨格"定理的分工演化逻辑［J］. 农业经济问题（8）：16 - 24.

程令国，张晔，刘志彪，2016. 农地确权促进了中国农村土地的流转吗？［J］. 管理世界（1）：88 - 98.

程郁，罗丹，2009. 信贷约束下农户的创业选择：基于中国农户调查的实证分析［J］. 中国农村经济（11）：25 - 38.

陈其进，2015. 风险偏好对创业选择的异质性影响：基于 RUMIC 2009 数据的实证研究［J］. 人口与经济（2）：78 - 86.

陈昭玖，胡雯，2016. 农业规模经营的要素匹配：雇工经营抑或服务外包：基于赣粤两省农户问卷的实证分析［J］. 学术研究（8）：93 - 100.

陈姝洁，马贤磊，陆凤平，等，2015. 中介组织作用对农户农地流转决策的影响：基于经济发达地区的实证研究［J］. 中国土地科学（11）：48 - 55.

陈建新，2008. 三种农户信贷技术的绩效比较研究［J］. 金融研究（6）：144 - 157.

陈明，2018. 农村土地经营权抵押贷款：改革意图与"非意图结果"［EB/OL］. 经济观察网，http：//www. eeo. com. cn/2018/0420/326999. shtml.

陈强，2014. 高级计量经济学及 Stata 应用（第二版）［M］. 北京：高等教育出版社.

陈志刚，曲福田，黄贤金，2007. 转型期中国农地最适所有权安排：一个制度经济分析视角［J］. 管理世界（7）：57 - 65.

陈志刚，曲福田，2006. 农地产权结构与农业绩效：一个理论框架［J］. 学术月刊（9）：87 - 92.

陈朝兵，2016. 农村土地"三权分置"：功能作用、权能划分与制度构建［J］. 中国人口·资源与环境，26（4）：135 - 141.

陈瑞，郑毓煌，刘文静，2013. 中介效应分析：原理、程序、Bootstrap 方法及其应用

〔J〕．营销科学学报，9（4）：120-135.

程郁，罗丹，2009. 信贷约束下农户的创业选择：基于中国农户调查的实证分析〔J〕．中国农村经济（11）：25-38.

程郁，王宾，2015. 农村土地金融的制度与模式研究〔M〕．北京：中国发展出版社．

曹瓅，罗剑朝，黎毅，2014. 西北地区农户土地产权抵押融资意愿实证研究：基于陕西、宁夏370户农户调查数据〔J〕．财贸研究（5）：54-61.

曹瓅，罗剑朝，2019. 社会资本、金融素养与农户创业融资决策〔J〕．中南财经政法大学学报（3）：3-13.

曹瓅，罗剑朝，2015. 农户对农地经营权抵押贷款响应及其影响因素：基于零膨胀负二项模型的微观实证分析〔J〕．中国农村经济（12）：31-48.

曹瓅，罗剑朝，房启明，2014. 农户产权抵押借贷行为对家庭福利的影响：来自陕西、宁夏1479户农户的微观数据〔J〕．中南财经政法大学学报，206（5）：150-156.

曹瓅，2017. 农地经营权抵押融资试点：模式差异与效果提升对策〔J〕．"三农"决策要参（36）：1-10.

丁关良，2008. 土地承包经营权流转方式之内涵界定〔J〕．中州学刊（5）：31-35.

戴国海，黄惠春，张辉，等，2015. 江苏农地经营权抵押贷款及其风险补偿机制研究〔J〕．上海金融（12）：80-84.

高勇，2016. 农地经营权抵押融资影响因素的实证分析：基于农村基层信贷员的调查数据〔J〕．金融理论与实践（6）：107-112.

高帆，2018. 中国农地"三权分置"的形成逻辑与实施政策〔J〕．经济学家，4（4）：86-95.

郭忠兴，汪险生，曲福田，2014. 产权管制下的农地抵押贷款机制设计研究：基于制度环境与治理结构的二层次分析〔J〕．管理世界（9）：48-57.

盖庆恩，朱喜，史清华，2013. 财富对创业的异质性影响：基于三省农户的实证分析〔J〕．财经研究（5）：134-144.

胡新艳，罗必良，王晓海，2013. 农地流转与农户经营方式转变：以广东省为例〔J〕．农村经济（4）：28-32.

胡新艳，洪炜杰，米运生，等，2016. 土地价值、社会资本与农户农地抵押贷款可得性〔J〕．金融经济学研究（5）：117-128.

胡新艳，罗必良，2016. 新一轮农地确权与促进流转：粤赣证据〔J〕．改革（4）：85-94.

胡新艳，洪炜杰，王梦婷，等，2017. 中国农村三大要素市场发育的互动关联逻辑：基于农户多要素联合决策的分析〔J〕．中国人口·资源与环境，27（11）：61-68.

胡振，臧日宏，2017. 金融素养对家庭理财规划影响研究：中国城镇家庭的微观证据 [J]. 中央财经大学学报（2）：72 - 83.

惠献波，2013. 农户土地承包经营权抵押贷款潜在需求及其影响因素研究：基于河南省四个试点县的实证分析 [J]. 农业经济问题（2）：9 - 15.

惠献波，2014. 农地经营权抵押贷款供需分析与效率评价研究 [D]. 沈阳：沈阳农业大学.

黄季焜，冀县卿，2012. 农地使用权确权与农户对农地的长期投资 [J]. 管理世界（9）：76 - 81.

黄惠春，祁艳，程兰，2015. 农村土地承包经营权抵押贷款与农户信贷可得性：基于组群配对的实证分析 [J]. 经济评论（3）：72 - 83.

黄惠春，2014. 农村土地承包经营权抵押贷款可得性分析：基于江苏试点地区的经验证据 [J]. 中国农村经济（3）：48 - 57.

黄惠春，徐霁月，2016. 中国农地经营权抵押贷款实践模式与发展路径：基于抵押品功能的视角 [J]. 农业经济问题（12）：95 - 102.

黄贤金，方鹏，2002. 我国农村土地流转的形成机理、运行方式及制度规范研究 [J]. 江苏社会科学（2）：48 - 54.

黄祖辉，2014. 土地产权交易：实现农民财产权益的关键 [J]. 党政干部参考（15）：17.

赫伯特·西蒙，1989. 现代决策理论的基石：有限理性说 [M]. 北京：北京经济学院出版社.

何学松，孔荣，2019. 金融素养、金融行为与农民收入：基于陕西省的农户调查 [J]. 北京工商大学学报（社会科学版）（2）：1 - 11.

何学松，2018. 推广服务、金融素养与农户农业保险行为研究：以设施蔬菜种植户为例 [D]. 杨凌：西北农林科技大学.

何安华，孔祥智，2014. 农户土地租赁与农业投资负债率的关系：基于三省（区）农户调查数据的经验分析 [J]. 中国农村经济（1）：13 - 24.

侯明利，2013. 劳动力流动与农地流转的耦合协调研究 [J]. 暨南学报（哲学社会科学版），35（10）：150 - 155.

冀县卿，钱忠好，葛轶凡，2015. 交易费用、农地流转与新一轮农地制度改革：基于苏、桂、鄂、黑四省区农户调查数据的分析 [J]. 江海学刊（2）：83 - 89.

冀县卿，钱忠好，2010. 中国农业增长的源泉：基于农地产权结构视角的分析 [J]. 管理世界（11）：68 - 75.

蒋剑勇，郭红东，2012. 创业氛围、社会网络和农民创业意向 ［J］. 中国农村观察（2）：20-27.

靳丰轩，张雷刚，2012. 农户农地抵押融资方式选择行为影响因素分析：以山东临沂、枣庄、莱芜为例 ［J］. 经济与管理研究（7）：75-83.

康涌泉，2014. 三权分离新型农地制度对农业生产力的释放作用分析 ［J］. 河南社会科学，22（10）：89-91.

兰庆高，惠献波，于丽红，等，2013. 农村土地经营权抵押贷款意愿及其影响因素研究：基于农村信贷员的调查分析 ［J］. 农业经济问题（7）：78-84.

林乐芬，王军，2011. 农村金融机构开展农村土地金融的意愿及影响因素分析 ［J］. 农业经济问题（12）：60-65.

林乐芬，王步天，2016. 农户农地经营权抵押贷款可获性及其影响因素：基于农村金融改革试验区 2518 个农户样本 ［J］. 中国土地科学，30（5）：36-45.

罗必良，汪沙，李尚蒲，2012. 交易费用、农户认知与农地流转：来自广东省的农户问卷调查 ［J］. 农业技术经济（1）：11-21.

罗必良，郑燕丽，2012. 农户的行为能力与农地流转：基于广东农户问卷的实证分析 ［J］. 学术研究（7）：64-70.

罗明忠，2012. 个体特征、资源获取与农民创业：基于广东部分地区问卷调查数据的实证分析 ［J］. 中国农村观察（2）：11-19.

刘云生，2006. 农村土地使用权抵押制度刍论 ［J］. 经济体制改革（1）：99-103.

刘广明，2011. 论农地融资功能强化及其制度构建 ［J］. 求实（2）：40-45.

刘杰，郑风田，2011. 流动性约束对农户创业选择行为的影响：基于晋、甘、浙三省 894 户农民家庭的调查 ［J］. 财贸研究，22（3）：28-35.

刘雨松，钱文荣，2018. 正规、非正规金融对农户创业决策及创业绩效的影响：基于替代效应的视角 ［J］. 经济经纬（2）：41-47.

刘宇娜，张秀娥，2013. 金融支持对新生代农民工创业意愿的影响分析 ［J］. 经济问题探索（12）：115-119.

梁虎，罗剑朝，张珩，2017. 农地抵押贷款借贷行为对农户收入的影响：基于 PSM 模型的计量分析 ［J］. 农业技术经济（10）：106-118.

李江一，李涵，2016. 住房对家庭创业的影响：来自 CHFS 的证据 ［J］. 中国经济问题（2）：53-67.

李韬，罗剑朝，2015. 农户土地承包经营权抵押贷款的行为响应：基于 Poisson Hurdle 模型的微观经验考察 ［J］. 管理世界（7）：54-70.

李成强，2016. 金融机构开展农地经营权抵押融资业务的意愿及其影响因素研究：基于安徽省宣城市案例 [J]. 金融纵横 (2)：57 - 67.

李景刚，高艳梅，臧俊梅，2014. 农户风险意识对土地流转决策行为的影响 [J]. 农业技术经济 (11)：21 - 30.

李星光，刘军弟，霍学喜，2016. 关系网络能促进土地流转吗?：以 1 050 户苹果种植户为例 [J]. 中国土地科学，30 (12)：45 - 53.

李树，于文超，2018. 农村金融多样性对农民创业影响的作用机制研究 [J]. 财经研究，44 (1)：5 - 20.

米运生，曾泽莹，高亚佳，2017. 农地转出、信贷可得性与农户融资模式的正规化 [J]. 农业经济问题 (5)：38 - 47.

马贤磊，仇童伟，钱忠好，2015. 农地产权安全性与农地流转市场的农户参与：基于江苏、湖北、广西、黑龙江四省 (区) 调查数据的实证分析 [J]. 中国农村经济 (2)：22 - 37.

马双，赵朋飞，2015. 金融知识、家庭创业与信贷约束 [J]. 投资研究 (1)：25 - 38.

马光荣，杨恩艳，2011. 社会网络、非正规金融与创业 [J]. 经济研究 (3)：83 - 94.

聂建亮，钟涨宝，2015. 保障功能替代与农民对农地转出的响应 [J]. 中国人口·资源与环境，25 (1)：103 - 111.

彭艳玲，2016. 我国农户创业选择研究：基于收入质量与信贷约束作用视角 [D]. 杨凌：西北农林科技大学.

彭艳玲，孔荣，Calum G. Turvey，2016. 农村土地经营权抵押、流动性约束与农户差异性创业选择研究：基于陕、甘、豫、鲁 1 465 份入户调查数据 [J]. 农业技术经济 (5)：50 - 59.

彭克强，刘锡良，2016. 农民增收、正规信贷可得性与非农创业 [J]. 管理世界 (7)：88 - 97.

秦芳，王文春，何金财，2016. 金融知识对商业保险参与的影响：来自中国家庭金融调查 (CHFS) 数据的实证分析 [J]. 金融研究 (10)：143 - 158.

钱忠好，冀县卿，2016. 中国农地流转现状及其政策改进：基于江苏、广西、湖北、黑龙江四省 (区) 调查数据的分析 [J]. 管理世界 (2)：71 - 81.

钱依婷，2016. 土地流转市场化对农村劳动力农内创业的影响研究 [D]. 南昌：江西农业大学.

宋全云，吴雨，尹志超，2017. 金融知识视角下的家庭信贷行为研究 [J]. 金融研究 (6)：95 - 110.

孙光林，李庆海，李成友，2017. 欠发达地区农户金融知识对信贷违约的影响：以新疆为例 [J]. 中国农村观察（4）：87-101.

孙光林，李庆海，杨玉梅，2019. 金融知识对被动失地农民创业行为的影响：基于 IV-Heckman 模型的实证 [J]. 中国农村观察（3）：124-144.

孙小龙，郭沛，2016. 风险规避对农户农地流转行为的影响：基于吉鲁陕湘 4 省调研数据的实证分析 [J]. 中国土地科学，30（12）：35-44.

孙全亮，2010. 农村土地流转与农地金融的效应关系分析 [J]. 农村经济（12）：83-85.

苏岚岚，何学松，孔荣，2017. 金融知识对农民农地抵押贷款需求的影响：基于农民分化、农地确权颁证的调节效应分析 [J]. 中国农村经济（11）：75-89.

苏岚岚，何学松，孔荣，2018. 金融知识对农民农地流转行为的影响：基于农地确权颁证调节效应的分析 [J]. 中国农村经济（8）：17-31.

苏岚岚，孔荣，2018. 农地抵押贷款促进农户创业决策了吗？农地抵押贷款政策预期与执行效果的偏差检验 [J]. 中国软科学（12）：140-156.

苏岚岚，孔荣，2019. 农民金融素养与农村要素市场发育的互动关联机理研究 [J]. 中国农村观察（2）：61-77.

苏岚岚，孔荣，2019. 金融素养、创业培训与农民创业决策研究 [J]. 华南农业大学学报（社会科学版）（3）：53-66.

苏岚岚，彭艳玲，孔荣，2016. 农民创业能力对创业获得感的影响研究：基于创业绩效中介效应与创业动机调节效应的分析 [J]. 农业技术经济（12）：63-75.

田传浩，李明坤，2014. 土地市场发育对劳动力非农就业的影响：基于浙、鄂、陕的经验 [J]. 农业技术经济（8）：11-24.

温涛，张梓榆，王定祥，2017. 城乡工资水平差距与农地流转 [J]. 农业技术经济（2）：4-14.

温忠麟，张雷，侯杰泰，等，2004. 中介效应检验程序及其应用 [J]. 心理学报，36（5）：614-620.

温忠麟，叶宝娟，2014. 中介效应分析：方法和模型发展 [J]. 心理科学进展，22（5）：731-745.

文长存，崔琦，吴敬学，2017. 农户分化、农地流转与规模化经营 [J]. 农村经济（2）：32-37.

吴雨，宋全云，尹志超，2016. 农户正规信贷获得和信贷渠道偏好分析：基于金融知识水平和受教育水平视角的解释 [J]. 中国农村经济（5）：43-55.

吴雨，彭嫦燕，尹志超，2016. 金融知识、财富积累和家庭资产结构 [J]. 当代经济科学，38（4）：19-29.

吴昌华，邓仁根，戴天放，等，2008. 基于微观视角的农民创业模式选择［J］. 农村经济（6）：90-92.

翁辰，张兵，2015. 信贷约束对中国农村家庭创业选择的影响：基于 CHFS 调查数据［J］. 经济科学（6）：92-102.

王阿娜，2010. 农民创业的专业合作经济组织形式探讨［J］. 福建农林大学学报（哲学社会科学版），13（6）：24-27.

王春超，2011. 农村土地流转、劳动力资源配置与农民收入增长：基于中国 17 省份农户调查的实证研究［J］. 农业技术经济（1）：93-101.

王正位，邓颖惠，廖理，2016. 知识改变命运：金融知识与微观收入流动性［J］. 金融研究（12）：111-127.

王宇熹，杨少华，2014. 金融素养理论研究新进展［J］. 上海金融（3）：26-33.

王颜齐，郭翔宇，2011. 农地规模化流转背景下的农业雇佣生产合约：理论模型及实证分析［J］. 中国农村观察（4）：65-76.

汪险生，2015. 产权管制下的农地抵押贷款机制研究［D］. 南京：南京农业大学.

许恒周，2011. 农村劳动力市场发育对农村土地流转的影响分析：基于农户调查的实证研究［J］. 当代经济管理，33（9）：38-40.

许泉，张龙耀，吴比，2016. 信贷市场对农地流转市场发育的影响［J］. 华南农业大学学报（社会科学版），15（4）：19-30.

许泉，黄惠春，祁艳，2016. 农地抵押风险与农户抵押贷款需求：以江苏试点为例［J］. 农业技术经济（12）：95-104.

徐文，2018. 农地股份制改革的价值、困境及路径选择［J］. 中国农村观察（2）：2-15.

徐美银，2013. 农民阶层分化、产权偏好差异与土地流转意愿：基于江苏省泰州市 387 户农户的实证分析［J］. 社会科学（1）：56-66.

夏玉莲，曾福生，2014. 效益视角的农地融资流转分析［J］. 华东经济管理，28（2）：45-48.

于丽红，陈晋丽，兰庆高，2014. 农户农村土地经营权抵押融资需求意愿分析：基于辽宁省 385 个农户的调查［J］. 农业经济问题，35（3）：25-31.

游和远，吴次芳，鲍海君，2013. 农地流转、非农就业与农地转出户福利：来自黔浙鲁农户的证据［J］. 农业经济问题（3）：16-25.

姚成胜，万珍，2016. 农地转出、农民收入与家庭金融资产选择行为［J］. 经济社会体制比较（6）：125-133.

杨俊，2014. 创业决策研究进展探析与未来研究展望 [J]. 外国经济与管理 (1)：4 - 13.

尹志超，宋全云，吴雨，等，2015. 金融知识、创业决策和创业动机 [J]. 管理世界 (1)：87 - 98.

尹志超，宋全云，吴雨，2014. 金融知识、投资经验与家庭资产选择 [J]. 经济研究 (4)：62 - 75.

杨婷怡，罗剑朝，2014. 农户参与农村产权抵押融资意愿及其影响因素实证分析：以陕西高陵县和宁夏同心县 919 个样本农户为例 [J]. 中国农村经济 (4)：42 - 57.

杨军，张龙耀，姜岩，2013. 社区金融资源、家庭融资与农户创业：基于 CHARLS 调查数据 [J]. 农业技术经济 (11)：71 - 79.

周天芸，钟贻俊，2013. 金融意识及其对农户借贷选择的影响 [J]. 华南农业大学学报（社会科学版），12 (2)：73 - 80.

周其仁，2014. 确权不可逾越：学习《决定》的一点体会 [J]. 经济研究 (1)：21 - 22.

张秀娥，张梦琪，王丽洋，2015. 社会网络对新生代农民工创业意向的影响机理研究 [J]. 华东经济管理 (6)：10 - 16.

张旭鹏，卢新海，韩璟，2017. 农地"三权分置"改革的制度背景、政策解读、理论争鸣与体系构建：一个文献评述 [J]. 中国土地科学 (8)：88 - 96.

张欢欢，熊学萍，2017. 农村居民金融素养测评与影响因素研究：基于湖北、河南两省的调查数据 [J]. 中国农村观察 (3)：131 - 144.

张欣，于丽红，兰庆高，2017. 农户农地经营权抵押贷款收入效应实证检验：基于辽宁省昌图县的调查 [J]. 中国土地科学，31 (12)：42 - 50.

张永强，才正，马雪松，2014. 农民的创业选择对土地流转意愿的影响：以黑龙江省为例 [J]. 江苏农业科学，42 (10)：446 - 448.

张龙耀，杨军，2011. 农地抵押和农户信贷可获得性研究 [J]. 经济学动态 (11)：60 - 64.

张龙耀，王梦珺，刘俊杰，2015. 农地产权制度改革对农村金融市场的影响：机制与微观证据 [J]. 中国农村经济 (12)：14 - 30.

张鑫，谢家智，张明，2015. 社会资本、借贷特征与农民创业模式选择 [J]. 财经问题研究 (3)：104 - 112.

张号栋，尹志超，2016. 金融知识和中国家庭的金融排斥：基于 CHFS 数据的实证研究 [J]. 金融研究 (7)：80 - 95.

诸培新，张建，张志林，2015. 农地流转对农户资源配置效应与收入影响研究：对政府主导与农户主导型农地流转的比较分析 [J]. 中国土地科学，29 (11)：70 - 77.

中国人民银行金融消费权益保护局，2015. 消费者金融素养调查分析报告 2015 [R].

http://shanghai. pbc. gov. cn/fzhshanghai/113598/3053178/index. html.

中国人民银行金融消费权益保护局，2017. 消费者金融素养调查分析报告 2017 ［R］.
　　http://shanghai. pbc. gov. cn/fzhshanghai/113598/3053178/index. html.

中国社会科学院农村发展研究所，2001. 农村经济绿皮书：2000—2001 年中国农村经济
　　形势分析与预测 ［M］. 北京：社会科学文献出版社.

中国人民大学中国普惠金融研究院，2017. 普惠金融能力建设：中国普惠金融发展报告
　　（2017）［R］. http：//www. cafi. org. cn/subject？id＝12.

钟甫宁，纪月清，2009. 土地产权、非农就业机会与农户农业生产投资 ［J］. 经济研究
　　（12）：43－51.

钟文晶，罗必良，2013. 禀赋效应、产权强度与农地流转抑制：基于广东省的实证分析
　　［J］. 农业经济问题 （3）：6－16.

赵朋飞，王宏健，赵曦，2015. 人力资本对城乡家庭创业的差异影响研究：基于 CHFS
　　调查数据的实证分析 ［J］. 人口与经济 （3）：89－97.

朱明芬，2010. 农民创业行为影响因素分析：以浙江杭州为例 ［J］. 中国农村经济 （3）：
　　25－34.

朱红根，康兰媛，2013. 金融环境、政策支持与农民创业意愿 ［J］. 中国农村观察 （5）：
　　24－33.

朱文珏，罗必良，2016. 行为能力、要素匹配与规模农户生成：基于全国农户抽样调查
　　的实证分析 ［J］. 学术研究 （8）：83－92.

曾庆芬，2010. 产权改革背景下农村居民产权融资意愿的实证研究：以成都"试验区"
　　为个案 ［J］. 中央财经大学学报 （11）：63－68.

曾志耕，何青，吴雨，等，2015. 金融知识与家庭投资组合多样性 ［J］. 经济学家 （6）：
　　86－94.

Ahlstrom，D.，Bruton，G. D.，Lui，S. S. Y.，2000. Navigating China's Changing Econ-
　　omy：Strategies for Private Firms ［J］. *Business Horizons*，43 （1）：5－15.

Ajzen，I.，1991. The Theory of Planned Behavior ［J］. *Organizational Behavior & Hu-*
　　man Decision Processes，50 （2）：179－211.

Baltensperger，E.，1978. Credit Rationing：Issues and Questions ［J］. *Journal of Mon-*
　　ey Credit & Banking，10 （2）：170－183.

Baumol，W. J.，1990. Entrepreneurship：Productive，Unproductive，and Destructive
　　［J］. *Journal of Political Economy*，98 （5）：893－921.

Becerril，J.，Abdulai，A.，2010. The Impact of Improved Maize Varieties on Poverty in

Mexico: A Propensity Score - matching Approach [J]. *World Development*, 38 (7): 1024 - 1035.

Benjamin, D. , 1992. Household Composition, Labor Markets, and Labor Demand: Testing for Separation in Agricultural Household Models [J]. *Econometrica*, 60 (2): 287 - 322.

Bester, H. , 1985. Screening VS. Rationing in Credit Market with Imperfect Information [J]. *American Economic Review*, 75 (4): 850 - 855.

Binswanger, H. P. , Rosenzweig, M. R. , 1986. Behavior and Material Determinants of Production Relations in Agriculture [J]. *Journal of Development Studies*, 22 (3): 503 - 539.

Cagetti, M. , Nardi, M. D. , 2006. Entrepreneurship, Frictions, and Wealth [J]. *Journal of Political Economy*, 114 (5): 835 - 870.

Calvet, L. E. , Campbell, J. Y. , Sodini, P. , 2009. Measuring the Financial Sophistication of Households [J]. *American Economic Review*, 99 (2): 393 - 398.

Campbell, J. Y. , Viceira, L. M. , 2002. Is the Stock Market Safer for Long - Term Investors? In Strategic Asset Allocation: Portfolio Choice for Long - Term Investors [M]. New York: Oxford University Press.

Cantillon, R. , 1775. The Circulation and Exchange of Goods and Merchandise in H. Higgs (ed.) [M]. Essai sur la Nature du Commerce en Général, London: Macmillan.

Carree, M. A. , Thurik, A. R. , 2002. The Impact of Entrepreneurship on Economic Growth [M]. Z. J. Acs, D. B. Audretsch (eds.), Handbook of Entrepreneurship Research.

Chen, H. , Volpe, R. P. , 1998. An Analysis of Personal Financial Literacy among College Students [J]. *Financial Services Review*, 7 (2): 107 - 128.

Creedy, J. , Whitfield, K. , 1988. The Economic Analysis of Internal Labour Markets [J]. *Bulletin of Economic Research*, 40 (4): 247 - 270.

Cutler, N. E. , Devlin, S. J. , 1996. Financial Literacy 2000 [J]. *Journal of the American Society of CLU & CHFC*, 50 (4): 32 - 37.

Cude, B. , Frances, L. , Angela, L. , 2006. College Students and Financial Literacy: What They Know and What We Need to Learn [C]. Eastern Family Economics and Resource Management Association Conference Proceedings, 102 - 109.

Chatterjee, S. , 2013. Borrowing Decisions of Credit Constrained Consumers and the Role of Financial Literacy [J]. *Economics Bulletin*, 33 (1): 179 - 191.

Davidson, S., 2002. Take the Long Outlook on Credit Quality and Financial Literacy [J]. *Community Banker*, 11 (5): 40 - 42.

Deininger, K., Jin, S., Nagarajan, H. K., 2008. Efficiency and Equity Impacts of Rural Land Rental Restrictions: Evidence from India [J]. *European Economic Review*, 52 (5): 892 - 918.

Dohmen, T., Falk, A., Huffman, D., Sunde, U., 2010. Are Risk Aversion and Impatience Related to Cognitive Ability [J]. *American Economic Review*, 100 (3): 1238 - 1260.

Eastman, H. C., 1980. An Evaluation of Goal Hierarchies for Small Farm Operators [J]. *American Journal of Agricultural Economics*, 62 (4): 742 - 747.

Evans, D. S., Jovanovic, B., 1989. An Estimated Model of Entrepreneurial Choice under Liquidity Constraints [J]. *Journal of Political Economy*, 97 (4): 808 - 827.

Eswaran, M., Kotwal, A., 1985. A Theory of Contractual Structure in Agriculture [J]. *American Economic Review*, 75 (3): 352 - 367.

Felder, J., 2001. Coase Theorems 1 - 2 - 3 [J]. *American Economist*, 45 (1): 54 - 61.

Freimer, M., Gordon, M. J., 1965. Why Bankers Ration Credit [J]. *Quarterly Journal of Economics*, 79 (3): 397 - 416.

Gale, D., Hellwig, M., 1985. Incentive - compatible Debt Contracts: the One - period Problem [J]. *Review of Economic Studies*, 52 (4): 647 - 663.

Gathergood, J., 2012. Self - control, Financial Literacy and Consumer Over - indebtedness [J]. *Journal of Economic Psychology*, 33 (3): 590 - 602.

Gartner, W. B., 1989. Some Suggestions for Research on Entrepreneurial Traits and Characteristics [J]. *Entrepreneurship Theory and Practice*, 14 (1): 27 - 37.

Gerardi, K., Goette, L., Meier, S., 2010. Financial Literacy and Subprime Mortgage Delinquency: Evidence from a Survey Matched to Administrative Data [R]. Federal Reserve Bank of Atlanta, Working Paper Series, 5 - 27. Retrieved from https: // www. frbatlanta. org/~/media/documents/research/ publications/wp/2010/wp1010. pdf.

Guiso, L., Jappelli, T., 2009. Financial Literacy and Portfolio Diversification [R]. CSEF Working Paper.

Hare, D., 2008. The Origins and Influence of Land Property Rights in Vietnam [J]. *Development Policy Review*, 26 (3): 339 - 363.

Hastings, J. S., Tejeda - Ashton, L., 2008. Financial Literacy, Information, and Demand Elasticity: Survey and Experimental Evidence from Mexico [R]. NBER Working Paper.

Hastings, J. S., Mitchell, O. S., 2011. How Financial Literacy and Impatience Shape Retirement Wealth and Investment Behaviors [R]. National Bureau of Economic Research Working Paper No. 16740, http: //www. nber. org/papers/w16740.

Howitt, P., Fried, J., 1980. Credit Rationing and Implicit Contract Theory [J]. *Journal of Money*, *Credit and Banking*, 12 (3): 471 – 487.

Heckman, J. J., and E. J. Vytlacil. 2007. Econometric Evaluation of Social Programs, Part II: Using the Marginal Treatment Effect to Organize Alternative Econometric Estimators to Evaluate Social Programs, and to Forecast their Effects in New Environments [M]. In Handbook of Econometrics. Edited by J. J. Heckman and E. E. Leamer. Amsterdam: Elsevier, 6B: 4875 – 5143.

Huston, S. J., 2010. Measuring Financial Literacy [J]. *Journal of Consumer Affairs*, 44 (2): 296 – 316.

Holtz - Eakin, D., Joulfaian, D., Rosen, H. S., 1994. Entrepreneurial Decisions and Liquidity Constraints [J]. *Journal of Economics*, 25 (2): 334 – 347.

Hurst, E., Lusardi, A., 2004. Liquidity Constraints, Household Wealth, and Entrepreneurship [J]. *Journal of Political Economy*, 112 (2): 319 – 347.

Huston, S. J., 2012. Financial Literacy and the Cost of Borrowing [J]. *International Journal of Consumer Studies*, 36 (5): 566 – 572.

Holden, S. T., Deininger, K., Ghebru, H., 2011. Tenure Insecurity, Gender, Low - cost Land Certification and Land Rental Market Participation in Ethiopia [J]. *Journal of Development Studies*, 47 (1): 31 – 47.

Hodgman, D. R., 1960. Credit Risk and Credit Rationing [J]. The *Quarterly Journal of Economics*, 74 (2): 258 – 278.

Jaffee, D. M., Modigliani, J. F., 1969. A Theory and Test of Credit Rationing [J]. *American Economic Review*, 59 (5): 850 – 872.

Jaffee, D., Russell, T., 1976. The Imperfect Information, Uncertainty, and Credit Rationing? [J]. *The Quarterly Journal of Economics*, 90 (4): 651 – 666.

Jacoby, H., Minten, B., 2006. Land Titles, Investment, and Agricultural Productivity in Madagascar: A Poverty and Social Impact Analysis [R]. World Bank Other Operational

Studies. Retrieved from https：//openknowledge. worldbank. org/handle/10986/12661.

Jensen, M. C., Meckling, W. H., 1976. Theory of the firm： Managerial behavior, agency costs and ownership structure [J]. *Journal of Financial Economics*, 3 (4)： 305 – 360.

Jin, S., Jayne, T. S., 2013. Land Rental Markets in Kenya： Implications for Efficiency, Equity, Household Income, and Poverty [J]. *Land Economics*, 89 (2)： 246 – 271.

Jin, S., Deininger, K., 2009. Land Rental Markets in the Process of Rural Structural Transformation： Productivity and Equity Impacts from China [J]. *Journal of Comparative Economics*, 37 (4)： 629 – 646.

Jumpstart Coalition, 2007. National Standards in Personal Finance Education [R]. Retrieved from http：//www. jumpstart. org/guide. html.

Kemper, N., Ha, L. V., Klump, R., 2015. Property Rights and Consumption Volatility： Evidence from a Land Reform in Vietnam [J]. *World Development*, 71： 107 – 130.

Kim, J., 2001. Financial Knowledge and Subjective and Objective Financial Well – being [J]. *Consumer Interests Annual*, 47： 1 – 3.

Lan, Z., Shuyi, F., Nico, H., Futian, Q., Arie, K., 2018. How Do Land Rental Markets Affect Household Income? Evidence from Rural Jiangsu, P. R. China [J]. *Land Use Policy*, 74： 151 – 165.

Leibenstein, H., 1978. General X – Efficiency Theory and Economic Development [M]. New York： Oxford University Press.

Lusardi, A., Carlo, D. B. S., 2013. Financial Literacy and High – Cost Borrowing in the United States [R]. NBER Working Papers.

Mason, C. L. J., Wilson, R., 2000. Conceptualizing Financial Literacy [R]. Loughborough University Occasional Paper.

Macours, K., Janvry, A. D., Sadoulet, E., 2010. Insecurity of Property Rights and Social Matching in the Tenancy Market [J]. *European Economic Review*, 54 (7)： 880 – 899.

Menkhoff, L., Neuberger, D., Rungruxsirivorn, O., 2012. Collateral and Its Substitutes in Emerging Markets' Lending [J]. *Journal of Banking & Finance*, 36 (3)： 817 – 834.

Moore, D. L., 2003. Survey of Financial Literacy in Washington State： Knowledge, Behavior, Attitudes, and Experiences [R]. Washington State Department of Financial Institutions Technical Report.

Noctor, M. , Stoney, S. , Stradling, R. , 1992. Financial Literacy [R]. Report Prepared for the National Westminster Bank, National Foundation for Education Research, London.

North, D. C. , 1990. Institutions, Institutional Change and Economic Performance: Institutions [J]. *Journal of Economic Behavior & Organization*, 18 (1): 142 – 144.

OECD. 2015. PISA 2015 Draft Science Framework [EB/OL]. http: //www. oecd. org/pisa/pisaproducts/Draft.

Richard, D. , John, G. , 2011. Financial Literacy and Indebtedness: New Evidence for UK Consumers [R]. SSRN Working Paper.

Rosenbaum, P. R. , Rubin, D. B. , 1985. Constructing a Control Group using Multivariate Matched Sampling Methods that Incorporate the Propensity Score [J]. *American Statistician*, 39 (1): 33 – 38.

Robison, L. J. , 1982. An Appraisal of Expected Utility Hypothesis Tests Constructed from Responses to Hypothetical Questions and Experimental Choices [J]. *American Journal of Agricultural Economics*, 64 (2): 367.

Rooij, M. V. , Lusardi, A. , Alessie, R. , 2007. Financial Literacy and Stock Market Participation [J]. *Journal of Financial Economics*, 101 (2): 449 – 472.

Rosenbaum, P. R. , Rubin, D. B. , 1983. The Central Role of the Propensity Score in Observational Studies for Causal Effects [J]. *Biometrika*, 70 (1): 41 – 55.

Sayinzoga, A. , Bulte, E. H. , Lensink, R. , 2016. Financial Literacy and Financial Behaviour: Experimental Evidence from Rural Rwanda [J]. *Economic Journal*, 126 (594): 1571 – 1599.

Schumpeter, J. A. , Schumpeter, J. , Schumpeter, J. , et al. , 1934. The Theory of Economics Development [J]. *Journal of Political Economy*, 1 (2): 170 – 172.

Sevim, N. , Temizel, F. , Sayılır, Ö. , S. , 2012. The Effects of Financial Literacy on the Borrowing Behaviour of Turkish Financial Consumers [J]. *International Journal of Consumer Studies*, 36 (5): 573 – 579.

Servon, L. J. , Kaestner, R. , 2008. Consumer Financial Literacy and the Impact of Online Banking on the Financial Behavior of Lower – income Bank Customers [J]. *Journal of Consumer Affairs*, 42 (2): 271 – 305.

Shane, S. , Venkataraman, S. , 2000. The Promise of Entrepreneurship as a Field of Research [J]. *Academy of Management Review*, 25 (1): 217 – 226.

Sarasvathy, S. D. , 2001. Causation and Effectuation: Toward a Theoretical Shift from E-conomic Inevitability to Entrepreneurial Contingency [J]. *Academy of Management Review*, 26 (2): 243 – 263.

Sumpsi, J. M. , Amador, F. , Romero, C. , 1997. On Farmers' Objectives: A Multi – Criteria Approach [J]. *European Journal of Operational Research*, 96 (1): 64 – 71.

Torero, M. , Field, E. , 2005. Impact of Land Titles Over Rural Households [R]. OVE Working Papers.

U. S. Financial Literacy and Education Commission, 2007. Taking Ownership of the Fu-ture: The National Strategy for Financial Literacy [R]. http: //www. mymoney. gov/ pdfs/add07strategy. pdf.

Whette, H. , 1983. Collateral in Credit Rationing in Markets with Imperfect Information: Note [J]. *American Economic Review*, 73 (3): 442 – 445.

Williamson, S. D. , 1986. Costly Monitoring, Financial Intermediation, and Equilibrium Credit Rationing [J]. *The Quarterly Journal of Economics*, 18 (2): 159 – 179.

Wooldridge, J. M. , 2010. Econometric Analysis of Cross – section and Panel Data [M]. Massachusetts: MIT Press.

图书在版编目（CIP）数据

金融素养、农地产权交易与农民创业决策／苏岚岚，
孔荣著 . —北京：中国农业出版社，2021.3
（中国"三农"问题前沿丛书）
ISBN 978-7-109-28069-4

Ⅰ.①金⋯ Ⅱ.①苏⋯ ②孔⋯ Ⅲ.①农民—创业—
决策—研究—中国 Ⅳ.①F323.6

中国版本图书馆 CIP 数据核字（2021）第 052502 号

金融素养、农地产权交易与农民创业决策
JINRONG SUYANG NONGDI CHANQUAN JIAOYI YU NONGMIN CHUANGYE JUECE

中国农业出版社出版
地址：北京市朝阳区麦子店街 18 号楼
邮编：100125
策划编辑：闫保荣
责任编辑：王秀田
版式设计：王　晨　责任校对：刘丽香
印刷：北京万友印刷有限公司
版次：2021 年 3 月第 1 版
印次：2021 年 3 月北京第 1 次印刷
发行：新华书店北京发行所
开本：700mm×1000mm　1/16
印张：19
字数：310 千字
定价：58.00 元